# 墨菲定律 <sub>彩图版</sub>

## Murphy's law

李原　编著

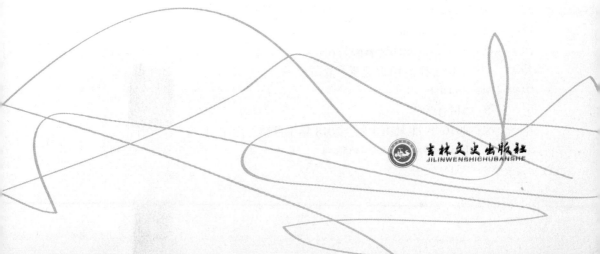

吉林文史出版社
JILINWENSHICHUBANSHE

**图书在版编目（CIP）数据**

墨菲定律：彩图版 / 李原编著 . -- 长春：吉林文
史出版社，2016.9

ISBN 978-7-5472-3558-4

Ⅰ . ①墨… Ⅱ . ①李… Ⅲ . ①成功心理－通俗读物
Ⅳ . ① B848.4-49

中国版本图书馆 CIP 数据核字 (2016) 第 244041 号

# 墨菲定律：彩图版

书　　名：墨菲定律：彩图版
编　　著：李　原
出 版 人：孙建军
责任编辑：程　明
封面设计：施凌云
美术编辑：杨玉萍
插图绘制：刘美玉
出版发行：吉林文史出版社
电　　话：0431-86037509
地　　址：长春市人民大街 4646 号
邮　　编：130021
网　　址：www.jlws.com.cn
印　　刷：三河市万龙印装有限公司
开　　本：720 毫米 × 1020 毫米　1/16
印　　张：28 印张
字　　数：514 千字
印　　次：2016 年 11 月第 1 版　2018 年 1 月第 2 次印刷
书　　号：ISBN 978-7-5472-3558-4
定　　价：75.00 元

DFT

世界是纷繁复杂的，很多事情我们虽然习以为常，但并不了解其真相，我们需要用一些理论来揭示事物运行的逻辑规律，推演命运发展的因果关系。我们更需要用一些理论来指导我们的生活和工作，以使我们的生活更加美好，工作更加顺利。

世界上有许多神奇的人生定律、法则、效应，运用这些神奇的理论，我们能洞悉世事，解释人生的诸多现象，更重要的是，这些理论能指导我们如何去做，如何去改变我们的命运。不管你是否知道这些定律和法则，它们都在起着决定性的作用——只是我们很少去关注它们。古今中外，那些伟大的成功者，都深谙这些法则与定律的奥妙所在。所以，无论我们是谁，无论我们从事什么职业，都需要知道这些法则和定律。

生活中，很多人都有过这样的经历：出门怕碰见某人，但偏偏就会遇到；课下没有复习，心中祈祷着老师千万不要叫你回答问题，但课堂上老师偏偏就提问你；乘公交车没座位的时候，总是自己站的位置附近的座位不空出来；有座位的时候，你越是累，越会有老人上来；开车的时候，总是旁边的车道走得快些……这就是著名的"墨菲定律"。它就像一个神秘的幽灵，不时地捉弄人们，让人哭笑不得、心神不宁。墨菲定律其实并不是一种强调人为错误的概率性定理，而是阐述了一种偶然中的必然性。它提醒我们，不要盲目乐观、狂妄自大。错误是这个世界的一部分，我们要学会如何接受错误，并不断从中总结经验教训，以防止人为失误导致的损失和灾难。

为什么很多人感觉自己工作很尽力，却没有达到预期的效果或者收效甚微？这个问题可以用二八法则来解释：通常我们所做的工作80%都是无用功，只有20%是产生收效的。如何避免这种情况的发生？二八法则告诉我们，要把主要精力放在20%的工作上，让其产生80%的收效。

奥卡姆剃刀定律也可以用来分析和解决这个问题。奥卡姆剃刀定律认为，在我们做过的事情中，可能绝大部分是毫无意义的，真正有效的活动只是其中的一小部分，而它们通常隐含于繁杂的事物中。找到关键的部分，去掉多余的活动，成功就由复杂变得简单了。

为了让读者们了解这些定律和法则的具体内容，我们推出了这本《墨菲定律：彩图版》。本书介绍了墨菲定律、破窗效应、阿罗定理、马太效应、奥卡姆剃刀定律、木桶定律、口红效应、二八法则等上百个经典的定律、法则、效应。在介绍了每个法则或定律的来源和基本理论后，本书就如何运用其解释人生中的现象并指导我们的工作和生活等进行了重点阐述，并配以表现其精髓的精美、幽默的彩图。这些定律包括了管理、经济、心理、人生、教育、事业、家庭、感情等多个方面，本书对其逐条进行了深入浅出的解读，全方位地扫描人生的全过程，力求让其成为人们更好的思想磨刀石和行为指南针。

掌握这些定律，对于我们认识事物的本质、发现事物发展的规律、解决生活和工作中遇到的林林总总的问题，具有非常重要的指导意义。它会让我们多一分清醒，多一分智慧，从而大大提升人们对假象和错误的警惕性和免疫力，为大家获得各方面的成功提供有力的思想保证。

CONTENTS
# 目录

第一章

>>> 成功学的秘密

# 洛克定律：
# 确定目标，专注行动

## 有目标才会成功

目标，是赛跑的终点线，是跳高的最高点，是篮圈，是球门，是一个人要做一件事所要达成的目标，是奋斗的方向。没有目标，人就会变成没头的苍蝇，盲目而不知所措。没有目标，你终会因碌碌无为而悔恨；没有目标，你就很难与成功相见。

人要有一个奋斗目标，这样活起来才有精神，有奔头。那些整天无所事事、无聊至极的人，就是因为没有目标。从小就为自己的人生制定一个目标，然后不断地向它靠近，终有一天你会达到这个目标。如果从小就糊里糊涂，对自己的人生不负责任，没有目标没有方向，那这一生也难有作为。每个人出门，都会有自己的目的地，如果不知道自己要去哪里，漫无目的地闲逛，那速度就会很慢；但当你清楚自己要去的地方，你的步履就会情不自禁地加快。如果你分辨不清自己所在的方位，你会茫然若失；一旦你弄清了自己要去的方向，你会精神抖擞。这就是目标的力量。所以说，一个人有了目标，才会成功。

美国哈佛大学曾经做过一项关于"目标"的跟踪调查，调查的对象是一群智力、学历和环境等都差不多的年轻人。调查结果显示 90% 的人没有目标，6% 的人有目标，但目标模糊，只有 4% 的人有非常清晰明确的目标。20 年后，研究人员回访发现，那 4% 有明确目标的人，生活、工作、事业都远远超过了另外 96% 的人。更不可思议的是，4% 的人拥有的财富，超过了 96% 的人所拥有财富的总和。由此可见目标的重要性。

一位哲人曾经说过，除非你清楚自己要到哪里去，否则你永远也到不了自己想去的地方。要成为职场中的强者，我们首先就要培养自己的目标意识。古希腊的彼得斯说："须有人生的目标，否则精力全属浪费。"古罗马的小塞涅卡说："有些人活着没有任何目标，他们在世间行走，就像河中的一棵小草，他们不是行走，而是随波逐流。"

在这个世界上有这样一种现象，那就是"没有目标的人在为有目标的人达到目标"。因为有明确、具体的目标的人就好像有罗盘的船只一样，有明确的方向。在茫茫大海上，没有方向的船只能跟随着有方向的船走。

有目标未必能够成功，但没有目标的人一定不能成功。博恩·崔西说，"成功就是目标的达成，其他都是这句话的注解"。顶尖的成功人士不是成功了才设定目标，而是设定了目标才成功。

目标是灯塔，可以指引你走向成功。有了目标，就会有动力；有了目标，就会有方向；有了目标，就会有属于自己的未来。

## 目标要"跳一跳，够得着"

目标不是越大越好、越高越棒，而是要根据自己的实际情况，制定出切实可行的目标才最有效。这个目标不能太容易就达到，也不能高到永远也碰不着，"跳一跳，够得着"最好。

这个目标既要有未来指向，又要富有挑战性。比如那篮圈，定在那个高度是有道理的，它不会让你轻易就进球，也不会让你永远也进不了球，它正好是你努努力就能进球的高度。试想，如果把篮圈定在1.5米的高度，那球还有意义吗？如果把篮圈定在15米的高度，还有人会去打篮球吗？所以，制定目标就像这篮圈一样，要不高不低，通过努力能达到才有效。

曾经有一个年轻人，很有才能，得到了美国汽车工业巨头福特的赏识。福特想要帮这个年轻人完成他的梦想，可是当福特听到这位年轻人的目标时，不禁吓了一跳。原来这个年轻人一生最大的愿望就是要赚到1000亿美元，超过福特当时所有资产的100倍。这个目标实在是太大了，福特不禁问道："你要那么多钱做什么？"年轻人迟疑了一会儿，说："老实讲，我也不知道，但我觉得只有那样才算是成功。"福特看看他，意味深长地说："假如一个人果真拥有了那么多钱，将会威胁整个世界，我看你还是先别考虑这件事，想些切实可行的吧。"5年后的一天，那位年轻人再次找到福特，说他想要创办一所大学，自己有10万美元，还差10万美元，希望福特可以帮他。福特听了这个计划，觉得可行，就决定帮助这位年轻人。又过了8年，年轻人如愿以偿地成功创办了自己的大学——伊利诺伊大学。

所以说，如果一个人的目标定得过大，听起来很空洞，没有一点可行性，那这个目标只是一个空谈，永远没有可以兑现的一天。

千里之行始于足下，汪洋大海积于滴水。成功都是一步一步走出来的。当然也有人一夜暴富，一下成名，但是谁又能看到他们之前的努力与艰辛？在俄国著名生物学家巴甫洛夫临终前，有人向他请教成功的秘诀。巴甫洛夫只说了八个字："要热诚而且慢慢来。""热诚"，有持久的兴趣才能坚持到成功。"慢慢来"，不要急于求成，做自己力所能及的事情，然后不断提高自己；不要妄想一步登天，要为自己定一个切实可行的目标，有挑战又能达到，不断追求，走向成功。

拿破仑·希尔说过："一个人能够想到一件事并抱有信心，那么他就能实现它。"换句话说，一个人如果有坚定明确的目标，他就能达成这一目标。坚定是说态度，明确是讲对自我的认识程度。每个人都有自己的优点和缺点，有自己的爱好与厌恶，所以每个人所制定的目标也是不一样的。

要根据自己的实际情况，制定自己"跳一跳，够得着"的目标。首先要对自己的实际情况有一个清晰的认识。对自己的能力、潜力，自己的各方面条件都有一个明确的把握，经过仔细考虑定出属于自己的奋斗目标。有些人之所以一生都碌碌无为，是因为他的人生没有目标；有些人之所以总是失败，是由于他的目标总是太大太空，不切实际。因此，想要成功，就要先为自己制定一个奋斗目标，属于自己的"跳一跳，够得着"的奋斗目标。

# 瓦拉赫效应：
# 成功，要懂得经营自己的长处

## 经营自己的长处，让人生增值

曾有一个叫奥托·瓦拉赫的人，中学时，父母为他选了文学之路，可一学期下来，老师给他的评语竟是"瓦拉赫很用功，但过分拘泥，这样的人即使有着完美的品德，也绝不可能在文学上发挥出来。"无奈，他又改学油画，但这次得到的评语更令人难以接受："你是绘画艺术方面的不可造就之才。"面对如此"笨拙"的学生，大多数老师认为他已成才无望，只有化学老师觉得他做事一丝不苟，这是做好化学实验应有的品格，建议他试学化学。谁料，瓦拉赫的智慧火花一下子被点燃了，并最终成了诺贝尔化学奖的得主……

5

这就是人们广为传颂的"瓦拉赫效应"。

比尔·盖茨，这位赫赫有名的世界级成功典范，令无数的人仰慕不已。他的成功，与他把握住未来的大趋势，尤其是懂得经营自己的强项密不可分。

事实上，盖茨一开始就与伙伴保罗·艾伦看到了个人电脑将改变整个世界的趋势，他们两个人经常通宵达旦地探讨个人电脑世界将会是什么样子，对这场革命的到来深信不疑。对于初出茅庐的微软来说，"它将到来"是他们的坚定信念，而他们为这将要到来的计算机时代开发软件。虽然他们没想到他们的公司能迅速跻身于世界舞台的前列，并发挥着超凡的作用，但当时他们至少窥见了 IBM 或数字设备公司这样的主板生产公司已陷入他们自身无法意识到的困境了。"我记得从一开始我们就纳闷，像数字设备公司这样的微机生产商生产出的机器功能强大而价格低廉，那么他们的发展前景在哪里呢？""IBM 的前景又在哪里呢？在我们看来，他们好像把一切都弄糟了，而且他们的未来也将是一团糟。我们对上帝说，天啊，这些人怎么能不警觉呢？他们怎么能不震惊害怕呢？"

盖茨的技术知识是微软所向披靡的成功秘诀中最重要的一条，而这也正是他的核心强项，他始终保持着对这一领域的决定权。在许多时候，他比他的对手更清楚地看到了未来科技的走势。

微软公司的同事们都盛赞盖茨的技术知识让他独具优势。他总是能提出正确的问题，他对程序的复杂细节几乎了如指掌。"你会纳闷，他怎么知道的呢？"布莱德·斯利夫伯格这位参加了视窗（Windows）开发设计的人这么说过。

和盖茨个人以强项打天下的套路几乎如出一辙，微软公司把开发新产品作为全部事业的中心，根据市场需求推陈出新，发挥自身优势，力求变弱为强，深谋远虑，未雨绸缪，牢牢把握住了世界信息产业市场的未来。

微软与任何公司一样，实际上类似于一个动态的人体系统。它之所以能够有效运行，是因为微软人将竞争所需的各种技术能力和市场知识结合起来，并且把它们付诸行动。产品开发是微软所有事业的中心，公司的存亡和盛衰关键在于新产品。

微软还必须源源不断地增添有用功能来说服其成百万的现有顾客购买产品的新版本，虽然旧版本对于绝大多数人已经够用。为了保持市场份额在未来持续增长，微软计划创建种类繁多的、结合先进的多媒体及网络通信技术的消费性产品。显然，微软面临的一个关键问题是公司是否能够继续增进其开发能力，并且建立更大、更复杂的软件产品和以软件为基础的信息服务。就像我们已经指出的那样，微软还必须极大地简化这些中间产品，从而将它们成功地推销给世界上数十亿的新兴家庭消费者。

不言而喻，微软公司今日的成功，很大程度上得益于盖茨准确的市场定位和产品的推陈出新。人们公认微软公司的成功是由于"不停地创新"，而盖茨对未来形势精确的分析和其独有的战略眼光，以及对自己强项的经营程度，不仅为微软公司的员工，也为其对手所称道。

这一切，也正是"瓦拉赫效应"的典型体现，幸运之神就是那样垂青于忠于自己个性长处的人。正如松下幸之助所言，人生成功的诀窍在于经营自己的个性长处，经营长处能使自己的人生增值，否则，必将使自己的人生贬值。

## 承认缺憾，弥补缺陷

在美国某个学校的一间教室里，坐着一个8岁的小男孩，他胆小而脆弱，脸上经常带着一种惊恐的表情。他呼吸时就好像别人喘气一样。

一旦被老师叫起来背诵课文或者回答问题，他就会惴惴不安，而且双腿抖个不停，嘴唇也颤动不安。自然，他的回答时常含糊而不连贯，最后，他只好颓废地坐到座位上。如果他能有副好看的面孔，也许给人的感觉会好一点，但是，当你向他同情地望过去时，你一眼就能看到他那一口实在无法恭维的龅牙！通常，像他这种小孩，自然很敏感，他们会主动地回避多姿多彩的生活，不喜欢交朋友，宁愿让自己成为一个沉默寡言的人。但是，这个小孩却不如此，他虽然有许多的缺憾，然而同时，在他身上也有一种坚韧的奋斗精神，一种无论什么人都可具有的奋斗精神。事实上，对他而言，正是他的缺憾增强了他去奋斗的热忱。他并没有因为同伴的嘲笑而使自己奋斗的勇气有丝毫减弱。相反，他使经常喘气的习惯

变成了一种坚定的声响；他用坚强的意志，咬紧牙根使嘴唇不再颤动；他挺直腰杆使自己的双腿不再战栗，以此来克服他与生俱来的胆小和众多的缺陷。

这个小孩就是西奥多·罗斯福。

他并没有因为自己的缺憾而气馁，相反，他还千方百计把它们转化为自己可以利用的资本，并以它们为扶梯爬到了荣誉的顶峰。他用这种方法战胜了自己的缺憾，这种方法是大家都可以用得上的。到他晚年时，已经很少有人知道他曾经有过严重的缺憾，他自己又曾经如何地惧怕过它。美国人民都爱戴他，他成了美国有史以来最得人心的总统之一。

盖茨说："我们尊敬罗斯福，同时，也希望我们能像他一样，为改变自己的命运做些努力。如果我们尝试着去做一件还有点价值的事，假如失败了，我们便借故来掩饰自己，那么我们就是在以自己的缺憾为借口了。"缺憾应当成为一种促使自己向上的激励机制，而不是一种自甘沉沦的理由，它暗示你在它上面应当作一点努力。

# 木桶定律：
# 抓最"长"的，不如抓最"短"的

## 克服人性"短板"，避开成事"暗礁"

一位老国王给他的两个儿子一些长短不同的木板，让他们各做一个木桶，并承诺谁做的木桶装下的水多，谁就可以继承王位。大儿子为把自己的木桶做大，每块挡板都削得很长，可做到最后一条挡板时没有木材了；小儿子则平均地使用了木板，做了一个并不是很高的木桶。结果，小儿子的木桶装的水多，最终继承了王位。

与此类似，遇到问题时，我们若能先解决导致问题的"短板"，便可大大缩短解决问题的时间。

俗话说"人无完人"，确实，人性是存在许多弱点的，如恶习、自卑、犯错、忧虑、嫉妒等等。根据木桶定律，这些短处往往是限制我们能力的关键。就像木桶一样，一个木桶能装多少水，并不是用最长的木板来衡量的，而是要靠最短的木板来衡量，木桶装水的容量受到最短木板的限制，所以，要想让木桶装更多的水，我们必须加长自己最短的木板。

### 1. 恶习

我们时时刻刻都在无意识地培养着习惯，这令我们在很多情况下都臣服于习惯。然而，好的习惯可为我们效力，不好的习惯，尤其是恶习（比如拖沓、酗酒等），会在做事时严重拖我们的后腿。所以，我们要学会对自己的习惯分类，对不好的习惯进行改正，以免将成功毁在自己的恶习之中。

### 2. 自卑

自卑，可以说是一种性格上的缺陷，表现为对自己的能力、品质评价过低。它往往会抹杀我们的自信心，我们本来有足够的能力去完成学业或工作任务，却因怀疑自己而失败，显得处处不行，处处不如别人。所以，做事情要相信自己的能力，要告诉自己"我能行""我是最棒的"，那样，才能把事情办好，走向成功。

### 3. 犯错

人们通常不把犯错误看成是一种缺陷，甚至把"失败是成功之母"当成至理名言。殊不知，有两种情况下犯错误就是一种缺陷：一种是不断地在同一个问题上犯错误，另一种是犯错误的频率比别人高。这些错误，或许是因他们态度上的问题，或许是因他们做事不够细心，没有责任心导致的，但无论哪种，都是成功的绊脚石。因此，平时要学会控制自己，改掉马虎大意等不良习惯；犯错后不要找托辞和借口，懂得正视错误，并加以改正。

### 4. 忧虑

有位作家曾写道，给人们造成精神压力的，并不是今天的现实，而是对昨天所发生事情的悔恨，以及对明天将要发生的事情的忧虑。没错，忧虑不仅会影响我们的心情，而且会给我们的工作和学习带来更大的压力。更重要的是，无休止的忧虑并不能解决问题。所以，我们要学会控制自己的情绪，客观地去看问题，在现实中磨炼自己的性格。

### 5. 妒忌

妒忌是人类最普遍、最根深蒂固的感情之一。它的存在，总是令我们不能理智地、积极地做事，于是，常导致事倍功半，甚至劳而无功的结果。因此，无论在生活中，还是在工作中，我们都应平和、宽容地对待他人，客观地看待自己。

6. 虚荣

每一个人都有一点虚荣心，但是过强的虚荣心，使人很容易被赞美之词迷惑，甚至不能自持，很容易被对手打败。所以，我们要控制虚荣，摆脱虚荣，正确地认识自己。

7. 贪婪

由于太看重眼前的利益，该放弃时不能放弃，结果铸成大错，甚至悔恨终生。众所周知，很多人因太贪钱财等身外之物而毁了大好前程，有时明知是圈套，却因为抵御不住诱惑而落入陷阱。说到底，不是人不聪明，而是败给了自己的贪欲。可见，要成事，先要找对心态，知足才能常乐。

一位伟人曾经说过："轻率和疏忽所造成的祸患将超乎人们的想象。"许多人之所以失败，往往是因为他们没有注意到自己成功路上的那块短板，如车祸、建筑工程质量、行贿受贿等。所以，我们要想做好事情，应先学会做人，找到自己成功路上的短板，取长补短，从而摆脱弱点对我们的控制。

## 找到"阿喀琉斯之踵"，让问题迎刃而解

在希腊神话中，有这样一个意义深刻的故事：

阿喀琉斯是希腊神话中最伟大的英雄之一。他的母亲是一位女神，在他降生之初，女神为了使他长生不死，将他浸入冥河洗礼。阿喀琉斯从此刀枪不入，百

毒不侵，只有一点除外——他的脚踵被女神提在手里，未能浸入冥河，于是脚踵就成了这位英雄的唯一弱点。

在漫长的特洛伊战争中，阿喀琉斯一直是希腊人最勇敢的将领。他所向披靡，任何敌人见了他都会望风而逃。

但是，在十年战争快结束时，敌方的将领帕里斯在众神的示意下，抓住了阿喀琉斯的弱点，一箭射中了他的脚踵，阿喀琉斯最终不治而亡。

与"阿喀琉斯之踵"类似，任何事情或组织都有它的最薄弱之处，而问题又往往由这里产生。那么，如果我们把这个最薄弱处解决，问题往往就迎刃而解了。

曾有一家刚起步的电子商务公司，采购与销售是两个独立的部门，公司规定两个部门的资料每周沟通2次。然而，由于平时业务繁忙，再加上两个部门的员工不能及时交流沟通，总是造成销售人员在认为商品有货源的情况下接受了顾客的订单，但采购部实际上并不能在短时间内找到相应货源的情况。于是，顾客不能按时收到商品，公司经常接到顾客的投诉和抱怨，严重影响了业绩和公司的形象。

总经理发现了两个部门缺少沟通这一关键而又薄弱的环节后，为全公司所有员工的电脑安装了及时沟通软件，让两个部门的员工能及时沟通。同时，还在公司建立了库存与近期货源一览表，从而避免了原来有单无货的不良现象，既提高了公司的业绩，又提升了公司的形象。

通过这个例子可以看出，如果不能及时解决采销两个部门沟通的这块"短板"，无论销售人员如何努力接订单，对解决问题仍没有实质性的收效。因此，抓住导致问题的短板，并从根本上予以解决，才能使问题迎刃而解。

与此类似的例子还很多，例如，你和竞争对手同时争取一个项目，那么，你就需要了解对方的薄弱之处在哪儿，如何用你的强势攻克对手的薄弱环节；家庭因家电超负荷导致停电，检查电线和电器往往不起丝毫作用，而真正的解决方法应该是修好脆弱的保险丝；孩子成绩不好，解决的方法不是帮他们做题、写作业，也不是用训斥来打击他们幼小的心灵，而是要找到孩子在学习上的薄弱之处，从这里着手，才能从根本上提高孩子的成绩……

木桶定律让我们明白，遇到问题，不要蛮干，要找到导致问题的短板，科学地予以解决，从而达到事半功倍的效果。

# 艾森豪威尔法则：
# 分清主次，高效成事

## 做事分等级，先抓牛鼻子

一天，动物园管理员发现袋鼠从笼子里跑出来了，于是开会讨论，大家一致认为是笼子的高度过低。所以他们将笼子由原来的 10 米加高到 30 米。第二天，袋鼠又跑到外面来了，他们便将笼子的高度加到 50 米。这时，隔壁的长颈鹿问笼子里的袋鼠："他们会不会继续加高你们的笼子？"袋鼠答道："很难说。如果他们再继续忘记关门的话！"

事有"本末""轻重""缓急"，关门是本，加高笼子是末，舍本而逐末，当然不见成效了。与之类似，我们常常会看到这样的现象，一个人忙得团团转，可是当你问他忙些什么时，他却说不出具体的问题来，只说自己忙死了。这样的人，就是做事没有条理性，一会儿做这一会儿做那，结果没一件事情能做好，不仅浪费时间与精力，更没见什么成效。

其实，无论在哪个行业，做哪些事情，要见成效，做事过程的安排与进行次序非常关键。

有一次，苏格拉底给学生们上课。他在桌子上放了一个装水的罐子，然后从桌子下面拿出一些正好可以从罐口放进罐子里的鹅卵石。当着学生的面，他把石块全部放到了罐子里。

接着，苏格拉底向全体同学问道："你们说这个罐子是满的吗？"

学生们异口同声地回答说："是的。"

苏格拉底又从桌子下面拿出一袋碎石子，把碎石子从罐口倒下去，然后问学生："你们说，这罐子现在是满的吗？"

这次，所有学生都不做声了。

过了一会儿，班上有一位学生低声回答说："也许没满。"

苏格拉底会心地一笑，又从桌下拿出一袋沙子，慢慢地倒进罐子里。倒完后，再问班上的学生："现在再告诉我，这个罐子是满的吗？"

"是的！"全班同学很有信心地回答说。

不料，苏格拉底又从桌子旁边拿出一大瓶水，把水倒在看起来已经被鹅卵石、小碎石、沙子填满了的罐子里。然后又问："同学们，你们从我做的这个实验中得到了什么启示？"

话音刚落，一位向来以聪明著称的学生抢答道："我明白，无论我们的工作多忙，行程排得多满，如果要逼一下的话，还是可以多做些事的。"

苏格拉底微微笑了笑，说："你的答案也并不错，但我还要告诉你们另一个重要经验，而且这个经验比你说的可能还重要，它就是如果你不先将大的鹅卵石放进罐子里去，你也许以后永远没机会再把它们放进去了。"

通过这个故事，我们发现，做事前的规划非常重要。在行动之前，一定要懂得思考，把问题和工作按照性质、情况等分成不同等级，然后巧妙地安排完成和解决的顺序。

这样才能收到事半功倍的成效。

这就是艾森豪威尔原则的明智之处。它告诉我们，做事前需要科学地安排，要事第一，先抓住牛鼻子，然后再依照轻重缓急逐步执行，一串串、一层层地把所有的事情拎起来，条理清晰，成效才能显著，不要眉毛胡子一把抓。再如最前面动物园的例子，凡事都有本与末、轻与重的区别，千万不能做本末倒置、轻重颠倒的事情。

## 艾森豪威尔原则分类法

做任何事情，只有事前理清事情的条理，排定具体操作的先后顺序，一切才能流畅地进行，并得到良好的效果。

在这方面，艾森豪威尔原则给出了一些具体的方法，可以帮助我们根据自己的目标，确定事情的顺序。

这一原则将工作区分为 5 个类别：

A. 必须做的事情；

B. 应该做的事情；

C. 量力而为的事情；

D. 可委托他人去做的事情；

E. 应该删除的工作。

每天把要做的事情写在纸上，按以上 5 个类别将事情归类：

A. 需要做；

B. 应该做；

C. 做了也不会错；

D. 可以授权别人去做；

E. 可以省略不做。

然后，根据上面归类，在每天大部分的时间里做 A 类和 B 类的事情，即使一天不能完成所有的事情，只要将最值得做的事情做完就好。

同样的道理，把自己 1～5 年内想要做的事情列出来，然后分为 A、B、C 三类：

A. 最想做的事情；

B. 愿意做的事情；

C. 无所谓的事情。

接着，从 A 类目标中挑出 A1、A2、A3，代表最重要、次重要和第三重要的事情。

再针对这些 A 类目标，在另外一张纸上，列出你想要达成这些目标需要做的工作，接着将这份清单再分出 A、B、C 等级：

A. 最想做的事情；

B. 愿意做的事情；

C. 做了也不会错的事情。

把这些工作放回原来的目标底下，重新调整结构，规划步骤，接着执行。

这些又被称为六步走方法，即挑选目标、设定优先次序、挑选工作、设定优先次序、安排行程、执行。把这些培养成每天的习惯，长期坚持并贯彻下去，相信，无数个条理性的成功慢慢累积，将会使你拥有非常成功的人生。

现实生活中，很多时候，我们总觉得自己身边有"时间盗贼"，没做多少事情，一天就匆匆过去。忙忙碌碌，年复一年，成绩、业绩却寥寥无几。

有句老话说得好："自知是自善的第一步。"要想改善现状，首先要找出问题的根源。此刻，请你仔细地考虑一下，到底是什么偷走了你的时间？是什么让你日复一日地感到时间的压力？想明白这些问题，拿起笔和纸，按照艾森豪威尔原则，开始规划你的每一天，让时间不再像以往那样在不知不觉中被偷走。

# 相关定律：
# 条条大路通罗马，万事万物皆联系

## 源自"万事万物皆有联系"的"以此释彼"智慧

哲学认为，万事万物皆有联系，世界上没有孤立存在着的事物。例如，水涨船高，说的是水与船的联系；积云成雨，说的是云与雨的联系；冬去春来，说的是冬季与春季之间的联系……

正是由于事物之间存在这种普遍联系，它们才会相互作用，相互影响。因此，一个问题的解决，往往影响到其周围与之相连的众多事物。这就为我们解决问题带来了很好的启发。在进行创造性思维、寻找最佳思维结论时，可根据其他事物的已知特性，联想到与自己正在寻求的思维结论相似和相关的东西，从而把两者结合起来，达到"以此释彼"的目的。即运用心理学中的相关定律。

在这方面，美国铁路两条铁轨之间标准距离的由来就是最好的例证。

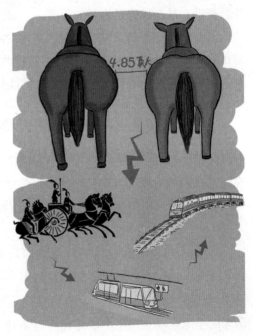

美国的铁路两条铁轨之间的标准距离是 4.85 英尺。人们对于这个很奇怪的标准非常好奇。美国的铁路原先是由英国人建造的，所以采用了英国的铁路标准，即 4.85 英尺。

人们又问："英国人又为什么要用这

个标准呢？"原来英国的铁路是由建电车的人所设计的，而 4.85 英尺是电车轨道所用的标准。

那电车的铁轨标准又是从哪里来的呢？原来最先造电车的人以前是造马车的，而他们则是沿用了马车的轮宽标准。

可马车为什么一定要用这个轮距标准呢？因为如果那时候的马车用任何其他轮距的话，马车的轮子很快会在英国的老路上撞坏的。这又是为什么呢？因为这些路上的辙迹的宽度都是 4.85 英尺。

那么，这些辙迹又是从何而来的呢？答案是古罗马人所制定的，而 4.85 英尺正是罗马战车的宽度。

于是又会有人问："为什么会选择罗马战车的宽度呢？"因为在欧洲，包括英国的长途老路，都是由罗马人的军队所铺的，所以，如果任何人用不同的轮宽在这些路上行车的话，轮子的寿命都不会长。

最后，人们还会问："罗马人为什么以 4.85 英尺为战车的轮距宽度呢？"

原因很简单，这是两匹拉战车的马的屁股的宽度……

通过这个经典的实例，我们可以看出，人们想知道美国铁路两条铁轨之间的标准距离是根据什么设计出来的，并不是一下子就在马屁股上找到答案的，而是通过英国铁路、英国电车、马车、老路辙迹、罗马战车、罗马老路等一系列与该问题相关的事物，顺藤摸瓜，最终找到了想要的答案。

其实，由于万事万物无不处于联系之中，我们遇到问题，应学会发散思维，不要总揪住一个点不放，想不通时，不妨找些与问题相关联的事物，从这些相关处着手，利用"以此释彼"的智慧，往往会令你恍然大悟。

## 做人不要一根筋，做事不要一条路跑到黑

生活中，我们常用"一条路跑到黑"来形容那些一根筋或钻牛角尖的人。然而，在遇到难题的时候，人们又往往不自觉地成为"一条路跑到黑"的傻瓜。那么，我们如何在难题面前不当傻瓜呢？先看一看下面这个例子：

加拿大伯塔省有一名叫斯考吉的高中女生。为了实现自己到 25 岁成为百万富翁的誓言，斯考吉从小就喜欢看比尔·盖茨的书，并研究《财富》杂志每年所列全球最富有的 100 个人。她发现那些人中，有 95% 以上的人从小就有发财的欲望，57% 的全球巨富在 16 岁之前就想到了开自己的公司，3% 的全球巨富在未成年之前

至少做过一桩生意。于是，她得出结论，要致富，就必须从小有赚钱的意识。

在赚钱方面，小斯考吉选择了投资股票。很多投资股票的人，不是盯着电视就是盯着报纸，因为这些媒体都对股市做直接报道。然而，小斯考吉并没有选择这种直接的途径，而是根据证券营业部门口的摩托车数量决定该股是抛售还是买进。

例如，她专盯一家钢铁企业的股票。当这家企业股票下跌到 4 美元以下时，某证券营业部门口的摩托车便多起来，过一段时间，股价又涨了回去；当这只股票涨到 8 美元左右时，该证券营业部门口的摩托车又会开始多起来，接下去，该股必跌。其间，她经过调查发现，该企业的工人们不愿意看到工厂的股票下跌，每次股价太低时，他们就自发地去买进一些股票，从而带动股价上升；当上升到一定高位后，工人们便抛售股票，致使该股下跌。

就是这样，小斯考吉借助工人们往返证券营业部的摩托车数量的变化，采取抛售或买进的举措，取得了不小的收获。

通过这个事例我们可以看出，小斯考吉巧妙利用相关定律，从与股市相关的抛买人群的行动变化下手，反而比那些只知道盯着直接报道股市的媒体的人们更有收效。

与此类似，我们在日常生活中会遇到很多棘手的问题，这些问题往往让人不知如何处理。于是，有的人在困难面前驻足不前，绞尽脑汁也想不出什么好方法；而有的人转换思维，从与之相关的事情着手，很快使问题迎刃而解。

# 奥卡姆剃刀定律：
# 把握关键，化繁为简

## "简单"，真正的大智慧

近几年，随着人们认识水平的不断提高，"精兵简政""精简机构""删繁就简"等一系列追求简单化的观念在整个社会不断深入和普及。根据奥卡姆剃刀定律，这正是一种大智慧的体现。

如今，科技日新月异，社会分工越来越精细，管理组织越来越完善化、体系化和制度化，随之而来的，还有不容忽视的机械化和官僚化。于是，文山会海和繁文缛节便不断滋生。可是，国内外的竞争都日趋激烈，无论是企业还是个人，快与慢已经决定其生死。如同在竞技场上赛跑，穿着水泥做的靴子却想跑赢比赛，肯定是不可能的。因此，我们别无选择，只有脱掉水泥靴子，比别人更快、更有效率，领先一步，才能生存。换言之，就是凡事要简单化。

很多人会问："简单能为我们带来什么呢？"看了下面的例子，我们自然就会明白。

有人曾经请教马克·吐温："演说词是长篇大论好呢，还是短小精悍好？"他没有正面回答，只讲了一件亲身感受的事："有个礼拜天，我到教堂去，适逢一

位传教士在那里用令人动容的语言讲述非洲传教士的苦难生活。当他讲了 5 分钟后，我马上决定对这件有意义的事捐助 50 元；他接着讲了 10 分钟，此时我就决定将捐款减到 25 元；最后，当他讲了 1 个小时后，拿起钵子向听众请求捐款时，我已经厌烦之极，1 分钱也没有捐。"

在上面的例子中，我们发现，马克·吐温通过自身的经历，向求教者说明短小精悍的语言，其效果事半功倍；而冗长空泛的语言，不仅于事无益，反而有碍。

事实上，不仅语言如此，现实生活亦同样如此。这就要求我们要学会简化，剔除不必要的生活内容。这种简化的过程，就如同冬天给植物剪枝，把繁盛的枝叶剪去，植物才能更好地生长。每个园丁都知道不进行这样的修剪，来年花园里的植物就不能枝繁叶茂。每个心理学家都知道如果生活匆忙凌乱，为毫无裨益的工作所累，一个人很难充分认识自我。

为了发现你的天性，亦需要简化生活，这样才能有时间考虑什么对你才是重要的。否则，就会损害你的部分天资，而且极有可能是最重要的一部分。

那么，我们如何来实现这种简化呢？很简单，就是重新审视你所做的一切事情和所拥有的一切东西，然后运用奥卡姆剃刀，舍弃不必要的生活内容。

博恩·崔西是美国著名的激励和营销大师，他曾与一家大型公司合作。该公司设定了一个目标：在推出新产品的第一年里实现 100 万件的销售量。该公司的营销精英们开了 8 个小时的群策会后，得出了几十种实现 100 万件销售量的不同方案。每一种方案的复杂程度都不同。这时，博恩·崔西建议他们在这个问题上应用奥卡姆剃刀原理。

他说："为什么你们只想着通过这么多不同的渠道，向这么多不同的客户销售数目不等的新产品，却不选择通过一次交易向一家大公司或买主销售 100 万件新产品呢？"

当时整个房间内鸦雀无声，有些人看着博恩·崔西的表情就像看一个疯子。然后有一名管理人员开口说话了："我知道一家公司，这种产品可以成为他们送给客户的非常好的礼物或奖励，而他们有几百万客户。"

最后，根据这一想法，他们得到了一笔 100 万件产品的订单。他们的目标实现了。

可见，不论你正面临什么问题或困难，都应当思考这样一个问题："什么是解决这个问题或实现这个目标的最简单、最直接的方法？"你可能会发现一个简便的方法，为你实现同一目标节约大量的时间和金钱。记住苏格拉底的话："任何问题最可能的解决办法是步骤最少的办法。"正如奥卡姆剃刀定律所阐释的，我们不需要人为地把事情复杂化，要保持事情的简单性，这样我们才能更快、更有效率地将事情处理好。

与此相关的，还有一个非常有趣的故事：

日本最大的化妆品公司收到客户投诉：买来的肥皂盒里面是空的。为了预防生产线再次发生这样的事情，工程师想尽办法发明了一台 X 光监视器去透视每一个出货的肥皂盒。同样的问题也发生在另一家小公司，他们的解决方法是买一台强力工业用电扇去吹每个肥皂盒，被吹走的便是没放肥皂的空盒。

面对同样的问题，两家公司采用的是两种截然不同的办法。无论从经济成本方面，还是资源消耗角度，相信第二种方案的优势都是不言而喻的。这个例子给了我们一个深刻的启示：如果有多个类似的解决方案，最简单的选择，就是最智慧的选择。

所以，在现实生活中，当遇到问题时，我们要勇敢地拿起"奥卡姆剃刀"，把复杂的事情简单化，以选择最智慧的解决方案。

## 剔掉复杂，切勿乱删

相传，有位科学家带着自己的一个研究成果请教爱因斯坦。爱因斯坦随意地看了一眼最后的结论方程式，就说："这个结果不对，你的计算有问题。"科学家很

不高兴:"你过程都不看,怎么就说结果不对?"爱因斯坦笑了:"如果是对的,那一定是简单的,是美的,因为自然界的本来面目就是这样的。你这个结果太复杂了,肯定是哪里出了问题。"

这个科学家将信将疑地检查自己的推导,果然如爱因斯坦所言,结果不对。

也许你认为奥卡姆剃刀只存在于天才的身边,其实,它无处不在,只是有待人们把它拿起。当我们绞尽脑汁为一些问题烦恼时,试着摒弃那些复杂的想法,也许会立刻看到简单的解决方法。人生的任何问题,我们都可运用奥卡姆剃刀。奥卡姆剃刀是最公平的,无论科学家还是普通人,谁能有勇气拿起它,谁就是成功的人。

越复杂越容易拼凑,越简单就越难设计。在服装界有"简洁女王"之称的简·桑德说:"加上一个扣子或设计一套粉色的裙子是简单的,因为这一目了然。但是,对简约主义来说,品质需要从内部来体现。"她认为,简单不仅仅是摈除多余的、花哨的部分,避免喧嚣的色彩和繁琐的花纹,更重要的是体现清纯、质朴、毫不造作。

但需要注意的是,这里所谓的"简单",不是乱砍一气,而是在对事物的规律有深刻的认识和把握之后的去粗取精,去伪存真。

正如一个雕刻家,能把一块不规则的石头变成栩栩如生的人物雕像,因为他胸中有丘壑。如果你抓不住重点,找不到要害,不知道什么最能体现内在品质,运用剃刀的结果只能是将不该删除的删除了。

那么,我们要合理地使用奥卡姆剃刀,不能盲目。例如,IBM 在电脑产品营销中具有得天独厚的优势,如其前 CEO 郭士纳所言,他们具有非常有优势的集成能力。然而,其广告宣传语却将这一点删掉了,留下推广小型电脑的宣传语。结果,IBM 自然未能凭这则广告获得区别于其他电脑的地位。可见,没有什么比删掉自己的优势更可悲的了。

所以,我们在使用奥卡姆剃刀时,要将其用在恰当的位置上,而不是盲目乱删。

# 墨菲定律：
# 与错误共生，迎接成功

## 不存侥幸心理，从失败中汲取教训

众所周知，人类即使再聪明也不可能把所有事情都做到完美无缺。正如所有的程序员都不敢保证自己在写程序时不会出现错误一样，容易犯错误是人类与生俱来的弱点。这也是墨菲定律一个很重要的体现。

想取得成功，我们不能存有侥幸心理、想方设法回避错误，而是要正视错误，从错误中汲取经验教训，让错误成为我们成功的垫脚石。关于这一点，丹麦物理学家雅各布·博尔就是最好的证明。

一次，雅各布·博尔不小心打碎了一个花瓶，但他没有像一般人那样一味地悲伤叹惋，而是俯身精心地收集起了满地的碎片。

他把这些碎片按大小分类称出重量，结果发现 10～100 克的最少，1～10 克的稍多，0.1 克和 0.1 克以下的最多；同时，这些碎片的重量之间表现为统一的倍数关系，即较大块的重量是次大块重量的 16 倍，次大块的重量是小块重量的 16 倍，小块的重量是小碎片重量的 16 倍……

于是，他开始利用这个"碎花瓶理论"来恢复文物、陨石等不知其原貌的物体，给考古学和天体研究带来了意想不到的效果。

事实上，我们主要是从尝试和失败中学习，而不是从正确中学习。例如，超级油轮卡迪兹号在法国西北部的布列塔尼沿岸爆炸后，成千上万吨的油污染了整个海面及沿岸，于是石油公司才对石油运输的许多安全设施重加考虑。还有，在三里岛核反应堆发生意外后，许多核反应过程和安全设施都改变了。

可见，错误具有冲击性，可以引导人们考虑更多细节上的事情，只有多犯错，人们才会多进步。假如你工作的例行性极高，你犯的错误就可能很少。但是如果你从未做过此事，或正在做新的尝试，那么发生错误在所难免。发明家不仅不会被成千的错误击倒，而且会从中得到新创意。在创意萌芽阶段，错误是创造性思考必要的副产品。正如耶垂斯基所言："假如你想打中，先要有打不中的准备。"

现实生活中，每当出现错误时，我们通常的反应都是："真是的，又错了，真是倒霉啊！"这就是因为我们以为自己可以逃避"倒霉""失败"等，总是心存侥幸。殊不知，错误的潜在价值对创造性思考具有很大的作用。

人类社会的发明史上，就有许多利用错误假设和失败观念来产生新创意的人。哥伦布以为他发现了一条到印度的捷径，结果却发现了新大陆；开普勒发现的行星间引力的概念，却是偶然间由错误的理由得到的；爱迪生也是知道了上万种不能做灯丝的材料后，才找到了钨丝……

所以，想迎接成功，先放下侥幸心理，加强你的"冒险"力量。遇到失败，从中汲取经验，尝试寻找新的思路、新的方法。

## 从哪里跌倒，就从哪里爬起来

英国小说家、剧作家柯鲁德·史密斯曾说过："对于我们来说，最大的荣幸就是每个人都失败过，而且每当我们跌倒时都能爬起来。"成功者之所以成功，只不过是他不被失败左右而已。

1927年，美国阿肯色州的密西西比河大堤被洪水冲垮，一个9岁的黑人小男孩的家被冲毁，在洪水即将吞噬他的一刹那，母亲用力把他拉上了堤坡。

1932年，男孩8年级毕业了，因为阿肯色的中学不招收黑人，他只能到芝加哥就读，但家里没有那么多钱。那时，母亲做出了一个惊人的决定——让男孩复读一年，她给50名工人洗衣、熨衣和做饭，为孩子攒钱上学。

1933年夏天，家里凑足了那笔费用，母亲带着男孩踏上火车，奔向陌生的芝加哥。在芝加哥，母亲靠当佣人谋生。男孩以优异的成绩读完中学，后来又顺利地读完大学。1942年，他开始创办一份杂志，但最后一道障碍是缺少500美元的邮费，不能给客户发函。一家信贷公司愿借贷给他，但有个条件，得有一笔财产作抵押。母亲曾分期付款好长时间买了一批新家具，这是她一生最心爱的东西，但她最后还是同意将家具作为抵押。

1943年，那份杂志获得巨大成功。男孩终于能做自己梦想多年的事了——将母亲列入他的工资花名册，并告诉她，她算是退休工人，再不用工作了。母亲哭了，那个男孩也哭了。

后来，在一段反常的日子里，男孩经营的一切仿佛都坠入谷底。面对巨大的困难和障碍，男孩感到已无力回天。他心情忧郁地告诉母亲："妈妈，看来这次我真要失败了。"

"儿子，"她说，"你努力试过了吗？"

"试过。"

"非常努力吗？"

"是的。"

"很好。"母亲果断地结束了谈话，"无论何时，只要你努力尝试，就不会失败。"

果然，男孩渡过了难关，攀上了事业新的巅峰。这个男孩就是驰名世界的美国《黑人文摘》杂志创始人、约翰森出版公司总裁、拥有3家无线电台的约翰·H.约翰森。

　　事实上，得失本来就不是永恒的，是可以相互转化的矛盾共同体。记得有一本杂志曾归纳出关于失败转化为优胜的可能：

　　失败并不意味着你是一位失败者——失败只是表明你尚未成功。

　　失败并不意味着你一事无成——失败表明你得到了经验。

　　失败并不意味着你是一个不知灵活性的人——失败表明你有非常坚定的信念。

　　失败并不意味着你要一直受到压抑——失败表明你愿意尝试。

　　失败并不意味着你不可能成功——失败表明你也许要改变一下方法。

　　失败并不意味着你比别人差——失败只表明你还有缺点。

　　失败并不意味着你浪费了时间和生命——失败表明你有理由重新开始。

　　失败并不意味着你必须放弃——失败表明你还要继续努力。

　　失败并不意味着你永远无法成功——失败表明你还需要一些时间。

　　失败并不意味着命运对你不公——失败表明命运还有更好的给予。

　　那么，期待成功的你，不要再被一时的失败左右了，在哪里跌倒，就从哪里爬起来吧！

# 酝酿效应：
# 灵感来自偶然，有时不期而至

## 为何遇到难题会"百思不得其解"

现在，你面前有 4 条小链子，每条链子有 3 个环（下图左侧所示）。打开一个环要花 2 分钱，封合一个环要花 3 分钱。开始时所有的环都是封合的。你的任务是要把这 12 个环全部连接成一个大链子（下图右侧所示），但花钱不能超过 15 分钱。请问，你该怎么办？

上面的"链子问题"你想到答案了吗？客观而言，虽然这看似一道有些难度的问题，但如果你找到了正确的解法，就会发现它并不复杂。先把一条小链子的 3 个环都打开，花 6 分钱；再用这 3 个环把剩下的 3 条小链都连在一起，再花 9 分钱，大链子不就在限定不超过 15 分钱的条件下做成了吗？

事实上，这是美国心理学家西尔维拉女士在 1971 年设计的一个实验，专门演示酝酿效应的现象。

西尔维拉选了 3 组人作为被试者，每组成员的性别、年龄和智力水平等都大致相同。实验要求第一组用半个小时来思考，中间不休息；第二组先用 15 分钟想问题，无论解出与否都要休息半小时，打球、玩牌什么的，然后再回来思考 15 分钟；第三组与第二组类似，仍用前后各 15 分钟思考问题，只不过把中间休息的时间延长到 4 个小时。

结果，第一组有 55％ 的人解决了问题，第二组有 64％ 的人解决了问题，第三组有 85％ 的人解决了问题。

实验结束后，西尔维拉要求被试者大声说出解决问题的过程，结果发现第二、三组被试者回头来解决项链问题时，并不是接着原来的思路去做，而是从头做起。

你一定很好奇，同样的思考时间，只是安排有些不同，竟会造成 3 组成绩如此大的差别。正如成功的被试者自己所言，当他们休息回来以后，并不是接着原来的思路去做，而是仍然像刚开始那样从头想起。这，才是真正的原因。

生活中，我们都会有类似的体验，遇到某个难题，冥思苦想不得其解，花了几个小时仍一无所获。不过，暂时忘掉它休息一会儿，可能就会茅塞顿开，问题迎刃而解了。

很显然，这种把难题暂时放一放穿插一些其他事情的做法，使人们不会陷入某一种固定的思维模式，而且能够采取新的步骤，从而使问题更容易被解决。心理学上把这种现象叫作"酝酿效应"。

不仅是前面那些普通的被试者，就连一些伟大的科学家，在解决问题过程中，同样会运用到"把难题放在一边，放上一段时间，才能得到满意的答案"的"酝酿效应"。阿基米德发现浮力定律就是其中一个经典的例子。

在古希腊，国王让人做了一顶纯金的王冠，但他又怀疑工匠在王冠中掺了银子。于是将阿基米德找来，要他在不损坏王冠的条件下，想法测定出王冠是否掺了假。

阿基米德为了解决这个难题冥思苦想，尝试了很多办法，但都失败了。有一天他去洗澡，当他的身体在浴盆里沉下去的时候，就有一部分水从浴盆边溢出来；而且，他觉得入水愈深，体重就愈轻。他恍然大悟，然后便进宫去面见国王。

在国王面前，阿基米德将与王冠一样重的一块金子、一块银子和王冠，分别放在水盆里，只见金块排出的水量比银块排出的水量少，而王冠排出的水量比金块排出的水量多。阿基米德对国王说："王冠里确实掺了银子！"

国王不解，阿基米德解释说："一公斤的木头和一公斤的铁相比，木头的体积大。如果分别把它们放入水中，体积大的木头排出的水量比体积小的铁排出的水量多。可以将这个道理用在金子、银子和王冠上。因为金子的密度大，银子的密度小，故同样重量的金子和银子，必然是银子体积大于金子的体积，放入水中，金块排出的水量就比银块少。刚才王冠排出的水量比金子多，说明王冠的密度比金块密度小，从而证明王冠不是用纯金制造的。"

事情往往就是这样，当我们对一个难题束手无策时，思维就进入了"酝酿阶段"。当我们抛开面前的问题去做其他的事情时，突然某一刻，百思不得的答案却出现在我们面前。正如南宋诗人陆游那句脍炙人口的诗句所言："山重水复疑无路，柳暗花明又一村。"

## 劳逸结合，让你的灵感迸发

心理学家认为，人们在酝酿过程中，存在潜意识层面推理，储存在记忆里的相关信息是在潜意识里组合，而在穿插其他事情的时候突然找到答案，是因为个体消除了前期的心理紧张，忘记了个体前面不正确的、导致僵局的思路，从而具有了创造性的思维状态。

那么，遇到难题的时候，我们应学会劳逸结合，先把它放在一边，小憩一会儿或去喝杯茶，时隔几小时、几天，甚至更长时间之后再来解决它，往往能收到"踏破铁鞋无觅处，得来全不费工夫"的效果。

在化学界里，苯在 1825 年就被发现了，可是之后的几十年间，人们一直没有弄清它的结构。尽管很多证据都表明苯分子由 6 个碳原子和 6 个氢原子构成，结构是对称的，但大家怎么也想不出这些原子是如何排列、形成整个稳定的分子的。德国化学家凯库勒长期研究这一问题，但同样找不到答案。

1864 年冬天的某个晚上，凯库勒在火炉边看书时，不知不觉进入半睡眠状

态。他梦见一条蛇咬住了自己的尾巴，形成了旋转的环状。

他如同受了电击一样，突然惊醒。那晚他为这个假设的结果工作了整夜，这个环形结构被证实是苯的分子结构。

这是化学史上最著名的一个梦，苯分子结构的秘密也由此解开。

凯库勒在这个研究的过程中所运用的，正是我们所讲的酝酿效应。他自己也曾说过："当事情进行得不顺利时，我的心就想着别的事了。"没错，被难题卡住、怎么都想不通的时候，我们就应该想想别的事情，让大脑劳逸结合。

从心理学角度讲，人的这种酝酿来自想象，是人脑对于对象中隐含的整体性、次序性、和谐性的某种迅速而直接的洞察和领悟。长期不间歇地思考一个问题，会造成精神紧张，于是一时间什么都想不出来。然而，我们头脑中收集到的资料不会消极地储存在那里，一旦让大脑合理地休息，它就能按照一种我们所不知道的或很少意识到的方式加工和重组原来存储的那些资料，进而产生新的想法。也就是说，直觉可以引导我们绕过不可逾越的高山，曲径通幽，达到柳暗花明的境界。

所以，我们一定要明白，当对一个问题进行研究，在收集了充分的资料并且经过深入探索仍难以找到答案时，不应一条道跑到黑，而应做到劳逸结合，把对该问题的思考抛开，转而想别的事情，这样才会给新想法和好想法自然酝酿、成熟并迸发出来的机会。

# 基利定理：
## 失败是成功之母

### 坦然面对失败就是成功

失败是我们一生中经历最多的课题，是怎么逃也逃不过的仇敌。但如果你坦然地面对了这个课题，你会发现这不是个无解的方程式；如果你直面了这个仇敌，你会发现它可以让你学到很多东西。失败，就像黎明前的黑暗，与成功只差那一瞬间，只要你挺过去了，那么你就能够看到属于你的光辉黎明。

奥城良治，一个连续16年荣获日本汽车销售冠军的伟大推销员，他之所以能取得如此骄人的成绩，只源于小时候的一次偶遇。在奥城良治还是个小孩的时候，有一次他在田埂间看到一只瞪眼的青蛙，就调皮地向青蛙的眼睑撒了一泡尿。之后，却发现青蛙的眼睑非但没有闭起来，而是一直张着瞪着他。他很惊讶，这奇特的一幕给他留下了深刻的印象。但没想到，这一幕竟成了他成功的秘诀。若干年后，他做了一名推销员。每当遭到客户拒绝时，他就会想起童年时那只被尿浇也不闭眼的青蛙。于是，他就像那只青蛙一样，面对客户的拒绝，

总是从容处之，张眼面对客户，从不惊慌失措。

客户的拒绝，对于推销员来说，就是最大的失败。而奥城良治从不逃避，而是坦然面对，这是他从青蛙那儿学来的，我们也应该从他那里学来。

男子 100 米和 200 米两项世界纪录的保持者尤塞因·博尔特，在国际田联钻石联赛斯德哥尔摩站的 100 米比赛中却败给了盖伊。这是他两个赛季以来的首次败绩，但博尔特认为，这次失败并没有给他造成什么震动。他谈道："我（对比赛失利）并不惊奇，这只是一场失败而已。我早说过，如果有谁想战胜我，最好就是赶在今年。"这种坦然面对失败的态度，让人相信尤塞因·博尔特在以后的比赛中，还会再创佳绩。因为，这种坦然面对，就是下一次成功的征兆。

一个人是否活得丰富不能看他的年龄，而是要看他生命的过程是否多彩，还要看他在体验生命的过程中是否能把握住机会。人生的机会通常是有伪装的，它们穿着可怕的外衣来到你的身边，大多数人会避之不及，但那些具有独特素质的人却能看到其本质并抓住它们。这些素质中最重要的就是承受失败的能力和勇气。

在你成长的过程中，会遭遇很多的失败，但最好的机会也往往就藏在这些失败背后。懂得坦然面对挫折和失败，并把它变成你的一种常态，这样你就离成功不远了，或者说这本身就是一种心理的成功。一个人可以从生命的磨难和失败中成长，正像腐朽的土壤可以生长鲜活的植物一样。土壤也许腐朽，但它可以为植物提供营养。失败固然可惜，但它可以磨炼我们的心智和勇气，进而创造更多的机会。只有当我们能够以平和的心态面对失败和考验时，我们才能收获成功。而那些失败和挫折，都将成为生命中的无价之宝，值得我们在记忆深处永远收藏。

## 经过失败才能走向成功

当今最具影响力的激励演讲家安东尼·罗宾曾说过："成功很难，但不成功更难，因为你要承受一辈子的失败。""这世界没有失败，只有暂时停止成功，因为过去并不等于未来。"所以，失败只是暂时的，只是走向成功的一条必经之路，或者说是成功之路上的一段过程。走过它，你就会拥有成功。

人生经常会遇到失败，所以每当你干一件事的时候，失败可能随时伴随着你。如果你害怕失败，那么你就将一事无成。每一个做父母的都知道，孩子不摔几跤是学不会走和跑的。所有人都是这样摔着长大的，你也不例外。人生就逃不开失败，只有在失败中，你才能真正学到本领。想长大成人，想实现梦想，那么就必须记住"失败是成功之母"！

看下面一则故事：

有一个人在走路的时候，因为路不平而摔了一跤，他爬了起来。可是没走几步，一不小心又摔了一跤，于是他便趴在地上不再起来了。有人问他："你怎么不爬起来继续走呢？"那人说："既然爬起来还会跌倒，我干吗还要起来，不如就这样趴着，就不会再被摔了。"这样的人，摔两次就怕得不敢再起来继续往前走了，那么他肯定永远也无法到达他的目的地了。

如果我们都像这个趴在地上不起来的人一样，在一两次失败后就选择放弃，那么我们也就永远不会得到成功的眷顾。对于"成功"和"失败"，我们应该客观看待。它们不是一对不可调和的矛盾体，而是可以互相依存的，我们只有经历过"失败"才能体会到"成功"的珍贵，也只有在"成功"后才会知道"失败"的意义。"成功"的背后是用"失败"砌成的台阶，如果没有这一层一层的台阶，我们可能永远待在原地，无法迈出任何一步。"成功"是"失败"永远的灯塔，只有在历经艰难困苦后，才能找到正确的方向去接近灯塔，获得光明。正如歌里所唱的那样："不经历风雨，怎么见彩虹，没有人能随随便便成功。"失败过后，只要我们永不放弃，最终会见到美丽的彩虹。失败不要紧，重要的是不要失去信心，这一次失败，可以换来下一次的成功。

数学上有名的平行公理，从问世以来，一直遭到人们的怀疑。几千年来，无数数学家致力于求证平行公理，但都失败了。数学家波里埃虽终身从事对平行公理的求证，最终也不得不成为那失败者中的一员。似乎平行公理根本无法证明。但罗巴切夫斯基在经过7年求证而毫无结果后，潜心思考找到了失败的原因，从而取得了成功。虽说"失败是成功之母"，但是要把失败转化为成功，还必须经过不断的探索和分析，找到失败的原因，吸取其中的教训，指导今后的工作，这样才会让失败成为成功之母。

应该说，失败不可怕，它是通向成功的桥梁；失败不可悲，它意味着你又有了重新开始的理由。因此，当一切可能的失败都尝试过之后，拥抱你的一定是成功。成功者之所以成功，只不过是他不被失败左右而已。不允许失败，无异于拒绝成功。

# 韦特莱法则：
# 先有超人之想，才有超人之举

## 敢于想象，才能有惊人之举

有这样一句话："思想有多远，你就能走多远。"其中的道理很简单——先要敢想，才能做大事。换而言之，先有超人之想，才有超人之举。

生活中，大人都喜欢问小孩一个问题：长大后想要做什么？这是一个关于梦想的问题，更是测试志向的问题。如果小孩回答以后想要做国家主席、科学家或富豪之类的，大人会说他有志气、有出息。敢于为自己设计远大的理想，才能成就大事业。像周恩来总理，从小就有"为中华崛起而读书"的远大志向，最终也为中华的崛起做出了巨大的贡献。一个人要想成功，就要敢于想象。

这个想象，不是空想，是一种自信，是一种勇敢。每个人都想成功，但很多人都缺少这种自信和勇气。而那些成功的人往往多的也就是这点自信和勇气，就像在美国历史上颇有作为的林肯总统，在被记者问到他之前的两届总统之所以没有签署《解放黑奴宣言》是不是要留给他来成就英名时，他说道："可能有这个意思吧。不过，如果他们知道拿起笔需要的仅是一点勇气，我想他们一定非常懊丧。"一个人之所以没有成功，缺少的往往不是机会，而是敢于把握机会的勇气。林肯敢于把握机会，最终名扬天下，而他之前的两任总统却因缺乏勇气而"错失了良机"。

"敢想敢干"，是在成功者的评语中出现频率最高的词之一，没有想法就不会有作为。人生就好比一个"梦工厂"，没有大胆的想象，就不可能有惊人的举动。激烈的竞争，从来不容许懦夫成功。那些取得成功的人，与你没什么两样，如果说有区别的话，那就是他们想了你们不敢想的事，做了你们不敢做的事。

20世纪初期，美国的汽车大王亨利·福特为了使汽车具有更好的性能，决定生产一种有8只汽缸的引擎，而这在当时的技术环境下几乎是不可能的。但是，亨利·福特却不这么认为，他给工程师们下达了完成"不可能任务"的死命令——无论如何也要生产这种引擎，去做，直到你们成功为止，不管需要多长时间。结果，8只汽缸的引擎真的被工程师们给制造出来了，福特的想法得到了实现。

可见，只要你敢想，就有可能会成功；如果你连想都不敢想，那今生肯定与成功无缘。

## 勇于做别人不愿意做的事

孟子曰："故天将降大任于是人也，必先苦其心志，劳其筋骨，饿其体肤，空乏其身，行拂乱其所为，所以动心忍性，曾益其所不能。"就是说，能成就大业的人，都要经历一个痛苦的过程，出乎意外，才能得乎意外。就像美国管理学家韦特莱提出的"韦特莱法则"：成功者所从事的工作，是绝大多数的人不愿意去做的。所以许多时候，他们的成功只是因为他们做了许多人不以为然的、不愿意去做的事情而已。

小李中专毕业，找到一份在影楼做销售的工作。他知道自己学历低，比不上那些大学生、研究生，所以他就尽量做些别人不愿意做的事。比如，提前来上班，往饮水机里加水，主动打扫卫生，帮同事订盒饭等等，没想到连续这样做了几周后，他不但和同事都成了好朋友，连平时没怎么注意过他的老板，也开始夸他勤快能干了。他很高兴，干起这些来更加起劲了。两个月后，影楼分店要选拔店长，小李意外地被选中，成为了影楼最年轻的店长。

老子云："天下难事，必作于易。"意思是说天底下最难的事，都是从最容易的事开始做起的。所以，想要成功，就从别人不愿意做的事做起吧。

因在细菌研究方面的卓越成就而获得了1905年诺贝尔生理学与医学奖的科学家科赫，也正是因为做了别人不愿意做的事才获得了如此大的成就。在他刚刚入读德国哥丁根大学医学院时，他的教授亨利为他们同级的新生们布置了一个很简单也很无聊的作业——抄写亨利教授多年积累下来的论文手稿，而且要求他们务必要工整和仔细。当同学们翻开亨利教授的论文手稿时，发现这些手稿已经非常工整了。于是，他们得出了一个结论：只有傻子才会坐在那里当抄写员。其他人都去实验室做实验、搞研究去了，只有科赫一个人将信将疑地把论文手

稿完完整整地抄写了一遍。结果，这件事让他受益匪浅。当他拿着抄好的手稿去找亨利教授时，亨利教授对他说了这么一席话："孩子，我向你表示由衷的敬意！因为只有你完成了这项抄写工作，而那些我认为很聪明的学生，竟然都不愿做这种繁重、乏味的工作。我们从事医学研究的人，不光需要聪明的头脑和勤奋的干劲，更重要的是，一定要具备一种一丝不苟的精神。作为年轻人，往往急于求成，这样很容易忽略细节。要知道，医学上走错任何一步，都是人命关天的大事！我让你们做那些抄写手稿的工作，既是让你们学习医学知识，也是让你们进行一种心性的修炼。"

正是亨利教授的那席话，让科赫明白了自己所从事的研究的真谛和自己应该抱有的研究态度。也正是因为他牢记了这席话，敢于做别人不愿意做的事，才使他日后在医学界有了那么大的作为。

如果你现在有追求成功的念头，那么，就从身边最简单的、别人不愿意做的事做起吧。

# 布利斯定理：
# 凡事预则立，不预则废

## 事前想清楚，事中不折腾

"凡事豫则立，不豫则废"，是《礼记·中庸》里的一句话，这里的"豫"，是预先的意思。这句话讲的是不论做什么事，事先做好准备，才能成功，不然就会失败。原文后面还有四句："言前定则不跲，事前定则不困，行前定则不疚，道前定则不穷。"这是对"凡事预则立，不预则废"的展开，讲的是说话先有准备，就不会理屈词穷站不住脚；做事先有准备，就不会遇到困难挫折；行事前计划先有定夺，就不会发生错误的事。

这是我国先哲在几千年前说的道理，而这个道理在今天依然很受用。俗话说得好，不打无准备之仗。无论做什么，都要提前做好准备，这样才有可能达到期望的目的。如果总想着"临场发挥"，很可能会发生现场"抓瞎"的局面。所谓胸有成竹，方能妙笔生花，道理亦是如此。

美国著名的成功学大师安东尼·罗宾斯曾经提出过一个成功的万能公式：

成功＝明确目标＋详细计划＋马上行动＋检查修正＋坚持到底

从这个公式我们可以看出明确目标和详细计划的重要性。明确目标和详细计划都属于事前的计划，而事前的计划可以帮我们对自己的设想进行科学的分析，预见一下我们的设想是否可以实现。同时，在做计划的过程中，也是在梳理自己实现设想的思路和方法，这可以大大节省我们的宝贵时间，同时减轻压力。

美国的几个心理学家曾做过这样一个实验：

组织3组学生分别进行不同方式的投篮技巧训练。第一组在20天内每天练习

实际投篮，并把第一天和最后一天的成绩记录下来。第二组学生也记录下第一天和最后一天的成绩，但在此期间不做任何练习。第三组将第一天的成绩记录下来，然后每天花20分钟做想象中的投篮，如果投篮不中时，他们便在教练的指导下在想象中做出相应的纠正。

实验结果表明第二组的投篮技巧在20天里没有丝毫长进，第一组进球率上涨了24%，第三组进球率上涨了26%。心理学家们由此得出结论：行动前进行头脑热身，构思要做之事的每个细节，梳理心路，然后把它深深铭刻在脑海中，当你做这件事的时候就会得心应手。

这个实验要讲的其实还是计划的重要性。一个人做事如果没有计划，行动起来就会像一只迷途的羔羊，到处乱撞以致伤痕累累。一个人做事如果事前拟定好了行动的计划，梳理通畅了做事的步骤，做起事来就会应付自如，迅速高效。

计划，是指引我们前进的明灯，是我们赢得成功的时间表。万事有计划，方向才会明确，目标才不会落空，学习、工作、生活，都要有计划。计划很重要，制订合理的计划更重要。无论是制订哪方面的计划，都要从个人的实际情况出发，从现实的环境基础入手，切忌"空大高"。目标定得很高，计划要求很严，但是都是一些自己完不成的任务，这样的计划订了也是白订。

所以，在人生的漫漫长路上，你走的每一步都要有计划有准备，这个计划和准备也必须从自己的实际出发。

## 成功属于有计划的人

有一个关于毛毛虫吃苹果的故事：

有4只毛毛虫，都在为吃到大苹果而各显神通。为了能够吃到大苹果，第一只毛毛虫跟随着大众的足迹，辛苦一生，却并不知道自己在做什么；第二只毛毛虫以吃到大苹果为"虫生目标"，为此它不懈努力，但它最终也只找到了一个酸酸的小苹果；第三只毛毛虫拥有一个望远镜，但大苹果却因为它的犹豫而被其他虫捷足先登；第四只毛毛虫，因为有详尽的计划，最终吃到了属于它的大苹果！

人生在世，成功很难，而且成功往往眷顾那些有计划有准备的人。很多人认为花那么长的时间做计划，简直就是浪费时间，立马投入工作会有更好的效果。所谓"知己知彼，百战百胜"，做计划就是个自我剖析和形势分析的过程。没有这个过程，那么你在行动中肯定会浪费更多的时间。做一个清晰的计划，就是为了能在行动中节约更多的时间，减少更多的错误，让自己的人生不虚度，时间不白流。明白这个道理的人，懂得为自己的生活做规划的人，往往离成功就不远了。有句话说得很对："成功往往属于有计划的人！"

现在越来越多的人开始炒股，在股市你会有一种感觉，那就是赚钱时慢，而赔钱时快。细想想道理也很简单，假如有1万元资金，要把1万变成2万，股票必须有

100%的升幅，但从2万到1万却只需要跌50%。因此在炒股时账要细算，操作要有计划，而且切实可行的计划很重要。全球著名的投资商巴菲特说："如果我们知道自己目前置身何处，并且事先知道自己将往何处去，我们可以更明确地判断做哪些工作，以及如何着手。"言浅意深，正说明了一只船在茫茫大海中不能失去灯塔的指引，否则就迷航了。同理，人也需要一座指引的灯塔，然而这座灯塔必须自己建造，那就是我们要制订计划。

一个人要对自己负责，每一天都应该活得充实和精彩。只有这样，才能不枉此生。怎样才能让我们的人生充实又精彩呢？首要的就是为自己的人生做一个整体的安排和规

划。有了人生的目标，我们就会朝着这个目标奋斗，一直坚持不懈地走下去。这样我们就会离自己的目标越来越近，总有一天会到达成功的彼岸。人生规划既是一个实现你终生目标的时间表，也是一个实现那些影响你日常生活的无数更小目标的时间表。人生规划的设计是要使你的注意力集中起来，在一个特定的时间范围里充分地利用你的脑力和体力。事实上，注意力越集中，脑力和体力的使用就越有效。人生规划可以合理地分配你的精力和时间，让你的人生不虚度，每一天都会有满满的精彩。

正如高尔基所说："不知道明天做什么的人是可悲的。"我们不应该做这种可悲的人，对于自己的人生、工作、学习都应该有一套切实可行的计划，要有每天的计划、每月的计划、每年的计划、10年的计划、一生的计划。

# 吉格勒定理：
# 有雄心才能成就梦想

## 起点高才能至高

古语中"欲求其上上，而得其上；欲求其上，而得其中；欲求其中，而得其下"，说的就是"起点高才能至高"的道理。制定一个远大的目标，即使你达不到，只要不断地向它努力，最终肯定也会有所作为。定的目标很低，对于一点小小的成绩就心满意足，这种人肯定干不了什么大事。高尔基说："目标愈高远，人的进步愈大。"有志向，才能谋大事。

有一首诗写道："我向人生索价，似乎多一分也不肯给。当我已没有富余，到黄昏就不得不去乞讨。人生是一个正直的雇主，你所求的他都会给。一旦你决定了多高报酬，你就必须肩负多少工作。我的工作是贱役，但我又惊奇地发现了一个事实：倘若我向人生索取高价，人生也会乐于付给。"

它旨在告诉我们你向人生开多高的价码，你就会收获多高的报酬。人生就是这样，你为自己定了多高的目标，就会达到多高的位置。当然，你要付出相应的努力。

美国有一位志向高远的青年，即使穷困潦倒也不忘自己的梦想。当他全身上下的钱加起来还不够买一件像样的衣服时，他依然在为达成自己那看似"高不可攀"的目标而奔走。这个人就是席尔维斯特·史泰龙。

在他一文不名的时候，在他落魄无助的时候，他从未放弃过自己的目标——把自己的剧本拍成电影，由自己来当主演。当时的好莱坞有500家电影公司，他根据自己的路线与排列好的名单顺序，带着自己写好的剧本，一一前去拜访。第一次，全军覆没，500家电影公司全部拒绝。但是，史泰龙并没有灰心。他紧接着开始第二轮的拜访，又一次遭到全部拒绝。他又开始第三轮拜访，第四轮拜访。终于在第四轮拜访中，他拜访的第 350 家电影公司的老板同意了他的要求。他的剧本拍成了电影，那就是获得 1976 年奥斯卡最佳影片奖和导演奖的《洛奇》；他也作为主演，成了日后无人不知的大明星。

试想，如果当时席尔维斯特·史泰龙对自己有一点怀疑，认为自己不配拥有如此"空洞"的梦想，那么他永远也不可能会成为明星，他的剧本也永无面世之日。

因此，无论你身在何处，你地位如何，都要有远大的目标、高远的志向，然后不顾一切地为之努力，那么你终有一天会守得云开见月明。

## 做人要有雄心壮志

"燕雀安知鸿鹄之志哉？""王侯将相宁有种乎？"这两句话，是推翻秦朝的呐喊，更是雄心壮志的彰显。两千多年前，陈胜，一个身份卑微之人，竟能说出如此鼓舞人心的话语，可见此人并非等闲之辈。果真，陈胜所领导的起义，最终颠覆了强大的秦王朝。虽然不是他一人之力，虽然他没有亲眼看到最终的胜利，但是如果没有他的号召、他的雄心，那么也不可能有秦朝的迅速灭亡。一个人，要有雄心壮志，只有这样才能成就大事。

西楚霸王项羽，就是个从小就有雄心壮志的人。小时候，他不好好学习，叔父项梁骂他，他竟回道："学文不过能记住姓名，学武不过能以一抵百，籍要学便学万人敌！"这是何等的壮志！一次秦始皇出巡，在渡浙江（钱塘江）时被项羽看到，他见其车马仪仗威风凛凛，便对项梁说："彼可取而代之。"这又是何等的雄心！虽然由于他性格的原因，他没有取得最后的胜利，但是他终究灭了秦朝，成了名传千古的西楚霸王。

秦始皇雄心勃勃，要统一六国，经过不懈努力，终成大业。曹操虽出身卑微，但立志一统天下，坐领江山，最终达成宏愿。成吉思汗立下雄心要统一蒙古草原，结果不仅统一了草原，还马踏欧亚大陆，成为了当时世界上最强大的统治者；孔子推崇"以仁治国，有教无类"，虽历尽磨难，却从未放弃，最终成为中国历史上最有影响力的思想家和教育家；鲁迅弃医从文，立志要用手中的笔与敌人战斗，于是他成了我国近现代影响最大的文学家之一；陈景润立志要攀上数学的高峰，终以对"哥德巴赫猜想"的卓越贡献受到世界的敬仰。古往今来，各行各业有所成就的人，哪个不是拥有雄心壮志的人？

曾经有个叫作潘兹的年轻人，过着流浪汉一样的生活，但是他胸怀大志，想要成为大发明家爱迪生的合伙人。经过不懈努力，他果真进入了爱迪生研究所。在最初工作的 5 年里，他一直属于不起眼的小角色，但他从未怀疑过自己的能力和自己的志向。成为爱迪生的合伙人，这个雄心一直在激励着他前进。为此，他制订了详细的计划，忘我地工作，付出了自己全部的精力。10 年后，他的一切努力都没有白费，他成功地成为了爱迪生的合伙人。

现在的卑微不代表你就不能拥有成功的光辉，只要你有雄心壮志，并为之付出努力，皇天是不负有心人的。

中国有句古话叫："人人皆可为舜尧。"土耳其有句谚语说："每个人的心中都隐伏着一头雄狮。"曾"征服世界"的拿破仑道："不想当将军的士兵就不是好士兵。"这些名言都讲了一个道理：做人要有雄心壮志，没有雄心壮志就很难有大作为。

每个人都可以取得成功，只是看你想不想，愿意不愿意。只要你立志要取得某方面的成功，并为之不懈地努力，那么你肯定会收获胜利的果实。总之，人无论身在何处，生在何时，都要胸怀雄心壮志。

# 培哥效应：
# 高效记忆，事半功倍

## 好记忆力助成功一臂之力

古希腊的雄辩家们在进行演讲的时候，常常采用一种叫作"场所记忆"的方法。他们把自己家的每一部分与要讲演的主要内容结合起来。比如，把要讲演的第一重点与正门相联系，第二重点与接待室相联系，第三重点与接待室中的椅子联系记忆。在进行演说时，按自己家中的物品顺序想下去，就能把演说的重点回忆出来。无独有偶。在一次中央电视台举办的春节联欢晚会上，锦州记忆研究所一位记忆术表演者，向观众展示出惊人的记忆力，就像魔术一样神奇，获得了观众的喝彩。他的表演过程是这样的：在舞台中央立一块黑板，写好阿拉伯数字，让观众随便说一些词句，包括人名、地名、诗歌，刚表演过的节目、数字、公式、外语单词、少数民族

语言。说出的每项内容依数字顺序写下来，在整个过程中表演者不看黑板，但他能把这些全记下来。不论是观众要求他讲出的任意一个数字号码的内容，还是要求他讲出内容

的数字号码，他都能迅速地回忆出来，而且还能倒背出来。

人们或许都会觉得这是一位记忆高人，必须要拥有某种特异功能才可以如此出众，一举成名。其实，这其中并没有什么玄妙的魔力，他所运用的，就是学习中的培哥效应。

培哥记忆术很简单，它只要求把一系列名称编成号码记下，比如对自己喜欢的城市名称进行编号。如（1）北京（2）杭州（3）上海（4）大连（5）深圳（6）苏州（7）南京，熟练地记下来，做到一说（6）就很快地联想到苏州；一说（2）就联想到杭州。把这些编码固定下来，然后通过联想与需要记忆的材料相连接。

又比如要求你记住这样几个词（1）鲤鱼（2）围巾（3）睡觉（4）彩电（5）汽车（6）书包（7）电脑。这样你就可以把鲤鱼与固定编码的第一号"北京"联接起来，联想到北京公园里的鲤鱼很漂亮。要记第五个词"汽车"时，把它与"深圳"产生联想，想象我家的汽车是从深圳买的。

通过这些联想、编码，记忆材料就不会变成沉重的负担。因为，在想象的时候，人们会有意识地将想象的事物放大，在头脑中形成清晰的表象，从而提高记忆的效率。而且，培哥记忆是每个人都可以学到的一种记忆能力与方法，并不是属于少数的"天才"或者"幸运儿"。只要运用一些简单的联想编码的方式，就可以用这把钥匙轻松打开记忆宝库的大门。

## 轻松记忆不是梦

培哥效应的运用之所以能有效提高人们的记忆效率，是因为其方法的简单易行，并符合人们记忆的模式。当遇到一种事物和另一种事物相类似时，往往会从这一事物引起对另一事物的联想。把记忆的材料与自己体验过的事物联结起来，记忆效果就好。具体实施的过程中，要注意以下几个方面：

第一，设置固定编码

培哥记忆的固定编码有很多种，你可以按照自己的喜好来设定。如按照自己的朋友的名字编号，按公交车站点的名字编号，按水果的名称编号等等。总之，选择你最易于联想到的东西作为固定编码的内容。

第二，进行编码联想

例如，要将"吃饭"和"上海"发生联想时，如果用"一个上海人在吃饭"，就很普通，没有什么特色，但如果想成"所有上海人都在吃饭"，就非常奇特，而且让自己也感到惊讶。又如，淝水之战发生于公元383年，通过"淝"可联想到"肥胖"，由"肥胖"想到"胖娃娃"，而"8"字的两个圆正好是胖娃娃的头和身体，两个3则是两个耳朵。这样一想就记牢了。通过这样一对一的联想，就能记住这些词，而且也比较深刻。

第三，经常锻炼

要想产生培哥效应，就必须经常锻炼，锻炼的次数越多，你的联想内容越丰富、生动、奇特，联想记忆效果就越好。而且，锻炼的时间也可以灵活把握，不必拿出特定的时间段来练习，在上学的路上，在下课的休息时间，在睡前的几分钟等等，都是适于进行培哥记忆的良好时段。

第四，灵活使用编码

当逐渐掌握了这种记忆技巧后，不仅在讲话中能用编码记忆，听别人谈话时也同样可以用编码记忆。听讲时有必要详细记住重点。这时，使用的编码要比讲演时多一倍左右。但熟练以后，只需少量的重点号码就行了，不需要逐句把学习内容都

记忆下来，只要按顺序仔细记住要点就可以了。先把重点记住，再用自己的话去叙述效果会更好。重点内容用编码记忆下来。回忆时就很有把握，不至于半途短路。最后你发现自己不过只利用一些数字编码而已。

在学习的过程中我们掌握了这种方法，就可以告别枯燥单调的记忆生活，使记忆的材料轻松过关。当然，任何方法的学习都不是即时生效的，必须经过天长日久的坚持练习才可以看到成效。而且，也需要人们拥有发散思维的能力，尽可能地使记忆奇特、非凡、与众不同。

使用培哥记忆术，记起来就会觉得妙趣横生，因为在记忆时，有趣的联想会使人们增加对学习的兴趣，促使我们主动去记忆，而主观上愿意去做的事情，就是一件轻松快乐的事。

# 登门槛效应：
# 步步为营，借力使力

## "得寸"才能"进尺"

有这样一则寓言：

有主仆二人在野外露宿。一天晚上，主人搭起了帐篷，在其中安静地看书，忽然他的仆人伸进头来说："主人啊，外面好冷啊，您能不能允许我将头伸进帐篷里暖和一下？"主人是很善良的，欣然同意了他的请求。

过了一会儿，仆人说道："主人啊，我的头暖和了，可是脖子还冷得要命，您能不能允许我把上半身也伸进来呢？"主人又同意了，可是帐篷太小，主人只好把自己的桌子向外挪了挪。

又过了一会儿，仆人又说："主人啊，您能不能允许我把脚伸进来呢？我这样一部分冷，一部分热，又倾斜着身子，实在很难受啊。"主人又同意了，可是帐篷太小，两个人实在太挤，他只好搬到了帐篷外面。

仆人没有直接向主人提出要进到帐篷里取暖，那样，多半不会得到主人的同意。而是将目标划分成一个个小的阶段，步步为营，不仅主人会答应一个一个小小的要求，而且自己也在一步步地靠近目标。最后，实现了自己的愿望。

与之类似，在《战国策》中记载了这样一个史实：

齐国有个人叫冯谖，家里贫穷，不能解决温饱，便寄食到孟尝君门下。当时的孟尝君收留了许多有才能的门客。根据特长的不同，一般的门客饭食中有鱼，高一级的门客出行可以配车。冯谖初来乍到，孟尝君的仆人都没有太高看他。过了几天，冯谖就击剑而歌："我们还是回去吧，吃的食物中都没有鱼！"仆人告知孟尝君后，孟尝君便答应了他的要求。又过了几天，冯谖又击剑高歌："我们还是回去吧，出行的时候都没有车可以坐！"仆人又耐着性子转告了孟尝君，孟尝君想了想，又答应了他委婉的请求。所有人都以为这下他该满意了，谁知过了几天，他又击剑高歌："我们还是回去吧，我不能养活自己的家！"仆人便生气地把孟尝君请了过来。孟尝君问道："你的家中还有什么人吗？"冯谖答道："有年迈的母亲。"于是，孟尝君派人将其母亲接来，供给衣食，安排住宿。这下，冯谖再也不击剑高歌了。

冯谖也是巧妙地利用了登门槛效应，不是一步到位，而是将要求按照从低到高的顺序依次提出，步步为营，最终达到了自己的目的。当然，冯谖也并不只是一味索取，后来的事实也证明，冯谖的确是位人才，孟尝君地位的稳固，与他有着密不可分的关系。

从历史的故事回到现实中来，这种效应在生活中的应用也很多。每个人都希望自己能够获得成功，但是，要想达到成功的彼岸，只靠自己一个人的力量是远远不够的。必要的时候，还要借助他人的力量助自己一臂之力。在这个过程中，就免不了要向一些人求助。于是，能否有效获得他人的帮助，就成了一个人走向成功的很关键的一步。想请别人做一件事，如果一下子提出全部请求，往往会让人家觉得太唐突，从而拒绝你的请求。而如果化整为零，先请他做开头的一小部分，再一点一点请他做接下来的部分，别人往往会想，既然都开始做了，就善始善终吧，于是就会帮忙到底。

当销售人员想要推销一件新产品时，他在展开他的销售策略的时候，也不会直接要求消费者买下，而是先介绍产品的用途以及性能，然后说出该产品的特点，再说该产品为什么特别适合你，如果消费者依然没有买下的意思，他就会先送你免费的试用装，一般人都不会拒绝免费得来的东西。而如果用得得心应手，以后就会源源不断地购买。

当顾客选购衣服时，有经验的售货员一般不会直接劝说消费者买下，而是不怕麻烦地让顾客反复试穿。当顾客将衣服穿在身上时，他又会不断地称赞。顾客笑逐颜开之后，就会很高兴地买下衣服。这都是利用了登门槛效应。

## 求人先把握对方兴趣与心情的"门槛"

生活中，我们常会遇到这样的情况，在等公交车时，一些乞丐手里拿着一个很破的碗，在等车的人群中乞讨，但是很少有人给钱。每当那个乞丐走近的时候，人们的反应几乎是一致的，要不就是跟同伴聊天，假装没看见，要不就是转过身去。那个乞丐转了一圈之后，发现没有人给钱，便无趣地走开了。

人们通常会自动地忽视陌生人的请求。不过，研究发现，对陌生人提出请求时，若能引起对方的兴趣，就很有可能会获得帮助。

有心理学家曾经做过一个有趣的实验：让一些女助手扮演乞丐，到大街上乞讨。在不打算引起路人注意的情况下，女助手提出的请求是"您能给我一些零钱吗？"或者是"您能给我一个25美分的硬币吗？"为了引起路人的注意，并且不至于让路人一下子就拒绝，另一组助手提出了不同寻常的请求"您能给我17美分吗？"或者是"您能给我37美分吗？"

结果表明，第二组助手的请求引起了许多路人的兴趣，大约有75%的路人将助

手所需要数目的钱给了她们；而在前一种情况下，只有一半的路人给了她们一些钱。

通过上面的实验，人们发现，可以通过引起他人注意的方法来改变他人的行为。与此类似的还有美国校园里的一些慈善活动。有人想出了一些别出心裁或引人注意的请求来增加他们集资的数目。比如，有一些教员会被"拘留"，这些教员只有得到了一定的来自他自己或其他人的担保金额才可以被释放。结果，这种做法非常成功。

事实上，要想得到他人的帮助，除了引起对方的兴趣外，还可以在提出请求之前，让他人有一个好心情。

心理学家在美国旧金山最大的购物中心进行了一次有趣的实验。

试验分两种情况进行：一种是实验人员在使用电话之前放入10美分硬币，另一种是电话亭里没有放钱。在电话亭打电话的人并不知道有什么实验，只是当他们打完电话后，从电话亭里出来的时候，实验人员抱着一堆书之类的东西从他们跟前走过，故意让书落到地上。

结果显示，没有捡到钱的人当中，只有5%的人帮忙捡起了落下的书本，而捡到钱的人当中，却有90%以上的人伸出了援助之手。

由此可见，心情好的确使人更容易帮助别人。这正如当你遇见一个好人，顿时觉得生活特别美好，觉得自己非常幸运。在这种情况下，为什么不去帮助那些不如你幸运的人呢？为什么不能让世界有更多的美好呢？似乎好心情有一种惯性，日常生活中，很多人总是在别人喜事临门、有意外收获的时候，让别人请客，或帮忙做一些事，结果就是被求的人要比平时更容易同意。这一切，都是登门槛效应的种种表现。

# 借口定律：
# 不为失败找借口，只为成功找方法

## 借口是滋生问题的根源

生活、工作和学习中，你是否常常看到这样一些借口？

如果上班迟到了，会有"路上堵车""手表慢了"的借口；考试不及格，又会有"出题太偏""题量太大"的借口；工作完不成，则有"工作太繁重"的借口。

只要细心去找，借口总是有的，而且以各种各样的形式存在着。许多人的失败，就是因为借口太多。当我们碰到困难和问题时，只要去找，也总是能找到的。不可否认，许多借口也是很有道理的，但是恰恰就是因为这些合理的借口，人们心理上的内疚感才会减轻，汲取的教训也就不会那么深刻，争取成功的愿望就变得不那么强烈，成功当然与我们擦肩而过了。

仔细想想，很多时候我们的失败不就是与找借口有关吗？不愿意承担责任，处处为自己开脱，或是大肆抱怨、责怪，认为一切都是别人的问题，自己才是受害者。

这样找借口的人往往把所有问题都归结在别人身上——"为什么我没有成功？那是因为工作不好，环境不好，体制不好。""为什么我生活得不好？那是因为家庭不好，朋友不好，同事不好。""为什么我会迟到？那是因为交通拥挤，睡眠不好，闹钟出了问题。"可以想到，一旦有了"借口"，似乎就可以掩饰所有的过失和错误，就可以逃避一切惩罚。

但是，这样不断地找无谓的借口，你永远也不可能改进自己。相反地，你不断地找借口，糟糕的结果也就不断地发生，你的生命也就会不断地出现恶性循环。

所以，你首先要改变的是自己的态度，由此才能实现良性循环，如果你是一个富有责任感的人，你就不会轻易便为自己找借口，因为你知道借口不能解决任何问题。

你改变不了天气，但是你可以调整自己的着装；你改变不了风向，却能调整你的风帆；你改变不了他人，却可以改变你自己。所以，面对困难你可以调整内在的态度和信念，通过积极的行动，消除一切想要寻找借口的想法和心理，成为一个勇于承担责任、不抱怨、不责怪、不为失败找借口的人。

你应当对自己说："所有的问题都是我的问题，学习不好——我的问题，工作不好——我的问题，生活不好——我的问题。"你是生活的主人——你必须有这样的认知，并以此来激励自己。

要知道，成功也是一种态度，常常找借口的人是很难获得成功的。你尽可以悲伤、沮丧、失望、满腹牢骚，尽可以每天为自己的失意找到一千一万个借口，但结果是你自己毫无幸福的感受可言。你需要找到方法走向成功，而不要总把失败归于别人或外在的条件。因为成功的人永远在寻找方法，失败的人永远在寻找借口。

"没有任何借口"，让你没有退路，没有选择，让你的心灵时刻承载着巨大的压力去拼搏，去奋斗，置之死地而后生；只有这时，你内在的潜能才会最大限度地发挥出来，成功也会在不远的地方向你招手！

成功的人不会随便寻找任何借口，他们会坚毅地完成每一项简单或复杂的任务。一个成功的人就是要确立目标，然后不顾一切地去追求目标，并且充分发挥集体的智慧力量，最终完成目标，取得成功。

所以我们应该拒绝借口。用决心、热心、责任心去对待生活。永远坚持百折不挠的挑战精神和没有任何借口的心态奋斗，失败，再奋斗，再失败，再奋斗……直至最终的成功，这也是成功的一项法则。

## 借口是拖延的温床

现实中，是什么让你远离成功的彼岸？你搁置了多少想法、多少梦想、多少计划？其实，这一切都源于你没有坚决地付诸行动。而你又为自己的拖延找到了"借口"这张温床。所以，要想获得成功，我们就要不找借口地活着。不找借口，就意味着拒绝拖延，今天的事今天做。

借口是拖延的温床，当你告诉自己"这件事可以缓一缓""我今天已经做了很多事，可以奖励自己放松一下了""明天什么事也没有，不如明天做""今天天气很难得，不能待在屋里"的时候，要注意了，你已经滋生了拖延的心理。

如果你是个办事拖拉的人，你就在浪费宝贵时间。这种人花许多时间思考要做的事，担心这个担心那个，找借口推迟行动，又为没有完成任务而悔恨。在这段时间里，他们本来能完成任务而且早应转入下一个环节了。

所以，一定要找到可以有效对付拖拉作风的方法。

1. 确定一项任务是否非做不可

当我们感觉一项任务不重要，做起来自然会拖拖拉拉，若是这项任务真的不重要，就立刻取消它，而不是既拖延又后悔。有效分配时间的重要一环，是取消可有可无的任务。应该从你的日程表中把乱糟糟的东西清除。

2. 把任务委托给其他人

有时候，任务是能完成的，但是你不喜欢做。你不愿意做可能与你的兴趣或专长有关，这时如果你把任务委托给一个比你更适合做、更乐意做的人，你和他就都成了赢家。

3. 确定好处与优势，立即行动起来

我们往往因为看不到完成一项任务有什么好处而拖拖拉拉。也就是说，我们做这项任务时付出的代价似乎高于做完之后得到的好处。解决这个问题的最佳办法是从你的目标与理想的角度来分析这个任务。如果你有一个重大目标，那你就比较容易拿出干劲去完成有助于你达到目标的任务。

4. 养成好习惯

许多人的拖延已经成了习惯。对于这些人，一切理由都不足以使他们放弃这个消极的工作模式去完成一项任务。如果你有这个毛病，你就要重新训练自己，用好习惯来取代拖延的坏习惯。每当你发现自己有拖沓的倾向时，静下心来想一想，确定你的行动方向，然后给自己提一个问题："我最快能在什么时候完成这个任务？"定出一个最后期限，然后努力遵守。渐渐地，你的工作模式会发生变化。

"快！快！快！为了生命加快步伐！"这句话常常出现在英国亨利八世统治时代的留言条上，用来警示人们。旁边往往还附有一幅图画，上面是没有准时把信送到的信差在绞刑架上挣扎。当时还没有邮政事业，信件都是政府派出的信差发送的，如果在路上延误就会被处以绞刑。

"明天"是魔鬼的座右铭。整个历史长河中不乏这样的例子，很多本来智慧超群的人，留下的仅仅是没有实现的计划和半途而废的方案。对懒散的人来说，明天是他们最好的搪塞之词。

有两句充满智慧的俗语说得好，一句是"趁热打铁"，另一句是"趁阳光灿烂的时候晒干草"。

很少有人注意到自己通常在什么时候比较懒散倦怠。有的人是在晚饭后，有的人是午饭后，还有的在晚上 7 点钟以后就什么都不想干了。每个人一天的生活往往都有一个关键时刻，如果这一天不想白过的话，一定不要浪费这个时刻。对大多数人而言，早晨的几小时往往是这一天会不会过得充实的关键时刻。

拖延是一种疾病，对那些深受拖延之苦的人来说，唯一的办法就是做出果断的决定。否则，这一疾病将成为摧毁胜利和成就的致命武器。通常来说，爱拖延的人就是失败的人。

我们始终要牢记，今天才是你最有可能把握的；总是给自己的拖延找借口，寄希望于明天的人，永远只是一事无成的人，到了明天，后天也就成了明天，一而再，再而三，事情永远没有完结的一天。

如果你总是把问题留到明天，那么，明天就是你的失败之日，同样，如果你计划一切从明天开始，你也将失去成为行动者的所有机会。请记住，明天只是你愚弄自己的借口。

所以，你还在等什么呢？今天就付诸实际行动吧！永远不要做现实中的寒号鸟，赶快在寒冬来临之前给自己垒一个温暖舒适的窝。

## 不找借口，是一种成功理念

任何一个社会似乎都可以找出两种人：成功者和失败者。根据二八法则，20% 的人掌握着社会中 80% 的财富。是什么原因让少数人比多数人更有力量？因为多数人都在找借口。20 和 80 的区别在于一种是不找任何借口做事情的人；另一种是光说不练，还整天找借口为自己开脱的人。

"我本来可以，但是……"

"我也不想，可是……"

"是我做的，但这不是我的错……"

"我本来以为……"

在现实生活中，我们经常会听到这一类的借口，生活中缺少的正是想尽办法去完成任务，不找借口的人。

美国人常常讥笑那些随便找借口的人说："狗吃了你的作业。"借口是拖延的温床，习惯性的拖延者通常也是制造借口的专家，他们每当要付出劳动或做出抉择时，总会找出一些借口来安慰自己，总想让自己轻松一些、舒服一些。借口是推卸责任的表现，也是转嫁责任的方式，可以为自己制造一个安全的角落。习惯找借口的人，不可能成为企业称职的员工，在社会上也不会是值得大家信赖和尊重的人。

一个社会越推崇某种精神，就说明这个社会越缺少某种精神。把信送给加西亚的罗文在中国受到追捧，正说明敬业精神的缺失。然而敬业并非只是一个简单的技巧问题，它首先是一个如何做人的问题。真正的敬业精神是基于对自我和他人的尊重、对事业和生活的热爱、对梦想和成功的渴望。对一个企业来说，只要员工具有敬业、负责的工作态度，扎扎实实、积极主动、不找任何借口地去做事，员工就能实现最大的个人价值，企业就拥有最完美、最坚强的执行力，就有实力在市场竞争中迎风激浪、无往不胜。

"没有任何借口"是美国西点军校 200 年来奉行的最重要的行为准则，是西点军校传授给每一位新生的第一理念。它强化的是每一位学员想办法去完成任何一项任务，而不是为没有完成任务去寻找借口，哪怕是看似合理的借口。秉承这一理念，无数西点毕业生在人生的各个领域都取得了非凡的成就。西点军校在培养大批军事家的同时，还为美国培养和造就了众多的政治家。不仅在美国军政两界，而且已经有越来越多的西点毕业生开始在美国商界崭露头角。这些成功的商界人士都一致肯定，在西点军校培训的经历对他们担任商界领导者有着莫大的助益，虽然当时所学的知识主要是军事项目，但西点军校对人的性格、毅力的塑造是十分成功的。任何商学院都没有培养出这么多优秀的经营管理者。

事业的成功说到底来自于人的能力（尤其是创造力）的真正发挥，而所有的工作归根到底也无非是对他人的服务，对自我生命价值的体现。因此，不找借口并不仅仅是一种工作态度，更重要的是，它是一种生活理念。在你人生的方方面面，你都应该信守这一理念，唯有如此，你才可能获得一种成功而又幸福的生活。

第二章

>>> 职场行为学准则

# 蘑菇定律：
# 新人，想成蝶先破茧

## 职场起步，切勿过早锋芒毕露

众所周知，蘑菇长在阴暗的角落，得不到阳光，也没有肥料，自生自灭，只有长到足够高的时候才开始被人关注。

这种经历，对于成长中的职场年轻人来说，就像蛹，是化蝶前必须经历的一步。只有承受这些磨难，才能成为展翅的蝴蝶。初涉职场的新人，不仅要承受住"蘑菇"阶段的历练，还要注意不能过早地锋芒毕露。

有一位图书情报专业毕业的硕士研究生被分到上海的一家研究所，从事标准化文献的分类编目工作。

他认为自己是学这个专业的，比其他人懂得多，而且刚上班时领导也以"请提意见"的态度对他。于是工作伊始，他便提出了不少意见，上至单位领导的工作作风与方法，下至单位的工作程序、机制与发展规划，都一一列举了现存的问题与弊端，提出了周详的改进意见。对此领导表面点头称是，其他人也不反驳，可结果呢，不但现状没有一点儿改变，他反倒成了一个处处惹人嫌的主儿，还被单位掌握实权的某个领导视为狂妄、骄傲之人，一年多竟没有安排他做什么具体活儿。

后来，一位同情他的老太太悄悄对他说"小王啊，你还是换个单位吧，在这儿你把所有的人都得罪了，别想有出息。"

于是，这位研究生闭上了嘴。一段时间后，他发觉所有的人都在有意无意地为难他，连正常的工作都没有人支持他，他只好"炒领导的鱿鱼"，离开了。

　　临走时，领导拍着他的肩头说："太可惜了！我真不想让你走，我还准备培养你当我的接班人哩！"

　　那位研究生一边玩味着"太可惜"三个字，一边苦笑着离去。

　　在现实社会中，与这位研究生一样的年轻人并不少见。他们处世往往不留余地，锋芒毕露，有十分的才能与聪慧，就要表露出十二分。殊不知，职场有职场的游戏规则，你如果想在职场有所作为，就要先适应这里的游戏规则，实力壮大、羽翼丰满之后，再通过你的能力来制定新的游戏规则，否则，你一定会碰得头破血流，留下"壮志未酬身先死"的怨叹。

　　小说《一地鸡毛》中描写到，主人公小林夫妇都是大学生，很有事业心，努力、奋发，有远大的理想。二人志向高得连单位的处长、局长，社会上的大小机关都不放在眼里，刚刚工作就锋芒毕露。于是，两人初到单位，各方面关系都没处理好，而且因为一开始就留下了"伤疤"，后来的日子也经常是磕磕碰碰。说到底，夫妇俩都败给了自己的职场第一步。

　　中国有一个成语叫"大智若愚"，行走职场，必要的时候，你一定要学会做一个"愚人"来保全自己，这往往能让你以不变应万变。

# 做"蘑菇"该做的事，以智慧突破"蘑菇"境遇

曾有人说过这样一番话："一个人既然已经经历'蘑菇'的痛苦，哭也好，骂也好，对克服困难毫无帮助，只能是挺住，你没有资格去悲观。因为，此时假如你自己不帮助自己，还有谁能帮助你呢？"

这句话说明了一个很重要的道理：正因身处"蘑菇"境遇，你得比别人更加积极。谁都知道，想做一个好"蘑菇"很难，但那又能怎样呢？如果只是一味地强调自己是"灵芝"，起不了多大作用，结果往往是"灵芝"未当成，连"蘑菇"也没资格做了。

所以，你想要突破"蘑菇"的境遇，使自己从"蘑菇堆"里脱颖而出，在最开始就要做好"蘑菇"该做的事，用智慧去突破"蘑菇"境遇。

你要学会从工作中获得乐趣，而不仅仅是按照命令被动地工作。确立自己的人生观，根据你自己的做事原则，恰如其分地把精力投入工作中。要想让企业成为一个对你来说有乐趣的地方，只有靠你自己努力去创造、去体验。

身为新人，工作中你要注意礼貌问题。也许你觉得这样是在走形式，但正因为它已经形式化了，所以你更需要做到，从而建立良好的人际关系。记得有这样一句话：

礼貌这东西就像旅途使用的充气垫子，虽然里面什么也没有，却令人感觉舒适。记住有礼貌不一定是智慧的标志，可是不礼貌会被人认为愚蠢。

常言道："少说话，多做事。"这对新人更是适用。每一个刚开始工作的年轻人都要从最简单的工作做起。如果你在开始的工作中就满腹牢骚、怨气冲天，那么你对待工作就会草率行事，从而有可能导致错误的发生；或者本可以做得更好，却没有做到，这会使你在以后的职务分配中很难得到你本可以争取到的工作。

还有，毕业后一旦走向社会，会发现梦想与现实总是存在很大的差距。当你到了一个并不满意的公司，或者在某个不理想的岗位，做着也许很没

劲甚至很无聊的工作时，肯定会产生前途茫然的感觉，如果收入又不理想，你肯定会郁闷万分，此时实际上就是蘑菇定律在考验你的适应能力。达尔文的话是最好的忠告，要想改变环境，必须先适应环境，别等环境来适应你。

时刻记住，人可以通过工作来学习，可以通过工作来获取经验、知识和信心。你对工作投入的热情越多，决心越大，工作效率就越高。当你抱有这样的热情时，上班就不再是一件苦差事，工作就会变成一种乐趣，就会有许多人聘请你做你喜欢做的事。

正如罗斯·金所言："只有通过工作，你才能保证精神的健康，在工作中进行思考，工作才是件愉快的事情。两者密不可分。"处于"蘑菇"阶段的年轻人，快沉下心来，以你的智慧与能力在职场破茧成蝶吧！

# 自信心定律：
# 出色工作，先点亮心中的自信明灯

## 丢掉第六份工作引发的职场思考

"难道我真的一无是处，是个没用的人？"刚刚失去第六份工作的李磊（化名）想起3年来工作中的点点滴滴，对自己彻底失去了信心。

他说，前几天刚被老板辞退，这已经是他毕业三年来的第六份工作了。他自己觉得，不自信是丢掉工作的主要原因。原来，一周前李磊到一家牙科诊所应聘，老板问他是什么学历，因为害怕老板嫌弃自己的学历低，李磊便谎称自己是本科

学历，而实际上他是大专学历。本以为老板只是问问学历，没想到上班之后，老板天天要他拿出学历证书。再也瞒不过去的李磊只得向老板吐露了实情，结果第二天老板就以"为人不诚实"为由将他辞退了。

"一家私人诊所可能也不会太在乎学历，我毕业3年了，有实践经验，这对老板来说可能比学历更为重要。"李磊很后悔当初不自信，没有对老板说实话。

李磊的经历给我们带来了深刻的思考，职场上，自信心对于一个人很重要。要想老板看重你，首先要自己看重自己。

客观上来说，一个人有没有自信，来源于对自己能力的认识。充满自信就意味着对自己信任、欣赏和尊重，意味着对工作胸有成竹、很有把握。

未来学家弗里德曼在《世界是平的》一书中预言"21世纪的核心竞争力是态度"。这就是在告诉我们，积极的心态是个人决胜未来最为根本的心理资本，是纵横职场最核心的竞争力。

所谓的积极心态，自信心当然是非常重要的一部分。一个失去自信的人，就是在否定自我的价值,这时思维很容易走向极端，并把一个在别人看来不值一提的问题放大，甚至坚定地相信这就是阻碍自己进步的唯一障碍，自然就很难有出类拔萃的成就了。

事实上，工作中若能时刻保持一种积极向上的自信心态，即使遇到自己一时无法解决的困难，也会保持一种主动学习的精神，而这种内在的、自发的主动进取，往往会让我们把事情做得更好。

美国成功学院对1000名世界知名成功人士进行了研究，结果表明，积极的心态决定了成功的85%！对比一下身边的人和事，我们不难发现，很多自信的人工作起来都非常积极、有把握，并且取得了出色的工作业绩;而那些总认为"我不行""做不了""我就这水平了"的人，尽管有过多年的工作经历，但工作始终没有什么起色。

所以，在职业生涯中，必须充满自信。自信心是源自内心深处、让你不断超越自己的强大力量，它会让你产生毫无畏惧、战无不胜的感觉，这将使你工作起来更加积极。

## 自信飞扬，做职场冠军

在工作中，我们常会遇到这样的情况：挫折袭来，有的人始终不能产生足够的自信心，从而一蹶不振；有的人却能在焦虑和绝望后迅速产生强大的自信心，从而拼劲儿十足地实现目标。

其实，产生这种差异并不完全是由先天因素决定的，往往是因为前者平时不注重自信心的树立；后者却懂得经过长期的自我训练，增强自信心。

无论从事什么职业，自信都能给人以勇气，使你敢于战胜工作中的一切困难。工作上，谁都愿意自己出类拔萃，这就要求我们必须挑战人生，要挑战就必须以充满自信为前提，如果我们连自信心都没有，能做好什么事呢？

大家都知道毛遂自荐的故事，正因为毛遂有极强的自信心，所以才敢向平原君推荐自己，并最终出色地完成了任务。

美国思想家爱默生说："自信是煤，成功就是熊熊燃烧的烈火。"对于成功人士来说，自信心是必不可少的。据说，今日资本集团总裁徐新当初之所以选择投资网易，正是因为网易创始人丁磊的自信。

丁磊毕业于电子科技大学，毕业后被分配到宁波市电信局。这是一份稳定的工作，但丁磊无法接受那里的工作模式和评价标准，自信的他从电信局辞职，"这是我第一次开除自己。有没有勇气迈出这一步，将是人生成败的一个分水岭"。

因为自信，丁磊在两年内3次跳槽，最终在1997年决定自立门户。后来，丁磊和徐新在广州一家狭小的办公室见面。徐新主动问他一些问题："网易在行业内的情况怎么样？"

"我们会是第一。"丁磊毫不犹豫地这么回答。客观上讲，1999年初，网易刚向门户网站迈进，与新浪、搜狐相比，还只是一个刚刚崭露头角的小网站。

徐新当然知道当时的网易不是门户网的第一，但觉得丁磊很有上进心，而不是吹牛——是有实质的自信。他对丁磊说："我觉得企业家有这种精神是很重要的，你有这么一个理想跟雄心去做行业排头兵。我投的就是你的这个自信。"

通过丁磊的经历，我们可以肯定地说充分的自信是创立事业、成就价值的重要素质。

既然自信心如此重要，那么，我们要怎样做才能树立自信心呢？

首先，在平时的工作中要不断地学习，不断地提升自己。阿基米德说过："给我一个支点和一根足够长的杠杆，我就能撬动整个地球。"有如此的自信，那是因为他深入掌握科学的原理。关羽之所以敢独自一人去东吴赴会，是因为他深知自己的本领……正所谓"有了金刚钻，才敢揽瓷器活"。

其次，要有一定的耐心和毅力。有些事情不是一朝一夕就能做好的，需要我们持之以恒地努力。要用长远的目光看待目前遇到的困境，相信我们有能力去解决它，相信自己，最后的成功必定是我们的。

最后，不要总想着自己的缺点，要时刻告诉自己"我是最棒的""我是优秀的"。每个人都有缺点，完美无缺的人是不存在的，对自身的缺点不要念念不忘。要知道，别人往往并不那么在意你的缺点。要相信自己，相信自己是最棒的、最优秀的。

# 青蛙法则：
# 居安思危，让你的职场永远精彩

## 生于忧患，死于安乐

19世纪末，美国康奈尔大学进行了一个有趣的实验。他们将一只青蛙扔进一个沸腾的大锅里，青蛙一接触到沸水，便立即触电般地跳到锅外，死里逃生。实验者又把这只青蛙丢进一个装满凉水的大锅，任其自由游动，然后用小火慢慢加热。随着温度慢慢升高，青蛙并没有跳出锅去，而是被活活煮死。

前面"蛙未死于沸水而灭顶于温水"的结局，很是耐人寻味。若是锅中之蛙能时刻保持警觉，在水温刚热之时迅速跃出，也为时不晚，就不至于落得被煮死的结局。这就让我们想起了孟子曾说过的一句话："生于忧患，死于安乐。"

一个人如果丧失了忧患意识，

那么，就会像被水煮的青蛙一样，在麻木中"死亡"。所以，在从初涉职场到工作干练的渐变过程中，我们要保持清醒的头脑和敏锐的感知，对新变化做出快速的反应。不要贪图享受，安于现状，否则当你意识到环境已经使自己不得不有所行动的时候，你也许会发现，自己早已错过了行动的最佳时机，等待你的只是悲哀、遗憾和无法估计的损失。

漫漫职场路，我们都希望自己能一帆风顺，不希望遇到忧患与危机。但客观上讲，忧患与危机并不是什么可怕的魔鬼，当它们出现在我们面前时，往往能激发潜伏在我们生命深处的种种能力，并促使我们以非凡的意志做成平时不能做的大事。所以，与其在平庸中浑浑噩噩地生活，不如勇敢地承受外界的压力，过一种更有创造力的生活。

拿破仑在谈到他手下的一员大将马塞纳时曾说："平时，他的真面目是不会显现出来的，可当他在战场上看到遍地的伤兵和尸体时，那种潜伏在他体内的'狮性'就会在瞬间爆发，他打起仗来就会勇敢得像恶魔一样。"

再如拿破仑本人，如果年轻时没有经历过窘迫而绝望的生活，也就不可能造就他多谋刚毅的性格，他也就不会成为至今为人们所景仰的英雄人物。贫穷低微的出身、艰难困顿的生活、失望悲惨的境遇，不仅造就了拿破仑，还造就了历史上的许多伟人。例如，林肯若出生在一个富人家的庄园里，顺理成章地接受了大学教育，他也许永远不会成为美国总统，也永远不会成为历史上的伟人。正是有了那种与困境作斗争的经历，使他们的潜能得以完全爆发，从而发现自己的真正力量。而那些生活在安逸舒适中的人，他们往往不需要付出太多努力，也不需要个人奋斗就能达到目的，所以，潜伏在他们身上的能量就会被"遗忘""湮没"。

当今世界上，有许多人都把自己的成功归功于某种障碍或缺陷带来的困境。如果没有障碍或缺陷的刺激，也许他们只能挖掘出自己20%的才能，正因为有了这种强烈的刺激，他们另外80%的才能才得以发挥。

所以，身处今天快节奏、不断变幻的职场，我们要懂得居安思危。要知道，危机并不代表灭亡，而恰恰可能是一种契机。我们经由这些危机，往往会发现自己真正的价值所在，激发出深藏于心的巨大力量，从而使人生更加精彩。

# 在自危意识中前进

我们都知道，未来是不可预测的，人也不可能天天走好运。正因为这样，我们更要有危机意识，在心理上及实际行为上有所准备，以应付突如其来的变化。有了这种意识，或许不能让问题消弭，却可把损害降低，为自己打开生路。

常言道，一个国家如果没有危机意识，迟早会出问题；一个企业如果没有危机意识，迟早会垮掉；一个人如果没有危机意识，也肯定无法取得新的进步。

那么，我们具体该如何在竞争激烈的职场中提升自己的危机意识呢？下面，来看看闻名于世的波音公司的一个有趣做法。

波音公司以飞机制造闻名于世。为了提升员工的忧患意识，一次，公司别出心裁地摄制了一部模拟倒闭的电视片让员工观看。

在一个天空灰暗的日子，公司高高挂着"厂房出售"的招牌，扩音器传来"今天是波音公司时代的终结，波音公司关闭了最后一个车间"的通知，全体员工一个个垂头丧气地离开工厂……

这个电视片使员工受到了巨大震撼，强烈的危机感使员工们意识到只有全身心投入生产和革新中，公司才能生存，否则，今天的模拟倒闭将成为明天无法避免的事实。

看完模拟电视片，员工们都以主人翁的姿态，努力工作，不断创新，使波音公司始终保持着强大的发展后劲。

事实上，波音公司的这种做法不仅对企业有深刻启示，对于行走职场的个人来说，同样具有一定的借鉴作用。

在工作中，我们也应该像波音公司的员工那样，时刻提醒自己只有全身心投入生产和革新中，公司才能生存，我们才有机会发展，否则，终将难逃被淘汰的事实。

当今社会的快节奏和激烈的竞争，令很多人在35岁时遇到这样一个困惑：为什么多年来我一事无成？接下来的岁月我应该做些什么？在机会面前，许多人不敢贸然决定。因为他们从心理上理解了人生的有限，而自己也开始重新衡量事业和家庭生活的价值，于是产生了职业生涯危机。这就是著名的"35岁危机论"。

罗伯特先生35岁，自言感觉过去对工作、对自己的认识似乎有错误，而自己长期养成的行为习惯好像变成了事业的绊脚石。想改变自己，又不忍心否定过去；想改变生活方式，又担心选择的并不是最适合自己的。两年前，他终于下定决心放弃了某公司副经理的职位，参加 MBA 考试并重回校园深造。

现在，完成学业的罗伯特先生在找工作时却犯了难。罗伯特先生业已投出上百份简历，但有回音者寥寥无几。罗伯特先生说，自己并不要求高起点的薪金，而只要求一个管理类的工作职位。然而他发现，"社会上已经人满为患"。

罗伯特先生曾读过一篇题目为《35 岁，你还会换工作吗》的文章，文中专家说："社会对 35 岁以上的求职者提出了较高的要求，必须通过不断学习和更新知识，提高自身竞争力。"对此罗伯特先生很纳闷，我正是为了完善自己才去学习的，为什么反而让社会把自己挤了出去呢？

其实，像罗伯特先生这种工作以后又重返课堂充电，充电后再找工作重新迎接社会的挑战，已不仅仅是 35 岁的人才会面临的境况。有人甚至感叹："不充电是等死，怎么充了电变成找死啦？"

最关键的一点是我们要明白，人生的经历是积累的，不要以为学习充电后就无须面临社会"物竞天择，适者生存"的自然选择。以前的经历是你的宝贵财富，但这并不能让你在职场上永操胜券。千万不要有一劳永逸的期待，要时刻保持危机意识，告诉自己"一定要快跑，不够优秀在什么时候都会被淘汰"。

# 鸟笼效应：
# 埋头苦干要远离引人联想的"鸟笼"

## 远离让人欲罢不能的"鸟笼"，不让老板怀疑你

心理学家詹姆斯有天与好友卡尔森打赌，说："我敢保证，不久后你会养一只小鸟！"卡尔森一听，觉得很荒唐，就笑着说："你在开玩笑吧？我从来就没有过这种想法。"

几天后，卡尔森过生日，朋友们都来为他庆祝。詹姆斯也来了，还带了一只精致的鸟笼作为生日礼物。

卡尔森接过鸟笼，想起几天前詹姆斯说的话，就会意地笑笑说："好你个詹姆斯，你还真想让我养鸟啊？可惜，最后你肯定会失望的。不过，还是要谢谢你的鸟笼，我很喜欢它。"说完便将鸟笼挂在了自己的书桌旁。

从此以后，来拜访卡尔森的客人，都会问他同一个问题："教授，您养的鸟死了吗？"而且每位客人与他谈话的时候，都会提一些与鸟相关的话题，比如告诉他养鸟的知识，委婉地规劝他养鸟需要责任心和爱心，还有养鸟时的一些注意事项等。每当此时，卡尔森就一遍一遍地向客人解释——他从未养过鸟，不过客人们都不相信，反而认为他心理出现了问题。

卡尔森百口莫辩，有苦难言。想扔了这鸟笼，又不舍得，它那么漂亮而且还是别人送的礼物；不扔这鸟笼，又惹出那么多恼人的猜测，莫须有的事端。想来想去，万般无奈之下，他只好沿着詹姆斯的预测走，买了一只鸟儿放在笼子里，这总比整天解释和被人误解好多了。

这就是著名的"鸟笼效应"，詹姆斯用他的心理学知识涮了好友一把。

其实，"鸟笼效应"在我们的生活、工作中会常常遇到。人们总是不自觉地在自己的心里先挂上一只"鸟笼"，再不由自主地往笼子里放"小鸟儿"。

人们大部分情况下很难亲眼看到事情的真相，所以很多事情，都会靠着常规思路进行推理。你认为努力工作的人就应该天天加班，而更多的人却觉得工作量正常还每天加班那就是为了占用公司的资源。如果你给同事、老板留下这样的印象，那你可就惨了。

刘季是从一家小公司转过来的。在小公司的时候，公司的老板每天都加班到很晚，所以作为老板得力助手的刘季自然也就养成了每天加班的习惯。到了新公司后，刚刚熟悉业务，为了能更好地胜任自己的工作，他依然坚持着每天加班到很晚的习惯。可是这家公司的风气与以前的小公司不同，这里的员工和老板没有加班的习惯。所以，同事们发现刘季每天加班到很晚后，都感到很奇怪。每天的工作量也不大，上班时间完全可以完成，为什么他还要每天加班到很晚呢？同事们开始议论纷纷。"他是不是为了给自己家省点电，或者省点网费？""可能是为了晚上用公司的电话打私人电话。""也有可能是利用公司的资源干私活。"……很快，老板也知道了这件事。他的第一直觉也是这个人到底每天晚上加班到很晚是在搞什么"阴谋"，是不是为了占用公司的资源。通常情况下，在工作量正常的时候，依然每天加班到很晚，很容易让人联想到这些，老板也不例外。刘季发觉了同事的议论后，还不以为然，但当他知道老板也在怀疑他时，他就再也不敢加班了。

不要给老板怀疑你的机会，不要给同事议论你的可能。要学会遵循所在公司的"规则"，这样你的职场生活才会一帆风顺。

## 加班和加薪升迁没关系

在职场规则中加班和加薪没关系。决定加薪的因素是你的能力。能力是最好的语言，业绩是最好的证明。只有具有扎实的本领，你才有发言权。否则无论你说再多，也是无用的。

职场，是用本领说话的地方。下面，我们来看一则关于本领的寓言。

有一次，在一场比赛中，鼯鼠夸耀说自己会很多本领。比赛开始了，最先比的是飞行。一声哨响，老鹰、燕子、鸽子一下就飞得没影了，鼯鼠扑腾着飞了几丈远就落了下来，着地时还没站稳，摔了个嘴啃泥。赛跑比赛，兔子得了第一后，躺在树下睡了一觉醒来，鼯鼠才跌跌撞撞地跑到终点。游泳比赛，鼯鼠游到一半就游不动了，大声喊起救命来，多亏了好心的乌龟把它驮回岸上。比赛爬树时，

鼯鼠还没爬到树顶就抱着树枝不敢再爬，顽皮的猴子爬到树顶后摘了果子往它头上扔，明知道它不敢用手去接，还故意说请它吃水果。和穿山甲比赛打洞，穿山甲一会儿就钻进土里不见了，鼯鼠吃力地刨啊刨，半天才钻进半个身子。观众见它撅着屁股怎么也进不去，都哄笑起来。

在工作中，如果没有真才实学，即便终日卖力地加班，也会像鼯鼠一样遭到大家的嘲笑。我们说得再好听，吹嘘得再花哨，没有能力，没有业绩，无论在领导面前，还是在同事面前，甚至在下属面前，仍然很难挺起腰杆儿。

14岁就到煤矿做工的斯蒂芬逊，在煤矿中从事的工作就是擦拭矿上抽水的蒸汽机。后来，他当上了煤矿的保管员，这使他有机会接触到更多的机器。

他感到，当时落后的运输工具已经不能适应正在迅速发展的煤矿业，于是他就想发明一种"强有力的运输工具"。

于是，他下决心努力学习文化。他都17岁了，却是个文盲，"既然基础等于零，那就从零开始吧"！他与启蒙的儿童一起在夜校的一年级就读。

为了更好地进行蒸汽机的研究，他步行了1500多里来到了蒸汽机发明者瓦特的家乡做了长达一年的工。他在工作之余，就对蒸汽机构造的原理进行钻研，并运用自己所学的知识，开始进行"强有力的运输工具"的发明。

他经过一番呕心沥血的钻研，在1814年造出了第一台蒸汽机车。但是试车却失败了，他受到了诽谤和责难。他并没有因此而灰心，继续研究并对其加以改进。他于1825年9月27日在英国斯多克敦至达林敦的铁路上，对世界上第一台客货运蒸汽机车"旅行号"进行了成功的试车。人们热烈地庆贺火车的诞生。他于1829年10月驾驶着新制的"火箭号"参加了在利物浦附近举行的一次火车功率大赛，并获取了胜利。

斯蒂芬逊成功了，由于多年的努力与坚持不懈，自己的能力和本领在不断的实践中提升、完善。他的经历让我们更加清楚地看到——用本领说话才是最有力的。无独有偶，下面故事中的马克亦是如此。

马克起初只是德国一家汽车公司下属的一个制造厂的杂工，他是在做好每一件小事中获得了成长，并在他32岁时成为该公司最年轻的总领班。

马克是在20岁时进入工厂的。工作一开始，他就对工厂的生产情形做了一次全盘的了解。他知道一部汽车由零件到装配出厂，大约要经过 13 个部门的合作，而每一个部门的工作性质都不相同。他主动要求从最基层的杂工做起。杂工不属于正式工人，也没有固定的工作场所，哪里有零活就要到哪里去。因为这项工作，马克才有机会和工厂的各部门接触，因此对各部门的工作性质有了初步的了解。在当了一年半的杂工之后，马克申请调到汽车椅垫部工作。不久，他就把制椅垫的手艺学会了。后来他又申请调到点焊部、车身部、喷漆部、车床部等部门去工作。在不到 5 年的时间里，他几乎把这个厂的各部门工作都做过了。最后，他又决定申请到装配线上去工作。马克的父亲对儿子的举动十分不解，他问马克："你工作已经 5 年了，总是做些焊接、刷漆、制造零件的小事，恐怕会耽误前途吧？"

马克笑着说："我并不急于当某一部门的小工头。我以能胜任领导整个工厂为工作目标，所以必须花点时间了解整个工作流程。我正在用现有的时间做最有价值的利用，我要学的，不仅仅是一个汽车椅垫如何做，而是整辆汽车是如何制造的。"当马克确认自己已经具备管理者的素质时，他决定在装配线上崭露头角。马克在其他部门干过，懂得各种零件的制造情况，也能分辨零件的优劣，这为他的装配工作提供了不少便利。没有多久，他就成了装配线上最出色的人物。很快，他就晋升为领班，并逐步成为统管 15 位领班的总领班。如果一切顺利，他将在几年之内升到经理的职位。

故事中，马克说得很对，要 "用现有的时间做最有价值的利用"，加班与否都不重要，那只是形式，真正能托起你业绩的，不是你工作多少个小时，而是你的能力有多强，是否强到以高效率完成应该完成的工作。这是实力，也是本领。

做任何事情，不下一番功夫，就不会有所收获。每个人都希望自己在职场上占据优势地位，都希望自己能够加薪升迁。然而，仅仅有这种上进的思想是远远不够的，因为理想与现实之间的距离需要努力去弥补。只有掌握了扎实的本领，才能在工作中游刃有余。

# 鲁尼恩定律：
# 戒骄戒躁，做笑到最后的大赢家

## 气怕盛，心怕满，工作中要戒骄戒躁

有一天，孔子带着自己的学生去参观鲁桓公的宗庙。在宗庙里，他看到了一个形体倾斜、可用来装水的器皿。就向守庙的人询问："请告诉我，这是什么器皿？"守庙的人告诉他："这是欹器，是放在座位右边，用来警戒自己，如'座右铭'一般用来伴坐的器皿。"孔子一听，接着说："我听说这种器皿，在没有装水或

欹器

装水少时就会歪倒；水装得适中，不多不少的时候就会是端正的；而水装得过多或装满了，它也会翻倒。"说完，扭头让学生们往里面倒水试试。学生们听后舀水来试，果然如孔子所说的。水装得适中时，它就是端正的；水装得过多或装满了，它就会翻倒；而等水流尽了，里面空了，它就倾斜了。这时候，孔子长长地叹了口气说道："唉！世界上哪里会有太满而不倾覆翻倒的事物啊！"

我们的心也像这欹器，自我评价太低就会抬不起头做人，自我评价适中就会积极面对人生，自我评价过高就会四处碰壁。水满则溢，月满则亏。做人要有长远眼光，不能被一点小小的成就绊住了前进的脚步，而导致最后的失败。

张军和李静是大学同班同学，两个人一起应聘到一家公司工作。论实力，李静根本不是张军的对手。张军在计算机方面有超强的天赋，而李静恰巧又长了个"不开窍"的脑瓜，所以他们俩之间的差距就更大了。可是进公司半年后，李静却意外地比张军先升了职。

其实，这也不奇怪，正如"龟兔赛跑"一样，实力强的不一定最后就会赢。张军自恃能力很高，觉得在这样的公司根本不需要再学习和进修，他的聪明才智完全可以应付一切工作。不仅如此，他对待工作也是马马虎虎，觉得交给自己的工作有辱自己的智商。而李静则知道自己实力不行，所以工作后依然不断地继续学习深造，对于上级交下来的每一项任务都认真对待，还乐于向身边的人请教。所以，出现李静先升职的现象是必然的。如果张军再不反省，还是那样的工作态度，那么最后可能会遭遇辞退的命运。哪个公司都不需要这种眼高手低、骄傲自大的员工。

气怕盛，心怕满。这是因为气盛就会凌人，心满就会不求上进。真正成功的人都极力做到虚怀若谷，谦恭自守。一个人成功的时候，还能保持清醒的头脑，不趾高气扬，那么他往往会取得更大的成功。

当迪普把议长之职让出来，以拥护林肯政府的时候，在一般人看来，由于他对党的贡献，不知该受到多么热烈的欢呼、称赞才好。他说："傍晚我当选为纽约州州长，一小时之后又被推选为上议院议员。不到第二天早晨，好像美国大总统的位置，便等不及让我到年纪就落到我头上了。"他用这种调侃，善意地批评了别人对他的夸大赞扬。虽然迪普那时很年轻，但是头脑却很清醒，并不因为别人对他的那种夸张的称赞而自高自大。即使在那时，他还是能保持他那种真正的伟大的特性——不因为别人的称赞而趾高气扬。

你能够承受得住突然的飞黄腾达么？要衡量一个人是否真正能有所成就，就要看他能否有这种承受能力。福特说："那些自以为做了很多事的人，便不会再有什么奋斗的决心。有许多人之所以失败，不是因为他的能力不够，而是因为他觉得自己已经非常成功了。"他们努力过，奋斗过，战胜过不知多少的艰难困苦，凭着自己的意志和努力，使许多看起来不可能的事情都成了现实。然而他们取得了一点小小的成功，便经受不住考验了。他们懒惰起来，放松了对自己的要求，慢慢地下滑，最后跌倒了。在历史上，被荣誉和奖赏冲昏了头脑，而从此懈怠懒散下去，终至一无所成的人，真不知有多少……

如果你的计划很远大，很难一下子完成。那么，在别人称赞你的时候，你就把现在的成功与你那远大的计划比较一下，相比将来的宏伟蓝图，你现在的成功还只是万里长征的第一步，根本不值得去夸耀。这样一想，你就不会对眼前的一点小成就沾沾自喜了。所以，在可能实现的前提下，你的计划要大得连群众都来不及称赞。你的计划是如此之大，以致在刚刚开始的时候，一般人对于你的称赞，都表明他们还没有窥见你的宏伟计划。

洛克菲勒在谈到他早年从事煤油业时，曾这样说道："在我的事业渐渐有些起色的时候，我每晚把头放在枕上睡觉时，总是这样对自己说：'现在你有了一点点成就，你一定不要因此自高自大，否则，你就会站不住，就会跌倒的。因为你有了一点开始，便俨然以为是一个大商人了。你要当心，要坚持前进，否则你便会神志不清了。'我觉得我对自己进行这样亲切的谈话，对于我的一生都有很大的影响。我恐怕我受不住成功的冲击，便训练我自己不要为一些蠢思想所蛊惑，觉得自己有多么了不起。"

我们开始成功的时候，能够在成功面前保持平常心态，能够不因此而自大起来，这实在是我们的幸运。对于每次的成功，我们只能视其为一种新努力的开始。我们要在将来的光荣上生活，而不要在过去的冠冕上生活，否则终有一天会付出代价的。

## 执行到位，笑在最后

现代职场中，有很多企业的员工凡事得过且过，做事不到位，在他们的工作中经常会出现这样的现象：

——5%的人不是在工作，而是在制造矛盾，无事必生非 = 破坏性地做；

——10%的人正在等待着什么 = 不想做；

——20%的人正在为增加库存而工作 = "蛮做""盲做""胡做"；

——10%的人没有为公司作出贡献 = 在做，但是负效劳动；

——40%的人正在按照低效的标准或方法工作 = 想做，而不会正确有效地做；

——只有15%的人属于正常范围，但绩效仍然不高 = 做不好，做事不到位；

……

　　大多数人正在按照低效的标准或方法工作，缺乏灵动的思维和智慧，永远忙乱，却永远到最后才完成任务。

　　越来越多的员工只管上班，不问贡献；只管接受指令，却不顾结果。他们沉不住气，得过且过，应付了事，将把事情做得"差不多"作为自己的最高准则；他们能拖就拖，无法在规定的时间内完成任务；他们马马虎虎、粗心大意、敷衍塞责……这些统统都是做事不到位的具体表现。

　　沉不住气，做事不到位，就会造成成本的增加，成本的增加意味着利润的降低。做事不到位的危害不仅仅在于此，在市场竞争空前激烈的今天，执行一旦不到位，就会让对手赢得先机，使自己处于被动的地位。

　　2002年，华为接受俄罗斯一家运营商的邀请，派遣几名技术员到莫斯科，要他们在短短的两个月内，在莫斯科开通华为第一个3G海外试验局。

　　但是受邀请的不只华为一家，第一个被邀请的是一家比华为实力更强的公司，也就是说，华为的员工是受邀前去调试的第二批技术人员。于是，他们就和第一批技术人员形成了一种"一对一"的竞争关系。

　　由于对手实力很强，一开始莫斯科运营商对华为的技术人员并不是很重视，不仅没有为他们提供核心网机房，甚至不同意他们使用运营商内部的传输网。缺乏这些必要的基础设施，华为的技术员开展工作时受到了很大的阻碍。因此，华为的员工压力很大，他们一直在思考怎样才能做得更好，以赢得运营商的信任。但眼看到了业务演示的环节，华为的技术员以为已经没有希望了。

　　不料，恰好这时候，对方的技术人员在业务演示中出现了一些小漏洞，引起了运营商的不满。为了弥补这些小漏洞，运营商决定将华为的设备作为后备。

　　于是，华为的几位员工紧紧抓住这个机会，夜以继日地投入工作中，最终向运营商完美地演示了他们的3G业务。

　　看完演示之后，运营商竖起了大拇指，立刻决定将华为的3G设备从备用升级为主用。

　　可见，执行到位关系到成败。执行到位，能够技压群雄；执行不到位，则可能前功尽弃、功亏一篑。

　　有一天，刘墉和女儿一起浇花。女儿很快就浇完了，准备出去玩，刘墉叫住了她，问："你看看爸爸浇的花和你浇的花有什么不一样？"

女儿看了看，觉得没有什么不一样。

于是，刘墉将女儿浇的花和自己浇的花都连根拔了起来。女儿一看，脸就红了，原来爸爸浇的水都浸透到根上，而自己浇的水只是将表面的土淋湿了。

刘墉语重心长地教育女儿，做事不能做表面功夫，一定要做彻底，做到"根"上。

其实，执行就和浇花一样，如果沉不住气，只是简单地做事，不用心、不细致，不看结果，敷衍了事，那就等于在浪费时间，做了跟没做一样。

在工作中，要有一个长远的规划，不能为达成一个小目标，或一时得到了上级的认可，就骄傲自满，停滞不前，这样你很快就会被别人甩在后面，被职场淘汰。现在的职场，是个时刻充满着竞争的地方。你不进步，就是在退步；你停滞不前，别人就会赶超过你。所以，不要满足于一时的成绩，要有一个大的方向，大的目标，不断前进。但也不要为一时的失败而气馁，要知道笑到最后才最美。

赢得成功，应当自觉戒除糊弄工作的错误态度，沉住气，为自己的工作结果树立标准，严格地落实到最后一个环节，不要认为事情快完成了就掉以轻心、马虎了事，而要确保每一环节都能严格落实到位。只有静下心来，以细致、认真的态度，戒骄戒躁，踏实做好每一项任务，我们才能保证执行的效果，才能为企业交上满意的答卷。

所以，无论你天资如何，无论你有多大的缺陷，决定你输赢的都不是这些，而是你是否能永远清醒地认识自己，是否能做到戒骄戒躁。在跑步时，跑得快的不一定赢；在打架时，实力弱的不一定输。没到最后一刻，都无法定输赢。只有笑到最后的人，才是真正的赢家。所以，不懈地努力吧！

# 链状效应：
# 想叹气时就微笑

## 离职场抱怨远一点

有些人心胸不够宽大，对一些事情总是放不开，喜欢怨天尤人。如果你总和这样的人在一起的话，那么久而久之，你也会变成一个爱抱怨的人。这就是链状效应。所以，如果你不想变成一个"唠叨鬼"、一个"抱怨精"的话，那么就离那些爱抱怨的人远一点。

在职场上，更是如此。如果有爱抱怨的同事，你千万要躲他远一些。因为你不能为他解决任何问题，听他抱怨除了自找麻烦外，只能让自己的心情也变得很糟。而你本人，

也千万不要对你的同事抱怨，特别是工作上的事情。如果你抱怨多了，除了自失尊严外，还会让同事对你避之唯恐不及。谁也不希望别人的消极情绪影响自己的好心情，所以想抱怨的时候，就微笑；有同事向你抱怨的时候，就一笑而过。

身在职场，就应该懂得职场内部的一些规则。不要把自己糟糕的形象暴露在同事面前，这样只会让他们觉得你很无能。不要抱怨工作辛苦，不要抱怨自己多干了活，更不要抱怨老板苛刻。办公室就是用来办公的地方，不是用来让你诉苦的场所。心中的委屈，留着给密友说，或者干脆把它变成一种前进的动力，督促自己更加努力地工作。化干戈为玉帛，化戾气为祥和。你也要化抱怨为动力，微笑面对自己的工作。

娄小明是公司刚从一家大企业挖来的人才。到公司后，很受部门领导的器重。他学识渊博、才思敏捷，让同事们也很佩服。有一次，总公司有一个出国深造的机会，让有资格去的人每人写份申请并附带一份深造计划交到总部。娄小明的部门只有他和张小军符合条件，于是他俩就提交了申请和计划。可是每个部门只有一个出国深造的名额，两个人的实力都很强，资格也都够，领导就开会讨论让谁去比较合适。最后，讨论的结果是让张小军去。这让娄小明很不甘心，自己一点也不比张小军差，如果有差别的话，就是张小军是老总的亲戚，而自己不是。于是，他一有机会就向同事抱怨这件事，抱怨公司的领导如何的不公正，自己的遭遇如何的令人气愤等等。他每次抱怨完都觉得心情很舒畅，而且认为同事们会和自己站在同一条战线上，替自己打抱不平。结果却不像他想的那样。张小军比他来公司的时间长，也很平易近人，与其他同事的关系都搞得不错。娄小明越是抱怨，同事们就越觉得张小军比娄小明的气量大，比他能担当。娄小明的抱怨直接地损害了自己的形象，却间接地提升了张小军的人气。而且知道张小军是老总的亲戚后，同事们更是对张小军敬畏三分，不敢轻易得罪。于是，同事们对待娄小明的态度越来越冷淡，再没人觉得他是什么人才。娄小明自己也发现了这一变化，细想后才发现，这都是自己爱抱怨惹的祸，把自己原来的光环和神秘全都打破了，还给同事留下一个心胸狭窄的印象，而自己不能出国的事实一点也没有改变。

怨天尤人，一点益处也没有。对你的工作不会有任何帮助，还会让别人看低你。所以，潜伏办公室，就要把自己消极的情绪锁起来，永远呈现出积极阳光、精明能干的一面，这才会赢得别人的尊重，领导的器重，工作的顺利。

## 耐心听你的抱怨，只是公司的假象

无论是老板还是同事，与你合作是希望你来解决问题，而不是听你抱怨。做好工作是你的本职，抱怨只能让人讨厌。如果你不能认识到这一点，你就离"死期"不远了。

"烦死了，烦死了！"一大早就听到王宁不停地抱怨，一位同事皱皱眉头，不高兴地嘀咕着："本来心情好好的，被你一吵也烦了。"王宁现在是公司的行政助理，事务繁杂，是有些烦，可谁叫她是公司的管家呢，事无巨细，不找她找谁？

其实，王宁性格开朗外向，工作起来认真负责。虽说牢骚满腹，该做的事情，一点也不曾怠慢。设备维护、办公用品购买、交通讯费、买机票、订客房……王宁整天忙得晕头转向，恨不得长出8只手来。再加上为人热情，中午懒得下楼吃饭的人还请她帮忙叫外卖。

刚交完电话费，财务部的小李来领胶水，王宁不高兴地说："昨天不是刚来过吗？怎么就你事情多，今儿这个、明儿那个的？"抽屉开得噼里啪啦，翻出一个胶棒，往桌子上一扔，"以后东西一起领！"小李有些尴尬，又不好说什么，忙赔笑脸说："你看你，每次找人家报销都叫'亲爱的'，一有点事求你，脸马上就长了。"

大家正笑着呢，销售部的王娜风风火火地冲进来，原来复印机卡纸了。王宁脸上立刻晴转多云，不耐烦地挥挥手："知道了。烦死了！和你说一百遍了，先填保修单。"单子一甩，"填一下，我去看看。"王宁边往外走边嘟囔："综合部的人都死光了，什么事情都找我！"对桌的小张气坏了："这叫什么话啊？我招你惹你了？"

态度虽然不好，可整个公司的正常运转真是离不开王宁。虽然有时候被她抢白得下不来台，也没有人说什么。怎么说呢？她应该做的不都尽心尽力做好了吗？可是，那些"讨厌""烦死了""不是说过了吗"……实在是让人不舒服。特别是同办公室的人，王宁一叫，他们头都大了。"拜托，你不知道什么叫情绪污染吗？"这是大家的一致反应。

年末的时候公司民意选举先进工作者，大家虽然都觉得这种活动老套可笑，暗地里却都希望自己能榜上有名。奖金倒是小事，谁不希望自己的工作得到肯定呢？领导们认为先进非王宁莫属，可一看投票，50多份选票，王宁只得12张。

有人私下说："王宁是不错，就是嘴巴太厉害了。"

王宁很委屈："我累死累活的，却没有人体谅……"

抱怨的人不见得不善良，但常常不受欢迎。抱怨就像用烟头烫破一个气球一样，让别人和自己泄气。谁都恐惧牢骚满腹的人，怕自己也受到传染。抱怨除了让你丧失勇气和朋友，对解决问题毫无帮助。其实，抱怨别人不如反思自己。

小王刚出来打工时，和公司其他的业务员一样，拿很低很低的底薪和很不稳定的提成，每天的工作都非常辛苦。当他拿着第一个月的工资回到家，向父亲抱怨说："公司老板太抠门了，给我们这么低的薪水。"慈祥的父亲并没有问具体薪水，而是问："这个月你为公司创造了多少财富？你拿到的与你给公司创造的是不是相称呢？"

从此，他再也没有抱怨过，既不抱怨别人，也不抱怨自己。更多的时候只是感觉自己这个月做的成绩太少，对不起公司给的工资，进而更加勤奋地工作。两年后，他被提升为公司主管业务的副总经理，工资待遇提高了很多，他时常考虑的仍然是"今年我为公司创造了多少"。

有一天，他手下的几个业务员向他抱怨："这个月在外面风吹日晒，吃不好，睡不好，辛辛苦苦，大老板才给我们1500元！你能不能跟大老板建议给增加一些。"

他问业务员："我知道你们吃了不少苦，应该得到回报，可你们想过没有，你们这个月每人给公司只赚回了 2000 元，公司给了你们 1500 元，公司得到的并不比你们多。"

业务员都不再说话。以后的几个月，他手下的业务员成了全公司业绩最优秀的业务员，他也被老总提拔为常务副总经理，这时他才 27 岁。去人才市场招聘时，凡是抱怨以前的老板没有水平、给的待遇太低的人他一律不要。他说，持这种心态的人，不懂得反思自己，只会抱怨别人。

没有任何一家公司希望招进爱抱怨的员工，也没有任何一个人愿意同爱抱怨的人打交道。抱怨只能使人讨厌。即使别人看上去无动于衷，其实内心深处早已将抱怨的人列为不受欢迎的对象。作为职场人士，要想避免成为爱抱怨的人，就必须清醒地认识到下面这些现实：

（1）抱怨解决不了任何问题。分内的事情你可以逃过不做么？既然不管心情如何，工作迟早还是要做，那何苦叫别人心生芥蒂呢？太不聪明了。有发牢骚的工夫，还不如动脑筋想想事情为什么会这样？我所面对的可恶现实与我所预期的愉快工作有多大的差距？怎样才能如愿以偿？

（2）发牢骚的人没人缘。没有人喜欢和一个絮絮叨叨、满腹牢骚的人在一起相处。再说，太多的牢骚只能证明你缺乏能力，无法解决问题，才会将一切不顺利归于种种客观因素。若是你的上司见你整天发牢骚，他恐怕会认为你做事太被动，不足以托付重任。

（3）冷语伤人。同事只是你的工作伙伴，而不是你的兄弟姐妹，就算你句句有理，谁愿意洗耳恭听你的指责？每个人都有貌似坚强实则脆弱的自尊心，凭什么对你的冷言冷语一再宽容？很多人会介意你的态度，"你以为你是谁？"何况很多人不会把你的好放在心上，一件事造成的摩擦就可能使你一无是处。小心翼翼都来不及，何况是恶语相加？

（4）重要的是行动。把所有不满意的事情罗列一下，看看是制度不够完善，还是管理存在漏洞。公司在运转过程中，不可能百分之百地没有问题。那么，快找出来，解决它。如果是职权范围之外的，最好与其他部门协调，或是上报公司领导。请相信，只要你有诚意，没有解决不了的问题。当然，如果你尽力了，还是无法力挽狂澜，那么也尽快停止抱怨吧，不妨换个工作。

# 反馈效应：
# 你的沉默，会让他人很不安

## 有反馈才有动力

心理学家 C. C. 罗西与 L. K. 亨利曾经做过一个心理实验。他们随机在一所学校里抽出一个班，把这个班的学生分为三组，每天学习后就对他们进行测验。第一组学生每天都告诉他们测验的成绩，第二组学生每周告诉他们一次测验的成绩，第三组学生则从来不告诉他们测验的成绩。8 周后，改变做法。第一组的待遇与第三组的待遇对换，第二组待遇不变。这样过了 8 周以后，结果发现第二组的成绩保持常态，依然是稳步地前进，而第一组与第三组的情况发生了极大的转变。第一组的学习成绩逐步下降，第三组的成绩突然上升。这个结果说明及时告知学生的学习成果有助于促进学生取得更好的成绩。反馈比不反馈要好得多，而即时反馈又比远时反馈效果更好。

心理学家赫洛克也做过一个类似的实验。他把被试者分成 4 个组，分别为激励组、受训组、被忽视组和控制组。第一组每次完成任务后，都会给予其鼓励和表扬。第二组每次完成任务后，都要接受严厉的批评和训斥。第三组每次完成任务后，不给予任何评价，只让其静静地听其他两组受表扬和挨批评。第四组不仅每次完成任务后不给予任何评价，而且还把它与其他三组隔离开。实验结果发现，第一组和第二组的成绩明显优于第三组、第四组，而第四组的成绩是其中最差的，第二组的成绩有所波动。这个结果表明，及时对工作的结果进行评价，能强化工作动机，增强工作动力，对工作起到促进作用。有反馈就会有动力，激励的反馈又比批评的反馈效果好得多。

后来，心理学家布朗又做了一个更深入的实验。他以小学高年级学生作为自己的实验对象，把他们分成两组来做算术练习。这两组学生的演算能力均等，所做的练习题目也完全一样。第一组学生做完后，由老师来对他们的答案进行评定改正。而第二

# "你的沉默，会让他人很不安"

组学生做完后，他们的答案则由他们自己来加以改正，并把改正之后每天的正确数和错误数分列成表，以了解自己的进步情况。一个学期之后，两个小组同时接受测验。结果发现，后者的成绩比前者优异很多。这个实验表明，反馈主体与反馈方式的不同，效果也会有所不同。主动自我反馈比被动接受反馈效果好得多。

这一系列心理实验表明反馈比不反馈好得多，积极的反馈比消极的反馈好得多，主动反馈比被动接受反馈效果好得多。所以，平时我们要对别人的行为、活动给予及时的反馈，这样不仅有助于他人更好地完成工作，也有助于自己获取更多的信息。同时，我们也要对自己的工作、学习进行及时的自我反馈，这样才能更好地进步，取得更好的成绩。

有反馈才有动力，有反馈才能发现问题，有反馈才能进步，有反馈才能加深了解。对于领导布置的任务，要及时地给予反馈，更要主动地进行反馈，这样领导才会及时地知道你的工作进度和工作能力，对你产生信任和给予支持。所以，平时要养成主动向领导汇报工作的习惯。

第三章

>>> 生存竞争法则

# 零和游戏定律：
# "大家好才是真的好"

## 化敌为友，与对手双赢

在大多数情况下，博弈总会有一个赢，一个输，如果我们把获胜计算为 1 分，而输棋为 –1 分，那么，这两人得分之和就是 1+(–1)=0，即所谓的"零和游戏定律"。

在当今这个战略制胜的时代，双赢的理念和意识，在竞争中发挥着非常积极的作用。

很多时候，竞争中你若能化敌为友，这样得到的朋友，比你先前的朋友更能帮助你。因为你先前的朋友所占有的资源，你可能已经占有；所掌握的技能，你可能也已经掌握。化敌为友产生的新朋友，所占有的资源，所掌握的技能，可能正是你一直想拥有而未能拥有的，反之，对手从你那里也有所需，这样就促成了与对手双赢的结局。

1997 年 8 月 6 日，IT 界传出一个惊人的消息，微软总裁比尔·盖茨宣布，他将向微软的竞争对手——陷入困境的苹果电脑公司注入 1.5 亿美元的资金！

此语一出，IT 界为之哗然。比尔·盖茨大发善心了吗？

作为当时的世界首富，比尔·盖茨在世界各地捐资。但这一回，他却不是捐资，更不是行善，他向苹果注入资金是出于商业目的。

苹果电脑公司诞生于一个旧车库里，它的创始人之一是乔布斯。苹果的成功，在于乔布斯是世界上第一个将电脑定位为个人可以拥有的工具的人，这就是"个人电脑"，就像汽车一样，普通人也可以操作。这是一个划时代的产品定位概念，因为在那之前，电脑是普通人无缘摆弄的庞然大物，不仅需要艰深的专业知识，还得花大价钱才能买到手。

乔布斯很快推出了供个人使用的电脑，引起了电脑迷的广泛关注。更为重要的是，苹果公司还开发出了麦金塔软件，这也是一个划时代的、软件业的革命性突破，开创了在屏幕上以图案和符号呈现操作系统的先河，大大方便了电脑操作，使非专业人员也可以利用电脑为自己工作。

苹果公司靠着这些核心竞争力，诞生不久就一鸣惊人，市场占有率曾经一度超过 IT 老大 IBM。

然而，在进入 20 世纪 90 年代，网络经济突飞猛进之际，苹果公司却慢了一拍，未能抓住网络化这一先机，市场占有率急剧萎缩，财务状况日益恶化，1995 ～ 1996 年连续亏损，亏损额高达数亿美元，苹果公司使出了浑身解数，但种种努力都没有产生太大的效果。

1997年8月6日
比尔·盖茨宣布，他将向微软的竞争对手——陷入困境的苹果电脑公司注入1.5亿美元

就在苹果公司上上下下愁眉苦脸之际，微软突然伸出援助之手。难道天下真的有救世主吗？当然没有。

比尔·盖茨自有他的如意算盘。他知道，苹果作为一家辉煌一时的电脑霸主，尽管元气大伤，但它潜在的实力却非常巨大。

在这个时候，很多电脑公司包括微软的一些竞争对手如 IBM、网景等，都想利用苹果乏力之机，提出与苹果合作，来达到和微软竞争的目的。显然，如果微软不与苹果合作，对手的力量就会更强大。

更为重要的是，美国《反垄断法》规定，如果某个企业的市场占有率超过规定标准，市场又无对应的制衡商品，那么这个企业就应当接受垄断调查。如果苹果公司垮了，微软公司推出的操作系统软件市场占有率就会达到 92%，必然会面临垄断调查，那么仅仅是诉讼费就将超过从苹果公司让出的市场中赚取的利润。而和苹果合作，则可以把苹果拉到自己这一边，苹果和微软的操作软件相加，就基本上占领了整个计算机市场，微软和苹果的软件标准就成了事实上的行业标准，其他竞争对手就只好跟着走了。当然，微软实力比苹果强大，不会在合作中受制于苹果。

谁都看得出来，拉苹果一把，有百利而无一害，比尔·盖茨扮演一回救世主绝对不吃亏。可见，与其付出代价而消灭对手，不如化敌为友，与其双赢更为划算。

## NBA 比赛中的赢家学问

NBA（美国男篮职业联赛）比赛被认为是当今世界上发展最完备、职业化程度最高的篮球联赛，公平、公正、公开是它一贯的处世原则，它的很多项规章制度都自觉或不自觉地打破了"零和游戏定律"。

比如 NBA 的选秀制度。为了使 NBA 各队的实力水平不至于太悬殊，从而增加比赛的精彩和激烈程度，NBA 都要在每年度的总决赛之后，在 6 月下旬举行一年一度的"选秀大会"。参加选秀的一般是全美各大学的学生，均为 NCAA 全美大学生篮球联赛中的佼佼者。当然，最近几年里，高中生和国际球员有增多的趋势。NBA 根据他们的综合实力给他们打分排名，然后，各球队依照该年度在常规赛中的优胜率排名，按由弱到强的顺序依次挑选。为了公平起见，NBA 从前两年开始，在选秀前，先分发 1000 个乒乓球，上面注明挑选的顺序号，常规赛成绩最差的球队可挑 250 个号，他们挑中首选权的概率是 25%。以下依次类推。

这种制度是制衡各队强弱的杠杆，弱队每年总能得到一些能量补充，而强队得到好球员的几率则相对较小，这样就使得 NBA 各队之间的实力差距不至于太悬殊，这既

保证了比赛的水平和质量,也保证了 NBA 的活力。这项制度实质上是 NBA 的经营手段,它的最终目的是使联盟能获得最大的利益。它不仅仅要求联盟获利,而且是力争使所有的球队(无论强弱)都获利,只是获利的多少有所区别而已。这是一种"多赢"的局面,而这种"多赢"正是"双赢"的延伸和发展,是"双赢"的最大化体现。相反,如果当年只是湖人、公牛、马刺这样的超级强队获利,而快艇、骑士、猛龙等弱队一直赔钱的话,NBA 恐怕早已经萎缩,也不会从当初的 11 支球队,发展到如今的 30 支球队了。

NBA 球队之间的球员交换,也表明了参与球队希望"双赢"或者"多赢"的愿望。像勇士队与小牛队完成的 9 人大交易,其出发点就是为了共同提高两队的实力。在这场交易中,两队的明星球员贾米森和范·埃克塞尔作了互换。在小牛队中,虽然范·埃克塞尔实力一流,充满激情,但由于纳什的稳定发挥,使得他的作用大多是锦上添花,很少能雪中送炭;而由于内线实力的欠缺,使他们在和湖人、马刺那样内线实力强大的球队的对抗中处于劣势。因此,得到贾米森这样的明星球员,既能提高得分能力,又能增加内线高度,对球队大有裨益。

同样,贾米森虽是勇士队的头号球星,但和他司职同样位置的墨菲上个赛季进步神速,况且比他更高更壮,似乎已能替代他的角色。倒是勇士队的后卫阿瑞纳斯虽然获得了上个赛季的"进步最快奖",但由于年轻尚欠稳定,常常无法帮助球队在关键的比赛中力战到底。他们曾看上了马刺队的克拉克斯顿,还将"袖珍后卫"博伊金斯招至麾下,但这些人和范埃克塞尔相比,显然不在一个档次。因此,勇士队才会放走头号球星,迎来小牛队的替补后卫。这种思维和行为方式,正是期待"双赢"的表现。

当然,在 NBA 中也存在不和谐。森林狼队的"乔·史密斯事件",就公然违反了公平、公开、公正的原则,暗箱操作,侵犯了群体的利益。NBA 官方发现之后,对森林狼队进行了严厉的处罚——处以巨额罚款,剥夺其 3 年的首轮选秀权,球队老板以及副总裁被禁赛数月,球队和史密斯签订的合同无效,史密斯还被迫为活塞队效力 1 年。缺乏真诚合作的精神和勇气,不遵守游戏规则……森林狼队为此吃尽了苦头。

# 马蝇效应：
# 激励自己，跑得更快

## 背负压力，你会跑得更快

1860年大选结束后几个星期，有位叫作巴恩的大银行家看见参议员萨蒙·蔡思从林肯的办公室走出来，就对林肯说："你不要将此人选入你的内阁。"林肯问："你为什么这样说？"巴恩答："因为他认为他比你伟大得多。""哦，"林肯说，"你还知道有谁认为自己比我要伟大的？""不知道了。"巴恩说，"不过，你为什么这样问？"林肯回答："因为我要把他们全都收入我的内阁。"林肯为什么要这样做呢？

很多人都对林肯的决定感到困惑。如巴恩所说，蔡思确实是个狂态十足、极

其自大的人，他妒忌心很重，而且一直希望谋求总统职位。至于林肯为何仍旧重用蔡思，用他自己的话来解释为："现在正好有一只名叫'总统欲'的马蝇叮着蔡思先生，那么，只要它能使蔡思那个部门不停地跑，我还不想打落它。"

现实生活中，不仅是蔡思先生，我们任何一个人，找只马蝇给自己点压力，都会使自己向目标的方向前进得更快。曾有这样一个有趣的故事：

勒斯里为了领略山间的野趣，一个人来到一片陌生的山林，左转右转迷失了方向。正当他一筹莫展的时候，迎面走来了一个挑山货的美丽少女。

少女嫣然一笑，问道："先生是从景点那边迷失的吧？请跟我来吧，我带你抄小路往山下赶，那里有旅游公司的汽车等着你。"

勒斯里跟着少女穿越丛林，正当他陶醉于美妙的景致时，少女说："先生，往前一点就是我们这儿的鬼谷，是这片山林中最危险的路段，一不小心就会摔进万丈深渊。我们这儿的规矩是路过此地，一定要挑点或者扛点什么东西。"

勒斯里惊问："这么危险的地方，再负重前行，那不是更危险吗？"

少女笑了，解释道："只有你意识到危险了，才会更加集中精力，那样反而会更安全。这儿发生过好几起坠谷事件，都是迷路的游客在毫无压力的情况下一不小心摔下去的。我们每天都挑着东西来来去去，却从来没人出事。"

勒斯里不禁冒出一身冷汗。没有办法，他只好扛着两根沉沉的木条，小心翼翼地走过了这段"鬼谷"路。

两根沉木条在危险面前竟成了人们的"护身符"。其实，许多时候，如果我们学会在肩上压上两根"沉木条"，给自己一些压力，确实会让我们走得更好。下面看看这个非常贴近我们自己生活的例子：

小王是学管理的，因为爱好设计，进了某私企的企划部。刚工作不久，他就接手了一个公司的圣诞节网站广告设计项目，期限是4天。

由于这次广告需要设计一个非常有创意的网页，而小王和其他同事都不懂网页设计软件，老总便在出差前给他推荐了一位做网页不错的外援。谁料，小王拿着老总给的手机号码联系对方，发现人家也到外地出差了，根本抽不出时间。

当时，小王面前只有两条路：一是放弃，直接告诉老总做不了；二是迎难而上，完成项目。选择前者，会失去很好的表现机会，晋升的梦想也可能泡汤；选择后者，自己需要再想别的办法做出一个有创意的网页，既要符合活动广告的要求，又要体现公司的内涵和优势，但若成功了会大大提升自己在老总心中的地位。一直梦想做出成绩的小王，最终选择了后者。

决定后，他想如果再找别人，要让对方了解公司的企业文化、优势及活动意义等，至少也要 1 天左右，而整个项目只有 4 天，还不如自己上，毕竟自己对公司和这次活动主旨都比较了解，何况自己在大学期间也学过 FOXPRO、VB 等计算机课程。

于是，他买了两本网页制作的书，把自己关在办公室，连续 3 天废寝忘食地学习。第四天，老总出差回来，小王交上了一个自己精心设计的网页。当老总问他是那个外援的杰作吗，他便把事情原原本本地说了一下，老总立刻对他竖起了大拇指，还夸他是一个很有发展前途的年轻人。

可见，我们不应总是惧怕压力，适当的压力反而会让我们更好地发挥潜力。如果每天都给自己一点压力，你就会感觉到自己的重要性，发挥出更多的潜力。正如一位哲人说过，你要求得越少，那么你得到的也越少。

## 利用敌手"叮"上自己，让你变得更加强大

马由慢跑到快跑是由于马蝇的叮咬，那么，我们个人的发展由弱到强需要什么来"叮咬"呢？事实证明，在有竞争对手"叮咬"的时候，人往往能保持旺盛的势头，最终让自己壮大起来，加速前进。

在北方某大城市里，经过明争暗斗的激烈市场较量，在彼此付出了很大的代价后，赵、王两大商家从诸多电器经销商中脱颖而出，他们彼此又成为最强硬的

竞争对手。

这一年，赵为了增强市场竞争力，采取了极度扩张的经营策略，大量地收购、兼并各类小企业，并在各市县发展连锁店，但由于实际操作中有所失误，造成信贷资金比例过大，经营包袱过重，其市场销售业绩反倒直线下降。

这时，许多业内外人士纷纷提醒王说，这是主动出击，一举彻底击败对手赵，进而独占该市电器市场的最好商机。王却微微一笑，始终不采纳众人提出的建议。

在赵最危难的时机，王却出人意料地主动伸出援手，拆借资金帮助赵涉险过关。最终，赵的经营状况日趋好转，并一直给王的经营施加着压力，迫使王时刻面对着这一强有力的竞争对手。

有很多人曾嘲笑王心慈手软，说他是养虎为患。可王却丝毫没有后悔之意，只是殚精竭虑，四处招纳人才，并以多种方式调动手下的人拼搏进取，一刻也不敢懈怠。

就这样，王和赵在激烈的市场竞争中，既是朋友又是对手，彼此绞尽脑汁地较量，双方各有损失，但各自的收获也都很大。多年后，王和赵都成了当地赫赫有名的商业巨子。

面对事业如日中天的王，当记者提及他当年的"非常之举"时，王一脸的平淡，他说击倒一个对手有时候很简单，但没有对手的竞争又是乏味的。企业能够发展壮大，应该感谢对手时时施加的压力，正是这些压力化为想方设法战胜困难的动力，进而让我们在残酷的市场竞争中，始终保持着一种危机感。

没错，人生需要一定的"激发力"，就好比著名的钱塘大潮，至柔至弱的水，一经激发，便能产生"白马千群浪涌，银山万迭天高"的蔚为壮观的景象。

事实上，人皆有惰性，如果没有外力的刺激或震荡，许多人都会四平八稳、舒舒服服、得过且过、无声无息地走完平庸的人生之旅，可是偏偏人生多蹇，世事难料，给人带来种种困窘，也带来种种激励。朋友反目，爱人变心，事业上不顺心，都可能成为一种精神动力，激发人们调动潜能，干出一番事业，改变自己的人生轨迹。

例如，苏秦一事无成时，屡受父母、妻、嫂的白眼，于是发愤图强，悬梁刺股，夜以继日，废寝忘食，终成一代名士，挂六国相印，显赫一时，威震天下。蒲松龄虽满腹经纶，却屡试不中，穷困潦倒，愤而激励自己著书立说，以毕生心血学识凝成《聊斋志异》，跻身文学巨匠行列，成为千古名人。

所以，想成功，我们就要学会主动接受外在的激励，化压力为动力，以使我们的心智力量得到最大限度的发挥，使我们的人生变得更加瑰丽雄奇。

# 波特法则：
# 有独特的定位，才会有独特的成功

## 不求第一，但求独特

被誉为"竞争战略之父"的哈佛商学院教授迈克尔·波特曾说："不要把竞争仅仅看作是争夺行业的第一名，完美的竞争战略是创造出企业的独特性——让它在这一行业内无法被复制。"

由其提出的波特法则指出，防止完全竞争最为有效的途径之一，就是要从根本上阻止战斗的发生。要做到这一点，对自己的产品就必须有独特的定位，自己的竞争策略就要有独到之处。这方面，比尔·盖茨为我们做了一个非常成功的榜样。

几年前的某一天，比尔·盖茨从其西雅图总部附近的一家餐馆走出来，一个无家可归者拦住他要钱。给点钱自然是小事一桩，但接下来的事却令见多识广的比尔·盖茨也目瞪口呆——流浪汉主动提供了自己的网址，那是西雅图一个庇护所在互联网上建立的地址，以帮助无家可归者。"简直难以置信，"事后盖茨感慨道，"Internet 是很大，但没想到无家可归者也能找到那里。"

今天，比尔·盖茨的微软公司给互联网带来了统一的标准，也带来了前所未有的垄断。其视窗 (Windows) 操作系统几乎已成为进入互联网的必由之路，全世界各地的个人电脑中，92% 在运用 Windows 软件系统。更值得一提的是，过去两年来，微软共投资及收购了 37 家公司，表面看起来好像是一种随心所欲的资本扩张行为，但只要把这 37 家公司排在一起分门别类，立刻就会令人大惊失色！因为这 37 家公司所代表的竟然是网络经济的 3 大命脉：互联网络信息基础平台，互联网络商业服务，互联网络信息

终端。微软不仅统治了现在的个人电脑时代，而且已经开始着手统治未来的网络时代！难怪美国司法部要引用反垄断法控告微软。

但比尔·盖茨从容地说："微软只占整个软件业的4%，怎么能算垄断呢？"

盖茨的话也自有其道理，因为软件的形态与工业时代的规模和产品建立的垄断已有明显区别。实际上，微软已不仅仅是单纯的垄断，只有"霸权"才能更确切地描述微软的真实状态。因为操作系统是整个电脑业的基础，微软以核心产品的垄断获得了对整个软件行业的霸权，使得垄断操作"稀释"和掩饰在更大范围的霸权之中，与单纯的数量份额和比例等有关垄断的硬性指标已无明显关系。

这种软件业的霸权是一种独特的霸权，是知识的霸权，创新的霸权，更是盖茨在竞争中的独特的定位。

所以，要想在激烈的竞争中立于不败之地，你可以不求第一，但你一定要独特。

## 一只脚不能同时踏入两条河流

哲学上有一个公认的观点是"一只脚不能同时踏入两条河流"，其实，竞争中所采取的决策亦是如此，如果有真正的决策，就不能同时选择两条道路。在战略上面，决策就像岔路，你选择了一条路，那就意味着你不可能同时选择另外一条路。

下面，我们就以美国奋进汽车租赁公司为例来谈谈这个问题。

奋进是美国赫赫有名的汽车租赁公司，然而，你若去有一定规模的机场租车区，一定能够看到赫斯汽车租赁公司和爱维斯汽车租赁公司的柜台，也可以看到很

多小汽车租赁公司的柜台，却看不到奋进公司的柜台。更令人费解的是，奋进公司的租金要比对手低30%左右，但总是比其他更有名气的竞争对手获得更多利润。

原来，与爱维斯汽车租赁公司和赫斯汽车租赁公司将自己的客户定位于飞行旅游者不同，奋进汽车租赁公司将服务对象定位于那些还没有买到汽车的人。对于这些客户来说，如果需要自己支付租金，价格就是一个重要的考虑因素，而且他们肯定还要考虑保险公司是否会理赔。奋进汽车租赁公司就有意识地裁减各种客户不愿意付费的项目和可能增加的成本，包括做广告的费用。

就这样，奋进汽车租赁公司始终如一地坚持这一策略，尽管客户付费较少，但他们节省的开支大大超过了收费低廉而造成的损失，而且在业内总能成为赢家。

可见，在竞争中选择一个独特的策略，并始终坚持这一方向，才能成为行业真正的、持久的赢家。与之类似，戴尔电脑公司在1989年的经营模式改革中也体会到了这一点。当时，戴尔感到自己的直销模式发展得不够快，就试图通过代理商来销售。可是，当他们发现这种转变给公司业绩带来损害的时候，就马上取消了这种做法。问题在于，如果你同时选择两条道路，别人也会这么做。所以，你要选择一条自己最擅长的、具有独特定位的方式坚持下去。这样，你的差异化道路就会具有持续的力量，使对手无法打败你。否则，你只会表现平平。

学会了这些，你在具体制作竞争策略的时候，就应该懂得不能让自己的"一只脚同时踏入两条河"的简单道理了。

# 权变理论：
# 随具体情境而变，依具体情况而定

## 计划没有变化快

在竞争中，我们总喜欢说不要打无准备之仗，事前一定要做好计划和安排。计划代表了目标，代表了充实，代表了憧憬，代表了一种对自己的承诺，因为"计划"会让我们知道下一步该做什么。

然而，"一切尽在掌握之中"固然是好，但我们也无法排除"计划外"的可能，正所谓计划没有变化快。

东汉末年，曹操征伐张绣。有一天，曹军突然退兵而去。张绣非常高兴，立刻带兵追击曹操。这时，他的谋士贾诩建议道："不要去追，追的话肯定要吃败仗。"张绣觉得贾诩的意见很好笑，根本不予采纳，便领兵去与曹军交战，结果大败而归。

谁料，贾诩见张绣打了败仗回来，反而劝张绣说赶快再去追击。张绣心有余悸又满脸疑惑地问："先前没有采用您的意见，以至于到这种地步。如今已经失败，怎么又要追呢？""战斗形势起了变化，赶紧追击必能得胜。"贾诩答道。由于一开始吃败仗的教训，张绣这次听从了贾诩的意见，连忙聚集败兵前去追击。果然如贾诩所言，这次张绣大胜而归。

回来后，张绣好奇地问贾诩："我先用精兵追赶撤退的曹军，而您说肯定要失败；我败退后用败兵去袭击刚打了胜仗的曹军，而您说必定取胜。事实完全像您所预言的，为什么会精兵失败，败兵得胜呢？"

贾诩立刻答道："很简单，您虽然善于用兵，但不是曹操的对手。曹军刚撤退

时，曹操必亲自压阵，我们的追兵即使精锐，但仍不是曹军的对手，故被打败。曹操先前在进攻您的时候没有发生任何差错，却突然退兵了，肯定是国内发生了什么事，打败您的追兵后，必然是轻装快速前进，仅留下一些将领在后面掩护，但他们根本不是您的对手，所以您用败兵也能打胜他们。"

张绣听了，十分佩服贾诩的智慧。

在这次战役中，局势变幻无常，而这些无常，却决定了最终的胜与败。现实的竞争世界中，亦是如此，没有谁能在今天就断定明天一定会怎么样，事情的发展都具有一定的未知因素。

贾诩那番充满智慧的话，实际就是论述了一种"因机而立胜"的权变战略思想。这种理论告诉我们，组织是社会大系统中的一个开放型的子系统，是受环境影响的，我们必须根据组织的处境和作用，采取相应的措施，才能最好地适应环境。

那么，在激烈的竞争中，不要执着于某种外在的形式，不要完全拘泥于事先的精心计划，在事情发展过程中的计划外因素往往更加具有影响力。

## 以变应变，才能赢得精彩

毫不夸张地说，我们已经进入了竞争时代，一切都充满了变数。就拿大家熟悉的股市来说，几秒钟内的上下颠覆，可能把你送上云端，也可能把你推入地狱。对此，一定要树立权变的思想，善变才能赢。

经典动画片《猫和老鼠》大家应该记忆犹新，为什么每次小杰瑞总能逃过汤姆的厉爪，还让汤姆吃尽了苦头？汤姆即使绞尽脑汁、费尽力气，为何最终仍然一无所获？这一切都是因为，小杰瑞对汤姆的一举一动，甚至一个呼吸、一个喷嚏、一个微笑的变化，都有不同的应对手段。

在商业竞争中，善变的思想同样必要。

中国布鞋曾一度在秘鲁打开销售大门，当地一家公司每月可销售中国布鞋6万多双。

不料，秘鲁当局颁布了一项法令，禁止纺织品和鞋子进口。这一突如其来的变化，使中国布鞋在秘鲁的销售大门被关闭了。

陷入困境的中国商人并没有坐以待毙，经过分析，他们发现秘鲁并没有禁止进口制鞋设备及布鞋面。于是，他们转变策略，决定出口制鞋设备和布鞋面，在秘鲁当地加工布鞋。布鞋面既不算成品布鞋，也不属于纺织品，不受禁令制约。

后来，中国布鞋又重新在秘鲁占有了一定的市场份额。

正如《孙子兵法》所言："夫兵形象水，水之形避高而趋下，兵之形避实而击虚。水因地而制流，兵因敌而制胜。故兵无常势，水无常形，能因敌变化而取胜者谓之神。"意思是用兵打仗，好像地下的流水那样没有固定刻板的规律，没有一成不变的打法，能采取敌变我变而取胜的，就叫用兵如神了。

某省一家出售冷冻鸡肉的食品公司，由于竞争激烈，冷冻鸡肉销售一直不太景气。后来，该公司经过市场调研，发现顾客喜欢吃新鲜鸡肉，于是实施相应策略，改为凌晨3点开始杀鸡，待去毛分割完毕恰好接近黎明。新鲜的鸡肉送到市场，生意一下子红火起来，公司利润持续上升，顾客也非常满意。

　　由此观之，善变之道在于灵敏地作出应变决策，抢占先机。没有这种能力，一个公司就会陷于故步自封的境地，一个人就会陷入墨守成规的套子。

　　竞争世界如同一只变色龙，变化的发生有时是没有什么明显的先兆的，我们往往也无法预知，"翻手为云，覆手为雨"，常常让我们措手不及。因此，每走一步棋，我们既要紧跟时机，又要学会思考，以变应变，才能赢得精彩。

# 达维多定律：
# 及时淘汰，不断创新

## 做第一个吃螃蟹的人

不难看出，达维多定律为我们揭示了如何在竞争中取得成功的真谛。这也正是诸多成功实例所验证的——要做第一个吃螃蟹的人。

日本企业界知名人士曾提出过这样一个口号："做别人不做的事情。"瑞典有位精明的商人开办了一家"填空档公司"，专门生产、销售在市场上断档脱销的商品，做独门生意。德国有一个"怪缺商店"，经营的商品在市场上很难买到，例如大个手指头的手套，缺一只袖子的上衣，驼背者需要的睡衣等等。因为是填空档，一段时间内就不会有竞争对手。

其实，即使在人们熟知的行业里，仍然会有许多的创新点，关键是你要能够察觉得到。

有段时间，国外很多啤酒商发现，要想打开比利时首都布鲁塞尔的市场非常困难。于是就有人向畅销比利时国内的某名牌酒厂家取经。这家叫"哈罗"的啤酒厂位于布鲁塞尔东郊，无论是厂房建筑还是车间生产设备都没有很特别的地方。但该厂的销售总监林达是轰动欧洲的策划人员，由他策划的啤酒文化节曾经在欧洲多个国家盛行。当有人问林达是怎么做"哈罗"啤酒的销售时，他显得非常得意且自信。林达说，自己和"哈罗"啤酒的成长经历一样，从默默无闻开始到轰动半个世界。

林达刚到这个厂时是个还不满25岁的小伙子，那时候他有些发愁自己找不到对象，因为他相貌平平且贫穷。但他还是看上厂里一个很优秀的女孩，当他在情人节给她偷偷地送花时，那个女孩伤害了他，她说："我不会看上一个普通得像你这样的男人。"于是林达决定做些不普通的事情，但什么是不普通的事情呢？林达还没有仔细想过。

那时的"哈罗"啤酒厂正一年一年地减产，因为销售不景气而没有钱在电视或者报纸上做广告，这样便开始恶性循环。做销售员的林达多次建议厂长到电视台做一次演讲或者广告，都被厂长拒绝。林达决定冒险做自己"想要做的事情"，于是他贷款承包了厂里的销售工作，正当他为怎样去做一个最省钱的广告而发愁时，他徘徊到了布鲁塞尔市中心的于连广场。这天正是感恩节，虽然已是深夜了，广场上还有很多狂欢的人们，广场中心撒尿的男孩铜像就是因挽救城市而闻名于世的小英雄于连。当然铜像撒出的"尿"是自来水。广场上一群调皮的孩子用自己喝空的矿泉水瓶子去接铜像里"尿"出的自来水来泼洒对方，他们的调皮启发了林达的灵感。

第二天，路过广场的人们发现于连的尿变成了色泽金黄、泡沫泛起的"哈罗"啤酒。铜像旁边的大广告牌子上写着"哈罗啤酒免费品尝"的字样。一传十，十传百，全市老百姓都从家里拿自己的瓶子、杯子排成长队去接啤酒喝。电视台、报纸、广播电台争相报道，林达不掏一分钱就把哈罗啤酒的广告成功地做上了电视和报纸。该年度"哈罗"啤酒的销售量跃升为去年的1.8倍。

林达成了闻名布鲁塞尔的销售专家，这就是他的经验：做别人没有做过的事情。

不得不承认，如果只懂得沿着别人的路走，即使能取得一点进步，也不易超越他人；只有做别人没有做过的事情，创造一条属于自己的路，才有可能把他人甩在你身后。

## 万事源于想，创新从转变思维开始

一个犹太商人用价值50万美元的股票和债券做抵押向纽约一家银行申请1美元的贷款。乍一看，似乎让人不可思议。但看完之后才发现，原来那位犹太商人

申请 1 美元贷款的真正目的是为了让银行替他保存巨额的股票与债券。按照常规，像有价证券等贵重物品应存放在银行金库的保险柜中，但是犹太商人却悖于常理通过抵押贷款的办法轻松地解决了问题，为此他省去了昂贵的保险柜租金而每年只需要付出 6 美分的贷款利息。

　　这位犹太商人的聪明才智实在令人折服。其实，我们身上也蕴藏着创新的禀赋，但我们总是漠视自己的潜能。你的思维已经习惯了循规蹈矩，只要你愿意改变一下自己的思维方式，多进行一些发散思维和逆向思维，激活自己的创新因子，你周围的一切，都有可能成为你创新思维的对象。

　　众所周知，闹钟在传统上的作用只是"催醒"。然而，英国一家钟表公司在此基础上，又增添了一种与此矛盾的"催眠"功能。这种"催眠闹钟"既能发出悦耳动听的圣诗合唱和鸟语声，催人醒来；又能发出柔和舒适的海浪轻轻拍岩声和江河缓缓的流水声，催人入眠。使用者可以"各取所需"，这种新颖独特的闹钟深得失眠者的宠爱。

　　再有，某大城市的市场上曾出现过一种具有特殊功能的拖鞋。这种居室内穿的拖鞋底上装有圆圈状的纱线，能牢牢抓住地板或地砖上的灰尘、头发等污染物。人们穿上这种特殊拖鞋，边走路，边擦地，走到哪里，就清洁到哪里，既走出了"实惠"，又轻松自如。而且，这种拖鞋的洗涤也很方便，穿脏了放入洗衣机内便可清洗干净。这种"擦地拖鞋"卖疯了，其成功之处在于它体现了一种创新思维，也正是这种思维，为创新者带来了巨大的收益。

在竞争过程中，很多人被对手"吃掉"，其重要原因往往是遇事先考虑大家都怎么干、大家都怎么说，不敢突破人云亦云的求同思维方式。讨论一件事情时，总喜欢"一致同意""全体通过"，这种观念的后面常常隐藏着"从众定式"的盲目性，不利于个人独立思考，不利于独辟蹊径，常常会约束人的创新意识，如果一味地考虑多数，个人就不愿开动脑筋，事业也就不可能获得成功。

一位成功的企业家说："一项新事业，在 10 个人当中，有一两个人赞成就可以开始了；有 5 个人赞成时，就已经迟了一步；如果有七八个人赞成，那就太晚了。"

# 儒佛尔定律：
# 有效预测，才能英明决策

## 预测有效才能决策英明

在做任何事之前,你都要面对选择和判断。人生就是在不断地选择和判断中度过的,如果你选择了正确的道路,那么你的人生可能会一帆风顺、飞黄腾达；如果你判断失误而入了歧途,那么你这一生可能就只能与噩梦相伴。选择和判断,对于你的人生就是这么重要。

如何才能做好选择和判断呢? 特别是在这个"信息爆炸"的时代,各种各样的道路、方向、方式、经历、指导放在你的面前,经常让人不知所措,只有选择好了,判断好了,才会好的结果。所以,从众多信息中抽出适合自己的信息,这个环节就显得非常重要。如何才能众里寻他一下命中呢? 这就需要极强的预测能力。在这个极具机遇性的商业社会里,预测能力尤为重要。往往一个不起眼的信息,就能给你带来极大的灵感,抓住了这个商机,你就可能一夜暴富。所以,有效的预测对于一个竞争者来说,是最重要的能力。

市场变化多端,信息浩渺如洋,如何从这信息的汪洋大海中捞出属于自己的商机? 只有靠预测! 一个成功的企业家能从繁复的信息中预测出未来市场的走向,并马上将其转化为决策的行动。信息也有价值,只要你利用得好,转眼间就能将其变成大把的钞票。竞争者在做决策前,都要对市场的形势做一下评估和预测,运筹帷幄才能旗开得胜。如果对市场的一切都不熟悉,不提前做出一个精确的预测就妄下决定,那么你肯定会在商战中死得很惨。商场如战场,竞争的残酷性让决策者一步也不能走错。

精明的预测是成功决策的前提,所以一个企业要发展,要提高经济效益,决策者就必须对国内外经济态势和市场要求有所了解,对与生产流通有关的各个环节非常熟

悉，掌握各方面的最新最可靠的信息，
找出最有利于企业发展的信息加以利
用，这样才能使企业时刻走在时代的
前沿，跟得上时代的发展。

1973 年，爆发了全球性石油危机。
美国通用、福特，日本丰田等汽车公司，
由于决策者提前预测到汽车市场的变
化趋势，就见机设计生产了大批油耗
量低的小型汽车，以备市场骤变之需。
果然，1978 年全球性石油危机再次爆
发时，这几个汽车公司的营业额都未
受影响甚至还有所增加。而美国的 K
公司，却因为没有预测到市场的变化，
在第一次全球性石油危机时，没有做
出任何反应和举措，继续生产耗油量
高的大型车。结果导致石油危机再次

爆发时，无以应对，公司销量锐减，积货如山，每日损失高达 200 万美元，最后濒临破产。
这就是有预测能力和无预测能力的差别。

在这个竞争如此激烈的市场中，决策者必须要有敏锐的眼光，做到审时度势，这
样才能在企业之林中立于不败之地。

与之类似，诸葛亮火烧赤壁靠的是什么，靠的就是预测；一个智囊、军师、元帅
靠的不是勇而是智，这智就是预测，就是判断。

当然，预测也离不开知识和经验，预测是在知识、经验的基础上作出来的。而决
策又是在预测的基础上作出来的。所以，竞争者不能没有知识、没有经验，更不能没
有预测能力。

对自己的未来，对形势的发展，对市场的变化，都要有先见之明，这样才能成为
一个容易获得胜算的竞争者。没有有效的预测，就不会有英明的决策，这个道理放在
哪里都适用。

## 善于预测，成就霸业

只有善于预测的人，才能做出成功的决策，决策的成功便预示着事业的辉煌。无
论是在历史中还是在现实中，都有很多这样的例子。

　　春秋时期的范蠡，可以说是历史上一位很强的预测家。他对战机，对自己的命运，对商机，对儿子的命运都有很精确的预测。当吴王阖闾为越军所伤致死后，阖闾之子夫差谨记父仇，三年日夜练兵以报越仇，勾践欲提前下手攻吴。范蠡认为不可，奈何勾践不听，结果越军大败，几近为吴所灭。后来，勾践卧薪尝胆以侯时机灭吴自强，每次有点机会的苗头时，他都会先问范蠡，直到范蠡说可以，才动手伐吴。结果，果真胜了。后来，勾践灭了吴。范蠡深知勾践的为人，已料到自己今后的命运，遂留书一封于文种，自己离开了越国。信上写着的正是现在非常知名的"飞鸟尽，良弓藏；狡兔死，走狗烹"。范蠡走了，成了流芳百世的陶朱公；而文种未走，则成了勾践剑下的冤死鬼。

　　这就是有无预测能力的差别。范蠡的预测力，还体现在"居无几何，致产数十万"上，体现在"久受尊名，不详"上，体现在"吾固知必杀其弟也"上。他因为对人、对事的洞察，所以能够精确地预测到事态的发展方向，因而总能做出正确的决定。这也是为什么他到哪里都能很出名，做什么都很成功的原因。

　　作为当今的竞争者，更要有洞察古今、预测未来的能力，要不然你只能等待着失败向你招手。现今香港的首富李嘉诚就是个很有预测能力的人。可以说，他能发家和他当年对市场做出正确的判断是分不开的。

　　20世纪50年代，初次创业的李嘉诚创办了名为"长江塑胶厂"的塑料玩具生产工厂。结果当时玩具市场已经饱和，工厂面临倒闭。就在李嘉诚一筹莫展的时候，他偶然在一份报纸上看到了一条消息，说当地一家小塑料厂将要制作塑料花销向欧洲。看到这个消息，李嘉诚骤然眼前一亮，马上想到了二战以来，欧美生活水平虽有所提高，但经济上却还没有种植草皮和鲜花的实力，因此塑料花必定会成为很好的替代品，被他们大量使用于装饰各种场合。这是个很大的需求市场，也是个很好的商机，于是李嘉诚马上决定企业转产生产塑料花，而正是这些塑料花，成就了今天的李嘉诚。

试想，如果当时李嘉诚没有看到这条信息，或者看到后也没有意识到信息背后隐藏的巨大商机，那还会有今天的李嘉诚吗？这确实很难说。只能说是这条信息造就了他，而他自己的预测能力成就了他。

李强和张勇同时受雇于一家超市，一样从底层干起。可不久后，两人的身份地位就大不一样了。李强由于受老总器重，职位是一升再升，直到部门经理；而张勇却像"被遗忘的角落"，仍然处于底层。为什么会有这么巨大的差别呢？原来正是因为李强每次做事时都有很强的预测能力，老板交代一件事，他能想到老板接下来会交代的一切可能的事情，因此把每件事都做得非常完美，让老板对他另眼相看，十分喜欢。而张勇，就没有什么预测能力，老板交代什么就做什么，只做老板交代的，根本不懂得灵活变通、思考老板交代的事情的深层含义，因此他只能处在底层。

所以说，我们不要羡慕别人的成功，要看到别人的优点，学习别人的优点。预测能力，是成功者必备的能力，无论是对生活还是对事业来说都是如此。只有拥有很强的预测能力，才能干出一番事业，成就你的霸业。

## 【定律链接】如何提高你的预测力

明天是未知的深渊，但对于明天我们不是手足无措，我们可以预知未来。因为这世界存在着规律和趋势，未来是在现在基础上的发展，所以它不可能脱离现在而存在，在今天的身上能看到明天的影子。对于未来我们不是一无所知，我们可以通过预测略知一二。但这种预测能力不是每个人都有的，只有通过不断地学习、总结、观察、实践，才能练就一双穿越时空的慧眼。

知识是一切行动的基石，你有了知识才能真正地了解和参与这个世界；没有知识，就谈不上审时度势，预测未来。

所以，如果你想提高自己的预测能力，首先要具备那个行业所要求的基础知识。有了专业的知识，你才能真正了解这个行业的内情，才能知道行业大体的走势。当然，光有基础知识是不行的，你还得时常关注各种信息，比如时政、金融、科技、民生、娱乐等各方面相关的信息你都要知道，不然你就会跟不上时代的发展，错过一些好的商机。

其次，你就要时刻关注各方面与行业相关的信息。有了知识和信息，还是不够的，你还得知道怎么利用它们。这就需要你多看一些行业成功人士的传记、语录和历史人物的传记等，从他们的人生中总结经验教训，择其优而学，被证明是错误的事情，就没必要再去经历一次，只做对的就好。

最后，还有一个非常重要的方面，就是要具备长远的思想，从一个事情看到它背后可能发生的第二、三、四件事情。只顾眼前，是没有出路的，要想在商业丛林中站稳脚跟，必须要具备走一步看五步、十步的能力。所以，如果你现在还只是做一天和尚撞一天钟的工作态度，那么要想提高预测能力就必须先得把这态度改了，做一件事情要想到这之后的一系列结果，久而久之你就会拥有不错的预测力了。

说白了，想要提高自己的预测力，平时做事的时候就要多想、多思考。商界成功人士大多有这样的共识：一个成功的企业家、一个成功的领导者，每天至多只用20%的时间处理日常事物，而另外80%的时间则用来思考企业的未来。

竞争者要生存，要具有市场竞争力，应付瞬息万变的市场竞争，就必须能够进行科学的预测，并在此基础上做出正确的判断和假设，采取有利的战略行动计划，否则企业就会在竞争中贻误商机，难逃失败的命运。

科学的预测，可以带来巨大的财富，也可以带来顺利的人生，所以，提高自己的预测能力是非常有必要的。从今天起，补充知识、关注信息、总结经验、思考未来吧！

# 费斯法则：
# 步步为营，方可百战百胜

## 不放弃，抓紧到手的利益

在生活中，有很多人为了那虚无的下一站幸福，而抛弃了已经拥有的快乐；或为了更上一层楼，而赌上现有的身家性命，结果最终落得个身败名裂。所以，老人常说，拿到手里的才是自己的，守好了再去找别的。不要为了那不可预测的未来，赌上你现在所拥有的，不值得，也不明智。

作为一位竞争者，千万不要急功近利、好高骛远，以为前方是天上掉下的馅饼，拼了命也要抢了来，却不知那往往是天大的陷阱；没有看到自己已经拥有的东西和自己的优势，一味地以为别人拥有的更好，却不知会输得更惨。这就像一个女人，不知道自己的魅力在哪里，为了和别人争抢同一个男人，而一味地改变自己，到最后既失去了那个男人，也失去了自己和喜欢自己的人。无论是做人还是做事，都要求稳，不要轻易地做决定，要三思而后行；更不要为了还未到手的东西放弃自己已经拥有的。

现在似乎有一种流行病，就是浮躁。许多人总想一夜成名、一夜暴富。比如投资赚钱，不是先从小生意做起，慢慢

积累资金和经验，再把生意做大，而是如赌徒一般，借钱做大投资、大生意，结果往往惨败。网络经济一度充满了泡沫，有人并没有认真研究市场，也没有认真考虑它的巨大风险性，只觉得这是一个发财成名的"大馅饼"，一口吞下去，最后没撑多久，草草倒闭，白白"烧"掉了许多钞票。

俗话说得好，滚石不生苔，坚持不懈的乌龟能快过灵巧敏捷的野兔。如果能每天学习1小时，并坚持12年，所学到的东西，一定远比坐在教室里接受4年高等教育所学到的多。正如布尔沃所说，"恒心与忍耐力是征服者的灵魂，它是人类反抗命运、个人反抗世界、灵魂反抗物质的最有力支持，它也是福音书的精髓。从社会的角度看，考虑到它对种族问题和社会制度的影响，其重要性无论怎样强调也不为过。"

凡事不能持之以恒，正是很多人失败的根源。所以，培养不放弃的习惯对于一个竞争者尤为重要。下面的一些步骤应该对培养你的恒心有一定的帮助。

第一，合理的计划是你坚持下去的动力。如果没计划，东一榔头西一锤子，是做不好工作的。设计合理的计划表，不仅可以理顺工作的轻重缓急，提高效率，而且可以在无形之中督促自己努力工作，按时或超额完成计划。

制订可行的工作计划和执行计划时要注意，也许你愿意用硬性的东西约束自己，或希望有充分的灵活性，甚至等自己有了灵感的时候才动工。可是万一你正好没有灵感，整个礼拜都没兴致工作的话，怎么办呢？这样下去，你就可能失去坚持下去的耐心，对自己的创造能力产生怀疑。

至少开始的时候，你可以为自己安排一段单独的时间，试验自己的专长。按照进度，循序渐进，将使你做更多的工作——如果你想出类拔萃的话；如果你给自己安排的进度并不过分，可是你还是抗拒它的话，譬如，找借口拖延工作进度，那么你就得研究一下自己的动机了。

计划的制订，将迫使你自问这个严酷的问题：我真的想做这件事吗？即使进行得不太顺利，我还是按部就班地做吗？如果答案是"是"，那么你是真的想得到成功，合理的计划表可以帮助你坚持下去。

第二，拥有越挫越勇的劲头。有的失败会转眼被我们忘记，有些挫折却会给我们留下深深的伤痛。但是，无论如何，我们都不应该因为挫折而停止前进的步伐，每个人都必须为目标奋斗。如果你不继续为一个目标奋斗，你不仅会失去信心，还会逐渐忘记自己有个目标；如果你不再继续坚持的话，就会开始怀疑自己是否能成功地实现计划所定的目标。

有时你也许会因为目前完不成一个小的目标，而改做其他的尝试，这种随便的做法是一种变相的放弃。千万不要拿困难做借口，改做另一个计划。

第三，既然有计划，就要实现它。当你坚持完成计划的要求，实现成功的目标后，你会更加坚定地做完以后的工作，这对培养你的不轻言放弃的习惯会有很大的帮助。不把事情做完的话，你会觉得自己像个没有志气的懒虫；以后如果你不敢肯定是不是能把工作完成的话，就很难再开始做一件新的事情。这是非常重要的一点。因为从事的工作可以只花几个小时，也可能花许多年工夫，不管花多少时间，你都得面临这个问题：是完成这件工作呢，还是放弃它？你最好从开始就搞清楚，自己是不是真的想完成它，如果不是，你何必花这些心力呢？

如果你是某一领域的专业人员，你的成功目标就是成为这一领域的翘楚，那么就不能单是把计划完成，你必须把作品展示出来，接受别人的批评。不要把你的小说只给一家出版社看，如果这一家不接受的话，就全盘放弃；你必须再接再厉，给很多家出版社看，一定要给自己的作品充分的展示机会。

如果你为了完成这个计划已经付出了很多，那就坚持下去，也许最艰难的时候，就是离成功最近的时候。

作为竞争者，一定要先巩固到手的利益，再开拓新的市场。不能像狗熊掰棒子一样，掰一个扔一个，到最后什么也没得到；也不要在对手的攻击下乱了分寸，慌了手脚，做出一些贸然的举措和决策。无论何时，无论何种情形之下，抓紧到手的利益才是上策。

## 切莫怜新弃旧

怜新弃旧，出自《东周列国志》，讲的是为了新欢抛弃旧爱。放到商场上，就是指为了新的利益而放弃已经拥有的利益，或者为了开拓新的市场而放弃原有的客户。这些都是不明智的行为，不是一个精明的决策者应该有的想法。如果想把企业越做越大，就要一步一步来，在原有的基础上发展，而不是为了捉天上的蝴蝶就放弃到手的鲜鱼。

俗话说："饭要一口一口吃，路要一步一步走，钱要一点一点赚。"一口吃不出个胖子来，一步也登不了天，不要想一夜暴富，而要稳扎稳打，在竞争起步阶段是这样，在竞争发展阶段也是这样。要一个项目一个项目地做，一个单子一个单子地签，不要好高骛远，只

想着要去摘那天上的星星，而忘了拿在手里的馍馍。先把手头的工作做好，再做下一步；先把到手的买卖做好，再去接下一个。先巩固已经占有的市场，再去开发新的。没有绝对的把握，千万不要丢掉手里的，去追求那未知的。

高锋是个聪明且踏实的人，大学毕业后到一家大公司做销售。没几年的时间，他就当上了销售部的经理。朋友问他为什么升职升得这么快，有没有什么秘诀之类的。他微微一笑，说秘诀就是"步步为营，稳扎稳打。尊重每一个客户，绝不放过任何一个有可能的客户。但最重要的是，不要为了追逐新客户而忽视已经谈妥的客户"。接着他就讲了一件他所经历的事情。几年前，当他还是个毛头小伙子的时候，每天的工作就是不断地约客户、见面、发名片、宣传产品。有一次，同时有好几家公司给了他回复。他非常高兴，就一一去拜访。一家小公司很快就与他达成了协议，有九成的把握要签下订单；另一家大公司也有一些意向，但把握没有那家小公司大。在一天中午，两家公司代表同时约他见面。他一下为难了，去哪个好呢？他知道那个小公司会签的概率比较大，但大公司的单子更大些。思考良久，他决定先与小公司的代表见面，先拿下一个再说，不要为了那个没把握的单子丢了到手的生意。结果证明他是正确的，当天中午那家小公司的代表就与他签了合同，而那家大公司的代表不过是找他看一下方案，离签单还远得很呢。因为这个小公司的单子，他的事业打开了局面，慢慢地，单子签得越来越多，事业也越做越大。现在，他依然秉着当初的想法，一步一步地说服客户，先拿下把握大的再去找第二家。

可见，明智的竞争者要懂得坚守，就是不要随便放弃已有的利益。市场在不断地变化之中，竞争对手的行为也不是都能预测的，消费者的行为也充满了不确定性和非逻辑性。要想在竞争中立于不败之地，就要做到在拿到新的东西之前，千万别放掉你手中的东西，尤其是手中的东西对你来说很重要时更应该如此。要知道有很多聪明人正在等着机会打败你，等着捡你手中的宝呢。

要珍惜自己拥有的，不要轻易地为了看似更美好的东西就放弃了手里的东西。最愚蠢的人莫过于还没有拿到新东西，就放弃已到手的宝贝的人。

# 史密斯原则：
# 竞争中前进，合作中获利

## 学会与敌人合作

竞争,不单单意味着"你死我活"的争斗,也存在着"你为我用,我为你用"的合作。螳臂不能挡车，鸟卵不能击石，如果不能战胜对手，与其自寻死路，不如加入到他们之中去，学会与你的对手合作，达到一种双赢的效果。

从前，有一个农夫靠种地为生。一日，他见自己的农田旁边长有三丛灌木，越看越不顺眼。他认为这些灌木毫无用处，而且还耽误他种地。于是，他决定把

这些灌木砍掉当柴烧。可他并不知道，每丛灌木中都住着一群蜜蜂。如果他把灌木砍了，蜜蜂们就无家可归了。因此，在农夫砍第一丛灌木时，里面的蜜蜂出来苦苦哀求："亲爱的农夫，您把灌木砍了也得不到多少柴火，请您行行好，就看在我们为您传播花粉的份上，不要砍这丛灌木了！"农夫看看这些令他讨厌的灌木，摇摇头说："即使没有你们，也会有别的蜜蜂为我传播花粉的。"说着，抡起手中的斧头把第一丛灌木砍掉了。

第二天，农夫又来到农田边要砍第二丛灌木。突然，一大群蜜蜂飞了出来，对农夫嗡嗡叫道："可恶的农夫，你胆敢破坏我们的家园，我们就蛰死你！"说着，就朝农夫脸上蛰去。农夫的脸上立即出现了几个大包，又疼又痒。农夫一下子怒不可遏，一把火烧了第二丛灌木。

第三天，当农夫正要砍第三丛灌木的时候，住在里面的那群蜜蜂的蜂王飞了出来，对农夫说："睿智的农夫啊，您难道真的要砍掉这些灌木吗？难道您没有意识到它会给您带来多少好处吗？我们蜂窝每年产出的蜂蜜和蜂王浆够您一年的吃喝；而这丛灌木质地细腻，养大了也准能卖个好价钱。"听了蜂王的话，农夫举着斧头的手慢慢放了下来。他觉得蜂王言之有理，决定和蜜蜂合作，做蜂蜜的生意。

就这样，第三群蜜蜂保住了自己的家园，靠的不是恳求和对抗，而是与对手合作。天下熙熙皆为利来，天下攘攘皆为利往，没有永远的敌人，只有永远的利益。农夫砍灌木是为了自己的利益，蜜蜂用更大的利益打动了农夫，用合作的方式留住了自己的家园。

当你的力量比对手弱时，恳求是不能引起同情的，反而会让对手更加瞧不起你，更想早些把你除掉；硬碰硬地对抗，敌我悬殊太大，只能是自取灭亡；这时只有智取，与对手合作，用利益打动他，达到双赢的目的。当然，要想让强大的对手与不起眼的你合作，你就必须让对手看到与你合作的利益会大大超过不合作，这样才能让对手下定决心与你合作，而不是与你为敌；而对于力量相对弱小的你来说，与强大的对手合作只有利而没有弊。不要以为是对手，就一定要摆出势不两立的派头，其实在利益的追逐中，今天的敌人也许就是明天的伙伴。

还有这样一个故事：

在一个产柿子的地方，每年的秋天等柿子熟后，当地的农民都不会把每棵树上的柿子都摘完，而是留着树顶上的柿子不摘。外地人到那儿看到后都不明白，就问这些农民为什么不把那些柿子都摘去卖了。当地的农民给了一个让他们很讶异的答案："这些柿子是留给乌鸦的。"乌鸦？为什么会留给乌鸦呢？他们想不明白。那些农民就说："树上有柿子，乌鸦才会来，乌鸦来吃柿子，也会吃树上的虫子，这样柿子树就不会生病，就能保证明年柿子大丰收。"

这些农民也是在与敌人合作，乌鸦喜欢吃柿子，有时趁农民不备就会偷吃，既然如此，农民就主动地给乌鸦留柿子，让它们帮忙捉虫，这就是双赢。

在商场上，也是如此，要学会与自己的对手合作，在竞争中求进步，在合作中获利益。

## 竞争合作求双赢

竞争与合作从来都不是对立的，它们是相互依存的，与竞争对手合作，与合作伙伴良性竞争，在竞争、合作中互相学习、共同进步。一切以更好的发展为目的，无所谓敌人朋友，只要存在共同的利益，都可以一起合作达到共赢。

你可能不敢相信，为了能养出更好的羊，牧场主甚至可以和狼合作。

有一个牧场主养了许多羊。因为他的牧场所在的地方有狼，所以他的羊群总是受到狼的袭击。今天死两只，明天死两只，渐渐地羊群的数量越来越少。牧场主为此非常生气，对狼更是恨之入骨。有一天，又有几只羊被狼咬死了。牧场主再也忍受不了了，就花钱请了几位厉害的猎人把附近的狼全都消灭了。他想，这下可以高枕无忧了。结果却让他大吃一惊。没有狼后，羊变得很懒散，吃吃睡睡生活很舒适，可它们的肉质变差了，当羊出栏时，销路大大不如以前。牧场主想不通这是为什么，现在他的羊越来越多了，却因为羊肉卖不上价，赚的钱还不如以前有狼的时候多。带着疑问，他去咨询了专家。原来，都是他自己闯的祸。他把狼给消灭了，羊没有了天敌追赶也懒得跑动，这样羊肉的质量就

会下降，自然影响价格；而且没有了狼，羊的繁殖越来越快，对当地的草场也不好，如果草场破坏过大，牧场主还得花大价钱修复草场，这更不划算。专家的建议是，请狼回来，与狼共处。牧场主没有办法，只好从别的地方买了几只狼回来，将信将疑地等待结果。不出专家所料，狼回来后，羊的肉质上去了，草场也得到了应有的保护。牧场主终于明白了，狼不只是他的敌人，还可以是他的朋友，他的合作伙伴。

无独有偶，还有一个类似的故事。讲的是牧场主与猎户做朋友的故事。

一个养了许多羊的牧场主，和一个养了一群凶猛猎狗的猎户成了邻居。结果，那些猎狗经常跳过两家之间的栅栏，袭击牧场里的小羊羔。每次遇到这种事情，牧场主都只好去请猎户把猎狗关好，但猎户从来不以为意，只是口头上答应，从未有过行动。猎狗咬死、咬伤小羊的事依然经常发生。终于，牧场主忍无可忍，到镇上去找法官评理。法官听了他的控诉后，说了这么一段话："我可以处罚那个猎户，也可以发布法令让他把猎狗锁起来，但这样一来你就失去了一个朋友，多了一个敌人。你是愿意和敌人做邻居，还是愿意和朋友做邻居？"牧场主想也没想就说："当然是愿意和朋友做邻居了。"听了他的话，法官接着说："那好，我给你出个主意，按我说的去做，不但可以保证你的羊群不再受骚扰，还会为你赢得一个友好的邻居。"仔细听了法官的主意，牧场主回到家中就照着做了。他从自己的羊群中挑了三只最可爱的小羊羔，送给猎户的三个儿子。猎户的儿子们看到洁白温顺的小羊羔如获至宝，每天放学都要在院子里和小羊羔玩耍嬉戏。为了防止猎狗伤害儿子们的小羊，猎户专门做了一个大铁笼，把狗结结实实地锁了起来。为了答谢牧场主的好意，猎户开始经常送些野味给他，而牧场主也不时用羊肉和奶酪回赠猎户；而且因为这些猎狗的存在，从没有人敢来偷牧场主的羊，也没有其他动物敢来他的牧场捣乱。从此，牧场主的羊再也没有受到骚扰，他与猎户还成了朋友。

足见，化敌为友，不是对立而是合作，用友好的方式达到最终的目的是再好不过了。下过跳棋的人都知道，6个人各霸一方，互相是竞争对手，又必须是合作伙伴。因为如果你想到达你的目的地，就必须得利用别人搭的桥，只有大家互相搭桥合作，才能最快地到达目的地。

如果我们只讲求合作，放弃竞争，一味地为别人搭桥铺路，那别人就会先到达目的地，而自己只有等待失败收场；相反，如果我们只注意竞争，而忽视合作，一心只想拆别人的路，反而会延误自己的正事，自己依然无法获胜。所以，要在竞争中合作，在合作中竞争，求得双赢。

# 卡贝定律：
# 放弃是创新的钥匙

## 走不通就要另辟蹊径

不是所有的事情都是坚持才会有好的结果，有的时候懂得放弃才是上策。人生有限，机会有限，选择最有利于自己的，放弃那些不适合的，这样你才能用最短的时间，付出最少的成本，获得最大的利益。不要固执，走不通就另辟蹊径，不要在没有结果的事情上投入太多的精力。

在印度的热带丛林里，流传着一种奇特的捕猴法。这里的人们在捉猴子时，会先拿出一个小木盒，在木盒里装上猴子爱吃的坚果，然后把盒子固定起来。再在盒子上开一个刚好够猴子的前爪伸进去的小口，这样猴子一旦抓住坚果，爪子就抽不出来了。

用这种方法,常常能捉到猴子。这全因为猴子的一种习性,不肯放下已到手的东西。这时,人们总是嘲笑猴子的愚蠢,为什么不松开爪子放下坚果逃命呢？但在现实生活中,又有多少像这些猴子一样的人在犯着同样的错误呢！

懂得放弃,是放弃错误,收获光明。不要像这些猴子一样,为了一点蝇头小利而丢了性命,也不要不撞南墙不回头,发现此路不通,就要赶快另取他路。人生有很多个选择,不要以为放掉了一个就失去了所有,有时候只有放弃了才能获得。

瑞士军事理论家菲米尼有句名言：“一次良好的撤退,应与一次伟大的胜利一样受到奖赏。”该放弃的时候,要勇于放弃,放弃需要更多的勇气与智慧。

在生活中,当我们努力争取的东西与目标无关,或者目前拥有的东西已成为负累,或者劣势大于优势时,那么坚持还不如放弃。当你放弃了不该追求的东西后,你可能会突然发现,你已经拥有了你曾争取过而又未得到的东西。就像电影《卧虎藏龙》里那句经典台词说的一样：“当你紧握双手,里面什么也没有；当你打开双手,世界就在你手中。”你越是拼命想抓住的东西,就越是得不到；相反,如果你学会了放弃,你会发现幸福就在身边。

人的时间和精力都是有限的,不可能得到所有你想要的东西,你只能挑最想要的来为之奋斗。想要拥有一切的人,往往最终什么也得不到。在未学会放弃之前,你将很难懂得什么是争取。如果不懂得放弃,就无法做出决策。

以个人或企业的发展为例,我们不可能在竞争中做到万无一失,只能放弃一些不利于发展或者对个人、企业帮助较小的东西,来谋取更大的收获。过去的成就,不代表将来的辉煌,决策者要懂得放弃光环。

大多数人都很难拒绝过去那些效果很好的技术和战略对我们的诱惑,也很难看到采用新战略和新技术的必要性。不伸开拳头,就很难抓到更多、更新的东西,所以不要固守过去,也不要坚持错误。懂得放弃,才能开创更美好的天地。

长期居于世界手表行业销售榜首位的日本钟表企业精工舍,之所以会有这样的成就,就是因为该企业的第三任总经理服部正次的放弃战略。作为钟表企业,都会把瑞士这个钟表王国作为对手,来努力提高自己的质量,服部正次也不例外。在他上任初期,他一直把企业的发展方向定为“质量赶超瑞士”,可结果却很不理想,10多年的努力几乎是白费力气。就是在这时,服部正次清楚地认识到与瑞士比质量是行不通了,于是他迅速地带领精工舍另走新路,不再在机械表上比质量,而是研发出比机械表更好的新产品。有这个思路后,服部正次就带领自己的科研人员刻苦钻研,终于在几年后,开发出了比机械表走时更准确的石英电子表。产品一推出,就大获全胜,甚至赢得了世界手表销售首位的荣誉。

这就是懂得放弃的回报，那条路被堵死了，没必要非得把它闯开，走另一条路也能看到柳暗花明，说不定景色更加秀丽。在竞争中，我们一定不要犯固执己见的错误，也不要贪得无厌，要懂得适时地放弃，才是成功的保证。

## 适时放弃收获更多

上帝在关上一扇窗的时候，会打开另一扇窗，或者打开一扇门。所以，不要害怕失去，失去的同时你可能会得到更多。

在选择中要懂得放弃，只有放弃了错误才能走向正确。比尔·盖茨曾说过："人生是一场大火，我们每个人唯一可做的，就是从这场大火中多抢一点东西出来。"在火中抢东西，一定要注意主次，没有多少时间供我们考虑，尽可能挑最重要的拿，而放弃那些相比之下次要的东西。

竞争中，我们不可能每个机会都去尝试，也不可能每个领域都获得成功，放弃自己不擅长的，放弃没有结果的尝试，放弃过多的欲望，放弃错误的坚持。这样，才能成为真正的赢家。

松下幸之助就是一位敢于放弃，懂得适时放弃的精明人。他领导松下集团走过了风风雨雨，创下了一个又一个商业奇迹。20世纪五六十年代，很多世界性的大公司都纷纷投入到大型电子计算机的研发和生产中来，以为这种高新科技会带来新的收益奇迹，松下通信工业公司也不例外地投入其中。可是1964年，在松下花费了5年时间，投入了高达10亿日元的研究开发资金，研发也很快要进入最后阶段的时候，松下公司突然决定全盘放弃，不再做大型电子计算机。这是松下幸之助的决定，他考虑到大型计算机的市场竞争太激烈，如果一着不慎，很可能使整个公司陷入危机。到那时再撤退，可能就为时已晚了，还是趁还没有陷入泥潭前，先拔出脚为好。结果，事实证明松下幸之助的决定是完全正确的。之后的市场正像松下预测的那样，而西门子、RCA等这种世界性的公司也陆续放弃了大型计算机的生产。

松下幸之助的成功，当然与他非凡的预测力是分不开的，但是更重要的是他懂得适时放弃的品质。做决策靠的就是果断，知道这条路是错的，就要立即掉头回到正确的路上去，不要为过去的付出斤斤计较，在错误的路上走得越远，只能失去得更多。

赌徒就是因为不懂得放弃，才会倾家荡产，总是不甘心过去输掉的钱，总是想着把本钱捞回来，而结果往往是输得更惨。

有些骗子，也是利用人们不懂得放弃的弱点来到处行骗。当你特别想得到某件东西时，你就会迷失自己；当你付出了成本时，你就总想着得到回报。网上有很多这样的诈骗者，利用你想要购买某物的急切心理，告诉你先交定金，到时把货邮给你；结果一般是定金打了水漂，有去无回。这时懂得放弃，损失的也就是那些定金。可有些人依然执迷不悟，明知道是骗局还是一个劲儿地往里钻，主动自愿地把剩下的金额都打过去，结果只能是赔得更惨。在现实中，还有很多这样的例子。

一个青年去向一位富翁请教成功之道。富翁什么话也没说，从冰箱里拿出三块大小不等的西瓜放在青年面前。问道："如果这里的每块西瓜代表一定程度的利益，你会选哪块？"青年人不假思索，直接答道："当然是最大的那块！"富翁笑了："那好，请用吧！"说着，富翁把最大的那块西瓜递给了青年，而自己却拿起最小的那块吃了起来。很快，富翁就把手里那块最小的西瓜吃完了，然后得意洋洋地拿起剩下的那块西瓜在青年面前晃了晃，大口吃了起来。青年顿时明白了富翁的意思，这些西瓜都代表着一定程度的利益，谁吃得最多谁拥有的利益就最大。虽然自己挑了最大的，可富翁却比自己吃得多，那么富翁占的利益自然也比自己多。

想在竞争中取胜，其实就像吃西瓜一样，要想使自己有大的发展，成为最后的赢家，就要有战略的眼光，要学会放弃，只有懂得适时地放弃，才能收获更多的利益。

# 罗杰斯论断：
# 未雨绸缪，主宰命运

## 未雨绸缪，有备无患

对待问题的态度应该像对待疾病的态度一样，在身体有些不适的时候，就要及时治疗，以免病情发展得更为严重，甚至无法医治，对问题也是这样，及早地预见问题，将其消灭于萌芽状态，才能有效地解决问题。

真正精明的人对自己所处的环境总是富有洞察力，一旦察觉到对自己不利的势力，在刚看出端倪时就会出手打压，将其扼杀在摇篮之中。否则，坐视其发展壮大到和自己旗鼓相当，甚至强于自己时，就会养虎为患，一切都来不及了。

在生活中，学会未雨绸缪、防微杜渐，将一切不利的因素消除在萌芽状态，将自己的危险降到最低，无疑是明智之举。

未雨绸缪、防微杜渐是人生智慧。竞争之中，常常强调"冬天"的人，日子未必艰难；一直浸润在"春天"里的人，"冬天"或许会提前到来。

微软公司创始人比尔·盖茨常说："微软离破产只有 18 个月。"居安思危是审时度势的理性思考，是在超前意识前提下的反思，是不敢懈怠、兢兢业业、勇于进取的积极心志。

世界著名的信息产业巨子，英特尔公司的前总裁安迪·葛罗夫，在功成身退之后回顾自己创业的历史，曾深有感触地说："只有那些危机感强烈，恐惧感强烈的人，才能够生存下去。"

英特尔成立时葛罗夫在研发部门工作。1979 年，葛罗夫出任公司总裁，刚一上任他立即发动攻势，声称在一年内从摩托罗拉公司手中抢夺 2000 个客户，结果

英特尔最后共赢得了 2500 个客户，超额完成任务。此项攻势源于其强烈的危机意识，他总担心英特尔的市场会被其他企业占领。1982 年，由于美国经济形势恶化，公司发展趋缓，他推出了"125% 的解决方案"，要求雇员必须发挥更高的效率，以战胜咄咄逼人的日本企业。他时刻担心，日本已经超过了美国。在销售会议上，身材矮小、其貌不扬的葛罗夫，用拖长的声调说："英特尔是美国电子业迎战日本电子业的最后希望所在。"

危机意识渗透到安迪·葛罗夫经营管理的每一个细节中。1985 年的一天，葛罗夫与公司董事长兼 CEO 摩尔讨论公司目前的困境。他问："假如我们下台了，另选一位新总裁，你认为他会采取什么行动？"摩尔犹豫了一下，答道："他会放弃存储器业务。"葛罗夫说："那我们为什么不自己动手？"1986 年，葛罗夫为公司提出了新的口号——"英特尔，微处理器公司"，帮助英特尔顺利地走出了这一困境。其实，这皆源于他的危机意识。

1992 年，英特尔成为世界上最大的半导体企业。此时英特尔已不仅仅是微处理器厂商，而是整个计算机产业的领导者。1994 年，一个小小的芯片缺陷，将葛罗夫再次置于生死关头。12 月 12 日，IBM 宣布停止发售所有奔腾芯片的计算机。预期的成功变成泡影，一切变得不可捉摸，雇员心神不宁。12 月 19 日，葛罗夫决定改变方针，更换所有芯片，并改进芯片设计。最终，公司耗费相当于奔腾 5 年广告费用的巨资完成了这一工作。英特尔活了下来，而且更加生气勃勃，是葛罗夫的性格和他的危机意识再次挽救了公司。

在葛罗夫的带领下，英特尔把利润中非常大的部分花在研发上。葛罗夫那句"只有恐惧、危机感强烈的人，才能生存下去"的名言已成为英特尔企业文化的象征。

居安思危方可安身，贪图逸豫则会亡身。只有如葛罗夫那样充满危机意识，我们才能在激烈的竞争中保持不败的境地。每一个竞争者都要把葛罗夫的例子装在心中，将"永远让自己处于危机与恐惧中"这句话记在心中。只有时时提醒自己不断进步，才能在竞争激烈的环境中生存下来，开创出属于自己的艳阳天。

## 在实践探索中培养预见力

未来是不确定的，计划在不确定因素面前无能为力，所以你必须随机应变，前提是你必须拥有确定的目标和长远的计划。

我们很容易被眼前的利益蒙蔽了双眼，从而忽视潜伏于远方的危险，在不知不觉中失败。因此，我们一定要高瞻远瞩，培养自己预见未来的能力。

公元前415年，雅典人准备攻击西西里岛，他们以为战争会给他们带来财富和权力，但是他们没有考虑到战争的危险性和西西里人抵抗战争的顽强性。由于求胜心切，战线拉得太长，他们的力量被分散了，再加上西西里人团结一致，他

们更难以应付了。雅典的远征导致了自身的覆灭。

胜利的果实的确诱人，但远方隐约浮现的灾难更加可怕。因此，不要只想着胜利，还要想到潜在的危险，这种危险有可能是致命的。不要因为眼前的利益而毁了自己。被欲望蒙蔽了双眼的人，他们的目标往往不切实际，会随着周围状况的改变而改变。

我们应时刻保持清醒的头脑，根据变化随时调整自己的计划。世事变幻莫测，我们必须具有一定的预见未来的能力，过分苛求一项计划是不明智的，实现目标可以有多种途径，不要抓住一个不放。

预见未来的能力是可以通过实践探索慢慢培养的。要有明确的目标，但必须实事求是地对客观现状进行分析评估;计划要周密,模糊的计划只能让你在麻烦中越陷越深。

第四章

>>> 人际关系学定律

# 首因效应：
# 先入为主的第一印象

## 从破格录用想到的

《三国演义》中，凤雏庞统起初准备效力东吴，于是去面见孙权。孙权见庞统相貌丑陋、傲慢不羁，无论鲁肃怎样苦言相劝，最后，还是将这位与诸葛亮比肩齐名的奇才拒于门外。为什么会这样呢？是庞统无能，还是孙权根本不需要帮手呢？其实，造成这样的后果仅仅是因为庞统没能给孙权留下良好的"第一印象"。

如今，大家都认为工作不好找，尤其是刚毕业的人。其实，如果把握好求职时的第一印象，效果往往会出乎意料。

一个新闻系的毕业生正急于找工作。一天，他到某报社对总编说："你们需要一个编辑吗？"

"不需要！"

"那么记者呢？"

"不需要！"

"那么排字工人、校对呢？"

"不，我们现在什么空缺也没有了。"

"那么，你们一定需要这个东西。"说着他从公文包中拿出一块精致的小牌子，上面写着："额满，暂不雇用"。总编看了看牌子，微笑着点了点头，说："如果你愿意，可以到我们广告部工作。"

这个大学生通过自己制作的牌子，表现了自己的机智和乐观，给总编留下了良好的"第一印象"，引起对方极大的兴趣，从而为自己赢得了一份满意的工作。这也是为什么当我们进入一个新环境，参加面试，或与某人第一次打交道的时候，常常会听到这样的忠告："要注意你给别人的第一印象噢！"

也许你会好奇，第一印象真的有那么重要，以至于在今后很长时间内都会影响别人对你的看法吗？心理学家曾做了这样一个实验：

心理学家设计了两段文字，描写一个叫吉姆的男孩一天的活动。其中，一段将吉姆描写成一个活泼外向的人，他与朋友一起上学，与熟人聊天，与刚认识不久的女孩打招呼等；另一段则将他描写成一个内向的人。

研究者让一些人先阅读描写吉姆外向的文字，再阅读描写他内向的文字；而让另一些人先阅读描写吉姆内向的文字，后阅读描写他外向的文字，然后请所有的人都来评价吉姆的性格特征。

结果，先阅读外向文字的人中，有78％的人评价吉姆热情外向；而先阅读内向文字的人中，则只有18％的人认为吉姆热情外向。

由此可见，第一印象真的很重要！事实上，人们对你形成的某种第一印象，往往日后也很难改变。而且，人们还会寻找更多的理由去支持这种印象。有的时候，尽管你的表现并不符合原先留给别人的印象，但人们在很长一段时间里仍然要坚持对你的最初评价。例如，一对结婚多年的夫妻，最清晰难忘的，是初次相逢的情景，在什么地方，什么情景，站的姿势，开口说的第一句话，甚至窘态和可笑的样子都记得清清楚楚，终生难忘。

## 成功打造第一印象，占据他人心中有利地形

了解了第一印象的重要性，现在我们来谈谈应该怎样给人留下良好的第一印象。

通常，第一印象包括谈吐、相貌、服饰、举止、神态，对于感知者来说这些都是新的信息，它对感官的刺激也比较强烈，有一种新鲜感。这好比在一张白纸上，第一笔抹上的色彩总是十分清晰、深刻一样。随着后来接触的增加，各种基本相同的信息的刺激，也往往盖不住初次印象的鲜明性。所以，第一印象的客观重要性还是显而易见的，并在以后交往中起了"心理定式"作用。

如果你与人初次见面就不言不语、反应缓慢，给人的第一印象基本就是呆板、虚伪、不热情，对方就可能不愿意继续了解你，即使你尚有许多优点，也不会被人接受；而如果你给人留下的第一印象是风趣、直率、热情，即使你身上尚有一些缺点，对方也会用自己最初捕捉的印象帮你掩饰短处。

一般来说，想给他人留下良好的第一印象，必须要牢记以下5点：

1. 显露自信和朝气蓬勃的精神面貌

自信是人们对自己的才干、能力、个人修养、文化水平、健康状况、相貌等的一种自我认同和自我肯定。一个人要是走路时步伐坚定，与人交谈时谈吐得体，说话时双目有神，目光正视对方，善于运用眼神交流，就会给人以自信、可靠、积极向上的感觉。

2. 讲信用，守时间

现代社会，人们对时间愈来愈重视，往往把不守时和不守信用联系在一起。若你第一次与人见面就迟到，可能会造成难以弥补的损失，最好避免。

3. 仪表、举止得体

脱俗的仪表、高雅的举止、和蔼可亲的态度等是个人品格修养的重要部分。在一个新环境里，别人对你还不完全了解，过分随便有可能引起误解，产生不良的第一印象。当然，仪表得体并不是非要用名牌服饰包装自己，更不是过分地修饰，因为这样反而会给人一种轻浮浅薄的印象。

4. 微笑待人，不卑不亢

第一次见面，热情地握手、微笑、点头问好，都是人们把友好的情意传递给对方

的途径。在社会生活中，微笑已成为典型的人性特征，有助于人们之间的交往和友谊。但与别人第一次见面，笑要有度，不停地笑有失庄重；言行举止也要注意交际的场合，过度的亲昵举动，难免有轻浮油滑之嫌，尤其是对有一定社会地位的朋友，不应表露巴结讨好的意思。趋炎附势的行为不仅会引起当事人的蔑视，连在场的其他人也会瞧不起你。

5. 言行举止讲究文明礼貌

语言表达要简明扼要，不乱用词语；别人讲话时，要专心地倾听，态度谦虚，不随便打断；在听的过程中，要善于通过身体语言和话语给对方以必要的反馈；不追问自己不必知道或别人不想回答的事情，以免给人留下不好的印象。

# 刺猬法则：
# 与人相处，距离产生美

## 我们都需要一定的"距离"

生物学家曾做过一个实验：冬季的一天，把十几只刺猬放到户外空地上。这些刺猬被冻得浑身发抖，为了取暖紧紧地靠在一起，而相互靠拢后，它们身上的长刺又把同伴刺疼，很快大家就分开了。但寒冷又迫使大家再次围拢，疼痛又迫使大家再次分离。如此反复多次，它们终于找到了一个较佳的位置——保持一个忍受最轻微疼痛又能最大程度取暖御寒的距离。其实，人与人之间亦是如此，良好交际需要保持适当的距离。

下面，我们先来做一个小小的选择题：

你要坐公交车出去玩，上车后你发现只有最后一排还有 5 个座位，走在你前面的两个人，一个选了正中间的座位，一个选了最右侧靠窗子的座位。剩下 3 个座位中，一个在前两个人之间，两个在中间人与最左侧的窗户之间。这时，你会坐在哪里呢？

想必，你多半会选择最左侧窗户的座位，而不是紧挨着两个人中的任何一位坐下。不要好奇，这是因为人与人之间，也像前面讲的刺猬那样，彼此需要一定的距离。

这种距离，有时是环绕在人体四周的一个抽象范围，用眼睛没法看清它的界限，但它确确实实存在，而且不容他人侵犯。

例如，无论在拥挤的车厢里，还是电梯内，你都会在意他人与自己的距离。当别人过于接近你时，你可以通过调整自己的位置来逃避这种接近的不快感；但是空间里挤满了人无法改变时，你只好以对其他乘客漠不关心的态度来忍受心中的不快，所以看上去神态木然。

关于这方面，一位心理学家曾做过这样一个实验：

在一个刚刚开门的阅览室，当里面只有一位读者时，心理学家进去拿了把椅子，坐在那位读者的旁边。实验进行了整整 80 个人次。结果证明，在一个只有两位读者的空旷的阅览室里，没有一个被试者能够忍受一个陌生人紧挨着自己坐下。当他坐在那些读者身边后，被试者不知道这是在做实验，很多人选择默默地远离，到别处坐下，甚至还有人干脆明确表示："你想干什么？"

这个实验向我们证明了，任何一个人，都需要在自己的周围有一个自己可以把握的自我空间，如果这个自我空间被人触犯，就会感到不舒服、不安全，甚至恼怒起来。

所以，我们在现实生活中，在人际交往中，一定要把握适当的交往距离，就像前面互相取暖的刺猬那样，既互相关心，又有各自独立的空间。

## 交际中的距离学问

既然距离在人际交往中如此重要，那么，究竟保持多远的距离才合适呢？一般而言，交往双方的人际关系以及所处情境决定着相互间自我空间的范围。

美国人类学家爱德华·霍尔博士划分了 4 种区域或距离，各种距离都与双方的关

交际中的距离

系相称。

1. 亲密距离

所谓"亲密距离",即我们常说的"亲密无间",是人际交往中的最小间隔,其近范围在6英寸(约15厘米)之内,彼此间可能肌肤相触、耳鬓厮磨,以至相互能感受到对方的体温、气味和气息;其远范围是6~18英寸(15~44厘米),身体上的接触可能表现为挽臂执手,或促膝谈心,仍体现出亲密友好的人际关系。

这种亲密距离属于私下情境,只限于在情感联系上高度密切的人之间使用。在社交场合,大庭广众之下,两个人(尤其是异性)如此贴近,就不太雅观。在同性别的人之间,往往只限于贴心朋友,彼此十分熟识而随和,可以不拘小节,无话不谈;在异性之间,只限于夫妻和恋人之间。因此,在人际交往中,一个不属于这个亲密距离圈子内的人随意闯入这一空间,不管他的用心如何,都是不礼貌的,会引起对方的反感,也会自讨没趣。

2. 个人距离

这是人际间隔上稍有分寸感的距离,较少有直接的身体接触。个人距离的近范围为1.5~2.5英尺(46~76厘米),正好能相互亲切握手,友好交谈。这是与熟人交往的空间,陌生人进入这个范围会构成对别人的侵犯。个人距离的远范围是2.5~4英尺(76~122厘米),任何朋友和熟人都可以自由地进入这个空间。不过,在通常情况下,较为融洽的熟人之间交往时保持的距离更靠近远范围的近距离(76厘米)一端,而陌生人之间谈话则更靠近远范围的远距离(122厘米)一端。

人际交往中,亲密距离与个人距离通常都是在非正式社交情境中使用,在正式社交场合则使用社交距离。

3. 社交距离

这个距离已超出了亲密或熟人的人际关系，而是体现出一种社交性或礼节上的较正式关系。其近范围为 4 ~ 7 英尺（1.2 ~ 2.1 米），一般在工作环境和社交聚会上，人们都保持这种程度的距离；社交距离的远范围为 7 ~ 12 英尺（2.1 ~ 3.7 米），表现为一种更加正式的交往关系。

例如，公司的经理们常用一个大而宽阔的办公桌，并将来访者的座位放在离桌子一段距离的地方，这就是为了与来访者谈话时能保持一定的距离。还有，企业或国家领导人之间的谈判、工作招聘时的面谈、教授和大学生的论文答辩等，往往都要隔一张桌子或保持一定距离，这样就增加了一种庄重的气氛。

4. 公众距离

通常，这个距离指公开演说时演说者与听众所保持的距离。其近范围为 12 ~ 25 英尺（约 3.7 ~ 7.6 米），远范围在 25 英尺之外。这是一个几乎能容纳一切人的"门户开放"的空间，人们完全可以对处于空间内的其他人"视而不见"、不予交往，因为相互之间未必发生一定的联系。因此，这个空间的活动，大多是当众演讲之类，当演讲者试图与一个特定的听众谈话时，他必须走下讲台，使两个人的距离缩短为个人距离或社交距离，才能够实现有效沟通。

当然了，人际交往的空间距离不是固定不变的，它具有一定的伸缩性，这依赖于具体情境、交谈双方的关系、社会地位、文化背景、性格特征、心境等。

了解了交往中人们所需的自我空间及适当的交往距离，我们就能够有意识地选择与人交往的最佳距离；而且，通过空间距离的信息，还可以很好地了解一个人的实际社会地位、性格以及人们之间的相互关系，更好地进行人际交往。

# 投射效应：
## 人心各不同，不要以己度人

### 为何会有"以小人之心，度君子之腹"的心结

宋代著名学者苏东坡和佛印和尚是好朋友，一天，苏东坡去拜访佛印，与佛印相对而坐，苏东坡对佛印开玩笑说："我看你是一堆狗屎。"而佛印则微笑着说："我看你是一尊金佛。"苏东坡觉得自己占了便宜，很是得意。回家以后，苏东坡得意地向妹妹提起这件事，苏小妹说："哥哥你错了。佛家说'佛心自现'，你看别人是什么，就表示你看自己是什么。"

也许你会一笑而过，但苏小妹的话确实是有道理的。

你可能要问苏小妹的话为何有道理。从心理学角度，她正好指出了人喜欢把自己的想法投射到他人身上的投射效应。俗语说的"以小人之心，度君子之腹"心结，讲的就是小人总喜欢用自己卑劣的心意去猜测品行高尚的人。

与之类似，曾有这样一个有趣的笑话：

一天晚上，在漆黑偏僻的公路上，一个年轻人的汽车抛了锚——汽车轮胎爆了。

年轻人下来翻遍了工具箱，也没有找到千斤顶。怎么办？这条路很长时间都不会有车子经过。他远远望见一座亮灯的房子，决定去那户人家借千斤顶。可是他又有许多担心，在路上，他不停地想：

"要是没有人来开门怎么办？"

"要是没有千斤顶怎么办？"

"要是那家伙有千斤顶，却不肯借给我，该怎么办？"

……

顺着这种思路想下去，他越想越生气。当走到那间房子前，敲开门，主人一出来，他冲着人家劈头就是一句："你那千斤顶有什么稀罕的！"

主人一下子被弄得丈二和尚摸不着头脑，以为来的是个精神病人，就"砰"的一声把门关上了。

笑声中我们不难发现，这个年轻人，错就错在把自己的想法投射到了主人的身上。

在人际交往中，认识和评价别人的时候，我们常常免不了要受自身特点的影响，我们总会不由自主地以自己的想法去推测别人的想法，觉得既然我们这么想，别人肯定也这么想。例如，贪婪的人，总是认为别人也都嗜钱如命；自己经常说谎，就认为别人也总是在骗自己；自己自我感觉良好，就认为别人也都认为自己很出色……

1974 年，心理学家希芬鲍尔曾做了这样一个实验：

他邀请一些大学生作为被试者，将他们分为两组。给其中一组学生放映喜剧电影，让他们心情愉快；而给另外一组学生放映恐怖电影，让他们产生害怕的情绪。然后，他又给这两组学生看相同的一组照片，让他们判断照片上人的面部表情。

结果，看了喜剧电影心情愉快的那组大学生判断照片上的人也是开心的表情，而看了恐怖电影心情紧张的那组大学生则判断照片上的人是紧张害怕的表情。

这个实验说明，被试的大部分学生将照片上人物的面部表情视为自己的情绪体验，即将自己的情绪投射到他人身上。

其实，投射效应的表现形式除了将自己的情况投射到别人身上外，还有另一种表现——感情投射。即对自己喜欢的人或事物越看越喜欢，越看优点越多；对自己不喜欢的人或事物越看越讨厌，越看缺点越多。这种情况多发生在恋爱期间，如在热恋时人们喜欢在周围人面前吹嘘自己的另一半如何完美无缺；一旦失恋，对对方的憎恨之情溢于言表，并言过其实。

所以，知道了投射效应在人际交往的过程中会造成我们对其他人的知觉失真，我们这就要在与人交往的过程中保持理性，避免受这种效应的不良影响。

## 辩证走出"投射效应"的误区

哲学上曾讲过，对任何事物我们都应辩证地去看。没错，投射效应也不例外。

一方面，这种效应会使我们拿自己的感受去揣度别人，缺少了人际沟通中认知的客观性，从而造成主观臆断并陷入偏见的深渊，这是我们需要克服的。

《庄子·天地》中记载了这样一个故事：

尧到华山视察，华封人祝他"长寿、富贵、多男子"，尧都辞谢了。华封人说："寿、富、多男子，人之所欲也。汝独能不欲，何邪？"尧说："多男子则多惧，富则多事，寿则多辱。是三者，非所以养德也，故辞。"

透过这个故事,我们发现,人的心理特征各不相同,即使是"富、寿"等基本的目标,也不能随意"投射"给任何人。

由于产生投射效应是主观意识在作祟,所以我们可以通过时刻保持理性,克服潜意识和惯性思维,让事物的发展规律还原它本来的面目,从而消除这种效应带来的不良影响。

首先,我们要客观地认清别人与自己的差异,不断完善自己,不能总是以己之心度人之腹。其次,我们要承认和尊重差异,多角度、全方位地去认识别人。最后,为了避免投射效应,我们需要学会换位思考,也就是设身处地地站在对方的立场上去看别人。与人交往时,如果我们能站在对方的立场上,为对方着想,理解对方的需要和情感,就能与他人进行很好的交流和沟通,也更容易达成谅解和共识。

另一方面,我们也不可否认,因为人性有相通之处,有时不同的人的确会产生相同的感受。那么,我们就可以利用一个人对别人的看法来推测这个人的真正意图或心理特征。正如钱钟书说"自传其实是他传,他传往往却是自传",要了解某人,看他的自传,不如看他为别人做的传。因为作者恨不得化身千千万万来讲述不方便言及或者即便说了别人也不能相信的发生在作者身上的真实故事。

例如,你在帮公司招聘人员的时候,想了解求职者真实的应聘目的,就可以设计这样的问题:

你应聘本公司的主要原因是什么?
A.工作轻松　B.有住房　C.公司理念符合个人个性　D.有发展前途　E.收入高
你认为跟你一起到本公司应聘的其他人前来的主要原因是什么?
A.工作轻松　B.有住房　C.公司理念符合个人个性　D.有发展前途　E.收入高

显然,第一个题目并没有多大意义,大部分求职者都会选择C或D;第二个题目,则可以考察求职者的心理投射,求职者一般会根据自己内心的真实想法来推测别人,其答案往往也就是求职者内心的想法。

那么,在干部谈话或招聘等过程中,我们就可以利用投射效应了解交际对象的态度和动机,为我们带来积极的意义。

所以,对待交际中的投射效应,我们要学会辩证地看待其影响,用理智避开它不利的一面,用智慧运用好它有利的一面。

# 自我暴露定律：
# 适当暴露，让你们的关系更加亲密

## 适当的"自我暴露"有助加深亲密度

你有秘密吗？你是否发现自己与身边最亲密的人往往共同分享着彼此的许多秘密，而对于那些交情一般的人，你们之间几乎任何秘密都没有？你还可以回想一下，与最好的朋友的友谊，是不是从那一次你们两人互诉真心开始建立的？想必，你对上述几个问题的答案基本都是"是"。无需奇怪，这就是人际交往中的自我暴露定律。

研究交际心理学的人士曾指出，让人家看到自己的缺点或弱点，人家才会觉得你真实可信，不存虚假，从而产生亲近感；反之，完全把自己"藏起来"，就会使人感觉造作、虚伪，让人觉得有压力。

小敏是宿舍中最擅长交际的一个，并且人也长得漂亮。但同宿舍甚至同班的其他女孩都找到了自己的男朋友，唯独漂亮、擅长交际的小敏仍是独自一人。

为什么呢？她身边的同学都表示，她太神秘，别人很难了解她。和她有过接触的男同学也说，刚开始和她交往时，感觉她是个活泼开朗的女孩，但时间一长，就发现她其实很封闭。

原来，小敏一直对自己的私生活讳莫如深，也从不和别人谈论自己，每当别人问起时，她就把话题岔开，怪不得同学们都觉得她神秘呢！

生活中有一些人是相当封闭的，当对方向他们说出心事时，他们却总是对自己的事情闭口不谈。但这种人不一定都是内向的人，有的人话虽然不少，但是从不触及自己的私生活，也不谈自己内心的感受。

人之相识，贵在相知；人之相知，贵在知心。要想与别人成为知心朋友，就必须表露自己的真实感情和真实想法，向别人讲心里话，坦率地表白自己、陈述自己、推销自己，这就是自我暴露。

当自己处于明处，对方处于暗处，你一定不会感到舒服。自己表露情感，对方却讳莫如深，不和你交心，你一定不会对他产生亲切感和信赖感。当一个人向你表白内心深处的感受，你可以感到对方信任你，想和你进行情感的沟通，这就会一下子拉近你们的距离。

在生活中，有的人知心朋友比较多，虽然他（她）看起来不是很擅长社交。如果你仔细观察，会发现这样的人一般都有一个特点，就是为人真诚，渴望情感沟通。他们说的话也许不多，但都是真诚的。他们有困难的时候，总会有人来帮助，而且很慷慨。

而有的人，虽然很擅长社交，甚至在交际场合中如鱼得水，但是他们却少有知心朋友。因为他们习惯于说场面话，做表面工夫，交朋友又多又快，感情却都不是很深；因为他们虽然说很多话，却很少暴露自己的真实感情。

要知道，人和人在情感上总会有相通之处。如果你愿意向对方适度袒露，就会发现相互的共同之处，从而和对方建立某种感情的联系。向可以信任的人吐露秘密，有时会一下子赢得对方的心，赢得一生的友谊。

如果希望结交知心朋友，你不妨先对他们敞开自己的心扉！

## 过犹不及，暴露自己要有度

人常说："凡事要有度，凡事不能过度。"一点儿也没错，在交际中，自我暴露是赢得他人好感的有效方式，但这种暴露同样要做到"适度"。

小鱼是某大学的研究生，刚入学不久，她就把同班同学"雷"到了。一天早上上课，课间，坐在前排的她转过身和一位同学借笔记，还回来时笔记里竟然夹了一张男生的照片，于是小鱼打开了话匣子，跟后面的同学聊了起来，说那是她在火车上认识的新男友，正热恋。她从她和男友在哪儿租了房子、昨天买了什么菜、谁做的晚饭，说到她如何如何幸福，甚至说到二人世界里亲密的小细节……

这样的事情有很多，而且她经常不分时间场合随便就跟别人讲自己的一些私事。到后来，同学们一见到她就躲开了，大家都受不了她了。

由上面的这个例子我们可以看出，在人际交往的过程中，自我暴露要有一个度，过度的自我暴露反而会惹人厌。

在人际交往中，自我暴露应注意以下几个问题：

自我暴露应遵循对等原则，即当一个人的自我暴露与对方相当时，才能使对方产生好感。比对方暴露得多，则给对方以很大的威胁和压力，对方会采取避而远之的防卫态度；比对方暴露得少，又显得缺乏交流的诚意，交不到知心朋友。

自我暴露应循序渐进。自我暴露必须缓慢到相当温和的程度，缓慢到足以使双方都不感到惊讶的速度。如果过早地涉及太多的个人亲密关系，反而会引起对方的忧虑和不信任感，认为你不稳重、不敢托付，从而拉大了双方的心理距离。

真正的亲密关系是建立得很慢的，它的建立要靠信任和与别人相处的不断体验。因而，你的"自我暴露"必须以逐步深入为基本原则，这样，你才会讨人喜欢，才能交到知心朋友。

# 刻板效应：
# 别让记忆中的刻板挡住你的人脉

## 偏见的认知源于记忆中的刻板

偏见源于何处呢？

一些社会心理学家认为，偏见的认知来源于刻板印象。

刻板印象指的是人们对某一类人或事物产生的比较固定、概括而笼统的看法，是我们在认识他人时经常出现的一种相当普遍的现象。

刻板印象的形成，主要是由于我们在人际交往的过程中，没有时间和精力去和某个群体中的每一成员都进行深入的交往，而只能与其中的一部分成员交往。因此，我们只能"由部分推知全部"，由我们所接触到的部分，去推知这个群体的全部。

人们一旦对某个事物形成某种印象，就很难改变。

美国一些心理学家分别于 1932 年、1951 年和 1967 年对普林斯顿大学生进行了 3 次有关民族性格的刻板印象调查。他们让学生选择 5 个他们认为某个民族最典型的性格特征。3 次研究的结果大致相同，如下表所示：

| 民族 | 性格特性 |
|------|----------|
| 美国人 | 勤奋、聪明、实利主义、有雄心、进取 |
| 英国人 | 爱好运动、聪明、沿袭常规、传统、保守 |
| 德国人 | 有科学头脑、勤奋、不易激动、聪明、有条理 |
| 犹太人 | 精明、吝啬、勤奋、贪婪、聪明 |
| 意大利人 | 爱艺术、冲动、感情丰富、急性子、爱好音乐 |
| 日本人 | 聪明、勤奋、进取、精明、狡猾 |

雷兹兰（1950 年）、西森斯（1978 年）、休德费尔（1971 年）等人的研究也充分证实了这种刻板效应对人知觉的严重曲解。

生活中，人们都会不自觉地把人按年龄、性别、外貌、衣着、言谈、职业等外部特征归为各种类型，并认为每一类型的人有共同特点。在交往观察中，凡对象属一类，便用这一类人的共同特点去理解他们。比如，人们一般认为工人豪爽，军人雷厉风行，商人大多较为精明，知识分子是戴着眼镜、面色苍白的"白面书生"形象，农民是粗手大脚、质朴安分的形象等。诸如此类看法都是类化的看法，都是人脑中形成的刻板、固定的印象。

# 如何移去记忆中的刻板

刻板效应的产生，一是来自直接交往印象，二是通过别人介绍或传播媒介的宣传。刻板效应既有积极作用，也有消极作用。居住在同一个地区、从事同一种职业、属于同一个种族的人总会有一些共同的特征。刻板印象建立在对某类成员个性品质抽象概括认识的基础上，反映了这类成员的共性，有一定的合理性和可信度，所以它可以简化人们的认知过程，有助于对人们迅速做出判断，帮助人们迅速有效地适应环境。但是，刻板印象毕竟只是一种概括而笼统的看法，并不能代替活生生的个体，因而"以偏概全"的错误总是在所难免。如果不明白这一点，在与人交往时，唯刻板印象是瞻，像"削足适履"的郑人，宁可相信作为"尺寸"的刻板印象，也不相信自己的切身经验，就会出现错误，导致人际交往的失败，自然也就无助于我们获得成功。因此，刻板效应容易使人认识僵化、保守，人们一旦形成不正确的刻板效应，用这种定型观念去衡量一切，就会造成认知上的偏差，如同戴上"有色眼镜"去看人一样。

在不同人的头脑中，刻板效应的作用、特点是不相同的。文化水平高、思维方式好、有正确世界观的人，其刻板效应是不"刻板"的，是可以改变的。

刻板效应具有浅尝性，往往对个体或者某一群体的分类过于简单和机械，有的只依靠停留在表面上的认识就加以定性；刻板效应同时具有部落共性，在同一社会、同一群体中，由于同一文化、价值观念、信息来源影响，刻板印象有惊人的一致性；刻板效应还具有强烈的主观性，往往凭着偶然的经验加以评判或分类，大多是以偏概全，甚至是颠倒是非。假如最初我们认定日本人勤劳、有抱负而且聪明，美国人讲求实际、爱玩而又入乡随俗，犹太人有野心、勤奋而又精明，女人比男人更会养育子女、照料他人而且温柔顺从，戴眼镜的人都聪明，教授都有点古怪而且平日里都是一副漫不经心的样子等，当我们初次与以上人群相遇时，就会不自觉地用已有的概念去套用，而结果往往也会陷入啼笑皆非的尴尬局面。

作为教师或者学生家长或者社会其他人员，在评价学生的人格时首先要有大系统思维观，切忌单线条或者直线思维，要考虑事情原因和结果的多样性、复杂性，而不是"一个事物、一种现象、一个结果"，要建立多原因、多结果论。其次要用发展的眼光来看问题，世界是时时刻刻在发展变化中的，如果用刻舟求剑的办法处理问题，只能是落后的、要闹笑话的，最终会导致严重错误。再次要多方位、多角度观察学生，"横看成岭侧成峰，远近高低各不同"。只有观察多了，才有可能比较全面地认识一个人。

克服刻板效应的关键：

一是要善于用"眼见之实"去核对"偏听之辞"，有意识地重视和寻求与刻板印象不一致的信息。

二是深入到群体中去，与群体中的成员广泛接触，并重点加强与群体中典型化、代表性的成员的沟通，不断地检索验证原来刻板印象中与现实相悖的信息，最终克服刻板印象的负面影响而获得准确的认识。

因此，我们要纠正刻板效应的消极作用，努力学习新知识，不断扩大视野，开拓思路，更新观念，养成良好的思维方式。

# 互惠定律：
# 你来我往，人情互惠

## 投桃报李，学会感恩

爱默生说过："人生最美丽的补偿之一，就是人们真诚地帮助别人之后，同时也帮助了自己。帮助别人也就是帮助你自己。"你送出什么就收回什么，你播种什么就收获什么。你帮助的愈多，你得到的也就愈多；而你愈吝啬，也就愈可能一无所得。"爱别人就是爱自己"，这句很经典的话，其实已说出了人际关系的"核心秘密"——你付出别人所需要的，他们也会给予你所需要的。

古语有云："投我以桃，报之以李。"对于别人的恩惠，我们不能无动于衷，而要以另一种好处来报答他人。

在第一次世界大战中，为了刺探对方敌情，各国专门培训了一批特种兵，其任务是深入敌后去抓俘虏回来审讯。

当时的战争是堑壕战，大队人马要想穿过两军对垒前沿的无人区是十分困难的，如果一个士兵悄悄爬过去，溜进敌人的战壕，相对来说就比较容易了。

有一个德军特种兵以前曾多次成功地完成这样的任务，这次他又接到任务出发了。他很熟练地穿过两军之间的地带，悄无声息地出现在敌军战壕中。

一个落单的士兵正在吃东西，毫无戒备，一下子就被德国兵缴了械。他手中还举着刚才正在吃的面包，这时，他本能地把一块面包递给对面突袭的敌人。

面前的德国兵忽然被这个举动打动了，他做出了不可思议的行为——他没有俘虏这个敌军士兵，而是将其放了，自己空着手回去，虽然他知道回去后上司会大发雷霆。

这个德国兵为什么这么容易就被一块面包打动呢？其实，人的心理是很微妙的，在得到别人的好处或好意后，就想要回报对方。虽然德国兵从对手那里得到的只是一块面包，或者他根本没有想要那块面包，但是他感受到了对方对他的一种善意。即使这善意中包含着一种恳求，但这毕竟是一种善意，是很自然地表达出来的，并在一瞬间打动了他。他在心里觉得，无论如何不能把一个对自己好的人当俘虏抓回去，更别说要了这个人的命。

其实这个德国兵不知不觉地受到了心理学上互惠定律的左右。得到对方的恩惠就一定要报答的心理，是人类社会中根深蒂固的一个行为准则。

一位心理学教授做过一个小小的实验，证明了这个定律：

他在一群素不相识的人中随机抽样，给挑选出来的人寄去了圣诞卡片。但没有想到，大部分收到卡片的人都给他回寄了一张，而实际上他们都不认识他。

给他回赠卡片的人，根本就没有想过打听一下这个陌生的教授到底是谁，他们收到卡片，自动就回赠了一张。也许他们想，可能自己忘了这个教授是谁了，或者这个教授有什么原因才给自己寄卡片。不管怎样，自己不能欠人家的情，给人家回寄一张总是没有错的。

这个实验虽小，却证明了互惠定律的作用。当然，你也可以使用这个原理来提升自己的影响力。如果从别人那里得到了好处，我们应该回报对方；如果一个人帮了我们，我们也会帮他，或者给他送礼品，或请他吃饭；如果别人记住了我们的生日，并送我们礼品，我们对他也会这么做。

人与人的相处其实是很简单的，你想要别人把你当作朋友，那你必须先把别人当作朋友。

# 播种爱心，赢得朋友

中国历来讲究礼尚往来，这似乎也是人类行为不成文的规则。与人交往讲究互惠互利，双方需要保持利益平衡，如果利益平衡被打破，就会导致关系破裂。互相帮助，有来有往，用真心换取真心，这样才能使我们赢得更多的人心，也能使友谊更加稳固。

人与人之间的互动，就像坐跷跷板一样，要高低交替。一个永远不肯吃亏、不肯让步的人，即使真正得到好处，也是暂时的，他迟早要被别人讨厌和疏远。得到别人的好处或好意，及时回报，这能够表明自己是一个知恩图报的人，有利于相互交往的发展。

在不是很熟悉的朋友之间，你求别人办事，如果没有及时回报，下一次又求人家，就显得不太自然，因为人家会怀疑你是否有回报的意识，是否感激他对你的付出。如果对方突然有一件事反过来求你，你即使觉得不太好办的话，也难以拒绝。俗话说："受人一饭，听人使唤。"为了保持一定的自由，最好不要欠人情。当然，在关系很密切的朋友之间，就不一定要马上回报，那样反而可能显得生疏。但也不等于不回报，有机会的时候还是应该回报的。

在人生的旅途中，我们一直在播种，也许我们不经意的一次善意，就会获得意想不到的感激。当然，我们付出的时候并不是为了得到回报，可生活就是这样，有播种就会有收获，对我们来说也许只是绵薄之力，对需要帮助的人来说则可能会是新的人生起点。

在尼泊尔白雪覆盖的山路上，刺骨的寒气伴随着暴风雪，让人很难睁开双眼。有个男子走了很久，好不容易碰到一个旅行家，两个人自然而然地成了旅途上的同伴。半路上他们看到一个老人倒在雪地里，如果置之不理，老人一定会被冻死。"我们带他一起走吧，先生！请你帮帮忙。"男子提议。旅行家听了很生气地说："这么大的风雪，咱们照顾自己都难，还顾得了谁呀！"说完便独自离去了。

这个男子只好背起老人继续往前走。不知过了多久，他全身被汗水浸湿，这股热气竟然温暖了老人冻僵的身体，老人慢慢恢复了知觉。两人将彼此的体温当成暖炉相互取暖，忘却了寒冷的天气。

　　"得救了，老爷爷，我们终于到了！"看到远处的村庄，男子高兴地对背上的老人说。当他们来到村口时，发现一群人聚在一起议论纷纷。男子挤进人群中一看，原来是有个男人僵硬地倒卧在雪地上。当他仔细观看尸首时，吓了一大跳——冻死在距离村子咫尺之遥的雪地上的男人，竟然就是当初为了自己活命而先行离开的那个旅行家。

　　行路的男子并不知道帮助老人会为自己赢得生机，他只是出于悲悯之心才背着老人行进的。救人一命，胜造七级浮屠，男子的善心不但救了老人的性命，更让自己成功走出困境，而旅行家则为他的自私付出了代价。

　　面对需要帮助的人，千万不要吝惜自己的爱心，善待他人，把你的爱心奉献出来。在你不经意地付出以后，也许会有意想不到的惊喜。播种你的爱心，让它在你的周围生根发芽，当你迎来硕果累累的金秋时，你就是拥有最多财富的富翁。

# 换位思考定律：
# 将心比心，换位思考

## 己所不欲，勿施于人

　　曾经有位因不会与人交往而处处遭人白眼的年轻人，非常苦恼地去找智者，希望智者能告诉他与人交往的秘诀。结果，那智者只送了他4句话："把自己当成别人，把别人当成自己，把别人当成别人，把自己当成自己。"年轻人当时不明白，以为智者不想告诉他秘诀，所以随便说了几句来敷衍他。而智者却说："你回去吧，这就是秘诀。你会明白的。"后来，这位年轻人反复琢磨，经过实践后，终于明白了智者的话。与人交往的秘诀其实就是换位思考。

　　中国自古就有"己所不欲，勿施于人"的古训，而西方的《圣经》里也有这样的教诲："你们愿意别人怎样待你，你们就怎样对待别人。"人与人的交往，都是将心比心的。只有懂得为别人考虑的人，才能获得别人的真情。生活中，每个人所处的环境、地位、角色不同，所以每个人对同一个事物的想法也会有所不同，不要只从自己的立场出发来想事情，要懂得站在别人的立场上看问题，这样你的观点才会更客观，你的胸怀才会更宽广，你的朋友才会更多，你的事业也会更成功。

　　这世上有很多争吵，都是因为我们不会站在别人的立场上看问题而导致的。如果我们每个人都能站在别人的立场上为别人考虑，那么这个世界将变成爱的海洋，和谐美满的天堂。妻子总觉得丈夫不体贴，丈夫总觉得妻子不温柔；老师总觉得学生不听话，学生总觉得老师不讲道理；家长总觉得孩子不可救药，孩子则认为家长专治独裁；老板总认为员工爱偷懒，员工总觉得老板是吸血鬼……大家都只从自己的立场出发想问题，那将无法进行沟通和获得理解。

　　从前，有一个男人厌倦了天天忙碌的工作，每天回家看到妻子总是羡慕她的悠闲舒适。于是有一天，他向上帝祈祷，希望上帝把他变成女人，让他和妻子互换角色。结果，第二天祈祷灵验了，他变成妻子的模样，妻子变成了他的模样。他高兴极了，心想以后我就能享受美好的悠闲生活了。可还没等他想完，妻子就抗议道："你怎么还不去做早餐，我上班要迟到了。"于是，他赶紧起床去做早餐。做完早餐，又去叫孩子们起床，给孩子们穿衣服，喂早餐，装好午餐，送孩子们上学。回到家后，又开始打扫卫生，洗衣服，到超市买菜，准备晚餐……只一天，他就受不了了，太累了，比他上班还累。第二天一醒来，他就祷告，请求上帝再把他变回去。而上帝却对他说："把你变回去，可以。但是，要再等10个月，因为你昨天晚上怀孕了。"

　　这个有意思的故事，说的还是换位思考的问题。不要以为别人的工作就比你轻松，别人就比你活得容易。

　　每个人都有每个人的责任，每个人都有每个人的忧喜。只有设身处地为他人考虑，你才能真正地了解他的想法，理解他的行为。

　　换位思考是一种态度，更是一种品德。懂得换位思考的人，才值得别人尊敬。如果你不想别人剥夺你的生命，那就别当着别人的面抽烟；如果你不想别人啐你的脸，那你就不要随地吐痰；如果你不想别人用污秽的字眼说你，那你也不要随便辱骂别人；

如果你不想自己被人瞧不起，那你也不要戴着"有色眼镜"看人。

总之，己所不欲，勿施于人，懂得站在别人的立场上考虑问题，希望别人怎么对你，你就怎么对别人。

## 设身处地为他人考虑

其实，设身处地为他人考虑，也是为自己考虑。在这个世界上，没有哪个人是不依赖他人而孤立存在的。社会就是人与人合作互助的结构，不懂得为他人考虑的人，也没有人会为你考虑。只想着自己，自私自利的人，以为没有吃亏，却也难有收获，而且还会失去很多，比如尊重、理解、爱戴、友情，甚至更多。

曾经看过一个非常悲惨的故事，讲的正是因为不懂得设身处地为他人考虑而导致的悲剧。

一个参军的年轻人，由于在战场上误踩了地雷，失去了一只胳膊和一条腿。他痛苦万分，但想到爱他的父母，他的心底又燃起了活下去的希望。可他现在这个样子，父母会如何看待他呢？他决定还是打个电话给父母，再做打算。于是，他拨通了家里的电话："爸爸，妈妈，我要回家了。但我想请你们帮我一个忙，我想带一位朋友回去。"父母听后，很高兴，说道："当然可以，我们也很高兴能见到他。"年轻人接着说："但是这位朋友不是一般的人，他在这次战争中失去了一只胳

膊和一条腿。他无处可去，我希望他能来我们家和我们一起生活。"年轻人这话一出口，电话中就传来父母的声音："听到这件事我们很遗憾，但是这样一个残疾人将会给我们带来沉重的负担，我们不能让这种事干扰我们的生活。我想你还是快点回家来，把这个人给忘掉，他自己会找到活路的。"听到这些，年轻人挂上了电话。几天后，他的父母接到了警察局的电话，说他的儿子从高楼上坠地而死，调查结果认定是自杀。当悲痛欲绝的父母，赶到陈尸间，看到儿子的尸体时，他们惊呆了，他们的儿子只剩一只胳膊和一条腿。

这就是只想到自己的结果。生活中，这样的悲剧还有很多。灾难发生在别人身上是故事，发生在自己身上才是事故。而这世界是公平的，风水轮流转，那发生在别人身上的不幸，也可能发生在自己身上。你怎么对待别人，别人就会怎么对待你。所以，要处处为别人考虑。

在别人有难时，不要幸灾乐祸，而是要想着帮助别人。无论何时都要为别人考虑，这样你的人生会不断地发现惊喜。

圣诞节那天，妈妈带着女儿在街上玩。妈妈一个劲儿地说："宝贝，你看多美啊！"可女儿却回答："我什么美也看不到！"妈妈很生气："你看那漂亮的五彩灯、圣诞树，还有琳琅满目的各式礼品，你怎么会看不到呢？"女儿很委屈："可我真的什么也没有看到。"这时，女儿的鞋带开了，妈妈蹲下来为她系鞋带。就在这时，妈妈发现她蹲下来的时候，除了前方一个女人的格子裙以外，什么也看不到。原来，那些东西都放得太高了。

所以，当别人给的答案不是你想要的结果时，要想想为什么会这样。真正设身处地为他人着想，是每个人都应该明白的道理和应该学习的人生法则。

# 古德曼定律：
# 没有沉默，就没有沟通

## 沉默是金

沉默是一种力量，是一种态度，是一种智慧。沉默不是一语不发的怯懦，而是鼓励他人畅谈的谦虚；沉默不是脑中空空的愚蠢，而是为自己积蓄力量的隐忍；沉默不是理屈词穷的失败，而是不屑一顾的威严；沉默不是任人摆布的屈从，而是待时而动的冷静。古语云"沉默是金"，正说明了沉默的价值，沉默的可贵。如果两个人在交谈，没有一方的沉默，那肯定是进行不下去的。这个世界需要呼唤的声音，更需要沉默的安静。

总爱夸夸其谈的人，不一定有真本事。平时沉默不语的人，不一定没有出息。

春秋五霸之一的楚庄王，在继位的前三年，从未发过一道法令。他手下的大臣都看不下去了，但又不敢明着问他。因为他有令："敢谏者杀无赦！"但大夫伍举聪明，变个方法问道："一只大鸟落在山上三年，不飞不叫，沉默无声，这是为什么？"楚庄王也是个聪明人，一听就明白了伍举的意思，答道："这只鸟三年不展翅，是为了让翅膀长大；三年不发声，是为了观察、思考和准备。虽然三年不飞，但一飞必定冲天；虽然三年不叫，但一叫势必惊人！"果然，在第四年，楚庄王共发布九条法令，废除了十项措施，处死了五个贪官，选拔了六个能人。待机而动，一举成功。

沉默不是无所事事，而是想一招制敌。这是力量的积累，是时机的等待。

每年高考都会冒出不少"黑马"，那些平时看起来不怎么出众的学生，却能"金榜题名"；而那些平时出尽风头，看起来大有希望的学生，却往往"名落孙山"。那些平时看起来默默无闻的学生，其实就是在一点一滴地积累力量，他们"不鸣则已，一鸣惊人"！越王勾践卧薪尝胆，任劳任怨，最终一举歼灭了强大的吴国。这里的沉默，就是在等待时机。所以，真正有大志向的人，往往是看起来比较沉默的人。不语则已，语必惊人。

适时的沉默，会让你获得很多。

大发明家爱迪生，一生发明了 3000 多件物品。有一次，他想卖掉自己的一项发明，来建一个实验室。但由于他不太熟悉市场行情，不知道自己的发明值多少钱，该向购买者开多高的价位。于是，他便与妻子商量。妻子也不懂行情，但她觉得肯定值不少钱，起码也应该要高些，便对爱迪生说："你就要两万美元吧。"爱迪生听了，心想："两万美元，怎么可能呢？"第二天，一个商人上门来找爱迪生，并表示出对那项发明的浓厚兴趣，希望爱迪生能卖给他。商人让爱迪生出个价，爱迪生为难了，说多少好呢，他自己也不知道，所以他就沉默不语。商人一再地问他，他却坚持一言不发。最后，商人终于按捺不住了，就说："我先出个价吧。您看 10 万美元，怎么样？"爱迪生一听，喜出望外，立马同意了这笔交易。

所以说，沉默是金。沉默是在积蓄力量，是在等待时机，更是一种威严和智慧，一种冷静和沉着。

俗话说，"祸从口出""言多必失"。该沉默的时候，就要懂得沉默。买东西的时候，讨价还价，你千万不要先开口出价，要像爱迪生一样，等着别人出价。在谈判的时候，也是一样。不要先露出把柄，贸然行动，而是先观察、思考、准备，向楚庄王一样，不鸣则已，一鸣惊人！但沉默不是一直无言，而是适时沉默，该出口的时候，还是要出口的。不然，你就真的要"在沉默中灭亡"了！

# 善于倾听

沟通是需要说出来和听进去的，二者缺一不可。说出来是一种交流，听进去是一种领会。这个世界需要说出来的勇气，更需要听进去的耐心。

懂得倾听，是一种能力，更是一种品德。倾听是一种沉默，更是一种付出。认真地听别人讲话，是一种尊重，更是一种修养。很多人知道高谈阔论的魅力，却忽视了倾听的力量。科学家曾经对一批推销员进行过追踪调查，调查的对象分为业绩最好和业绩最差两类。经过调查，科学家发现，他们的业绩之所以有这么大的差别，不是因为说得好坏，而是因为听得多少。那些业绩最好的推销员，每次推销的时候平均只说12分钟话，而那些最差的平均却要说上30分钟。说得多，就听得少，听得少，就不容易对顾客有透彻的了解，而且说得多，还容易使顾客厌烦。而听得多则相反，不仅会对顾客有个清晰的了解，知道顾客最需要什么，而且还会使顾客觉得贴心。所以说，懂得倾听，是一种智慧。

一个好的谈话节目主持人，是一个好的倾听者；一个好的领导，也是一个好的倾听者；一个好的朋友，更是一个好的倾听者。倾听，让对方满足，让自己受益。懂得倾听，才能使谈话更有效。在社交过程中，懂得倾听是一种很吸引人的品质。如果你是一个善于倾听的人，你的身边总会围绕着很多愿意与你交往的人。善于倾听，才能更好地沟通。如果双方各抒己见，都不把对方的观点听到心里去，那么最终只能是以争吵而收场。真正愉快的沟通，是互相倾听；真正的朋友，就是能够与你沟通的人，这个沟通指的就是能够互相倾听。只有能够互相倾听，才能互相理解，彼此知心。作为领导，更要具备善于倾听的能力。听到不同的声音，才能不断地改进。官员要听到百姓的疾苦，老板要听到员工的意见，老师要听到学生的要求，家长要听到孩子的心声。在很多时候，听比说更重要。

很久以前，有个不知名的小国想刁难一下它的邻国，因为它的邻国太大太强，让这个小国感到威胁。有一天，这个小国的使者带着三个一模一样的金人，来向大国进贡。大国的国王，看着这几个金人，心里非常高兴。但是，没想到那个小国的使者，竟给国王出了个难题："请问陛下，您说这三个金人哪个最有价值？"国王一下答不上来了，但国王不能说自己不知道，这样会失了尊严。于是，他想了很多办法，请金匠来看做工，称重量，验材质，但无论如何查，得出的结果都是这三个金人价值都一样。正在国王急得火烧眉毛的时候，一位已告老还乡的老臣来到王宫的大殿上说他知道如何区分。国王十分高兴，把小国的使者也请到了

大殿上。这时，只见老臣从袖子里拿出三根稻草，一根一根地分别插入三个金人的耳朵里。结果发现第一个金人的稻草从另一边耳朵里掉了出来，第二个金人的稻草从嘴巴里掉了出来，而第三个金人的稻草掉进了肚子，再也没有出来。于是，老臣对使者和国王说："第三个金人最有价值。"使者这时也不得不承认，老臣的答案是正确的。

为什么第三个金人最有价值呢？因为它懂得倾听，善于倾听。人长了一张嘴两只耳朵，就是要让我们多听少说。善于倾听，是社交中一种非常有用的技能，是领导者必须具备的能力，是每个人都应该拥有的美德。

# 需求定律：
# 欲取先予，以退为进

## 满足他人，成就自己

最会经商的犹太人在用自己的劳动成果进行食品交易时，会背诵一段著名的祷告，人们通过这些言语来感谢上帝创造出这些不完善和拥有众多需求的人。这些祷告让犹太人意识到，帮助别人满足需要或克服别人身上的不足，是一种值得尊敬的生活方式。

当你满足了顾客、消费者和老板的需求，无论你是一名拉比还是一名宗教组织者，接受报酬是理所当然的事，因为这些钱是你满足别人需求的见证。

其实，无论是在商业行为还是在日常生活中，你只要尊重和满足他人的需求，同时你的需求也会得到满足。或者换句话说，如果你有某种个人的需求，那么就要先去满足别人的需求。

在激烈的商业竞争中，懂得满足消费者需求的企业才能立于不败之地。中国海尔是世界白色家电第一品牌，1984年创立于中国青岛。它以满足消费者的需求为第一宗旨。无论是城市还是乡村，无论是中国还是欧美，海尔始终根据不同的消费需求研发相应的产品，让消费者用上适合的产品，

自己才能获得丰硕的收入，这就是"欲取先予"的真谛。

在日常生活中，无论是与人相处还是要获得成功，都要明白欲取先予这个道理。有些人总是打着自己的小算盘，不想付出，只想回报，他们不懂"天下没有免费的午餐"。有些人总是处心积虑地计划着占别人的便宜，这种人迟早会被现实教训，贪小便宜，吃大亏。有些人总是处处替别人着想，先人后己，这样的人往往会得到很多，不仅是尊重、名望，还有财富。这就是大智若愚的吃亏学。看起来你是吃亏了，其实你的需求也得到了满足，并且对方还很高兴地自愿让你满足。

每当你给别人一个微笑的时候，别人也会还你一个微笑。你想别人怎么对你，你就得先怎么样对别人。

## 满足是相互的，有付出才会有回报

欲取先予，说起来容易做起来难，人天生都是有些自私的，而且往往还伴随着一些虚荣，谁会甘心先为别人付出，谁会愿意先满足别人呢？如果我满足了别人，别人不来满足我，那我岂不是很吃亏吗？一般的人都会有这种顾虑，但是那些能成就大业者或生活中的强者，却从来不会计较这些，因为他们明白有付出才会有回报。

如果不付出，虽然没有失去，但也没有得到，没有得到就是失去。无论你付出了什么，你总会有所收获。当然这里的收获也许不是你所期望的，但是可能会比你期望的带来更多。投之以桃，才能报之以李，不投自然无报。所以，要懂得为他人着想，懂得为别人付出。

很早以前读过这样一个关于天堂和地狱的故事：

在大家心里，天堂和地狱总是有着天壤之别，其实不然。

有一天，一个使者也是抱着这样的想法，去考察了天堂和地狱。他看到在天堂每一个人都是红光满面，精神焕发；地狱里的人个个面黄肌瘦，像饿死鬼一样，每天非常痛苦。这更加坚定了他的信念，天堂与地狱差别真是太大了。可是细问之下才知道，天堂和地狱的人吃的东西是一样的，用的工具也是一样的。原来他们用的是1米长的大勺子，天堂的人用长把勺子互相喂别人食物，所以人人都可以吃到食物；地狱的人只想把装满食物的勺子往自己嘴里送，可是越想吃到东西，却越是吃不到，内心备受煎熬，所以面容枯槁。

天堂和地狱的真实差别就在于，天堂的人懂得互相付出，而地狱的人只想到自己罢了。所以，你如果想过天堂的生活，就要懂得先予后取的道理，这样你内心真正想要达到的目标才会得以实现。如果你只信奉"人不为己，天诛地灭"的信条，那么你就只能像地狱中的饿鬼一样，面容枯槁，事与愿违。只有设身处地地替别人考虑，想他人所想，急他人所急，大家才会互相扶助，各得所求，自然其乐融融。这就是所谓的"欲要取之，必先予之"。

我们在做事情的时候，不仅要有"双赢"的思想，而且要有"让对方先赢"的思想。不仅要有思想，而且要落实在行动上。这样我们才能获得我们想要的成就，才能满足我们内心的需求。就像钓鱼一样，我们必须要先给鱼下饵，才能钓到鱼，而鱼饵越好，你钓的鱼也越大。

《三国演义》里有这么个故事：

魏军准备攻打葭萌关，葭萌关告急。刘备派黄忠去支援。黄忠见魏军将领夏侯尚、韩浩头脑简单，便使了一招骄兵之计，主动出关迎战，然后一连几天都假装打败仗，后退数十里，丢了许多营寨、器械，然后退到葭萌关里，坚守不出。夏侯尚、韩浩自以为得胜，得意洋洋地开始攻打葭萌关。没料到被黄忠迎头痛击，打得落花流水，连韩浩都被黄忠斩杀于马前。黄忠不仅夺回了所有丢失的营寨阵地，还夺取了魏军的粮草重地天荡山，直逼汉中。

"以退为进"，是兵家常用之计，其实这中间运用的也是先予后取的道理。自己佯败，让敌人先获胜，这是予；然后借敌人大意之机再转败为胜，这是取。我们的人生也是这样，你只有先给了别人甜头，才能满足自己的需求。

# 相悦定律：
## 喜欢是一个互逆的过程

### 想让别人喜欢你，先要喜欢上对方

看看你身边的人，你想过你喜欢的人通常具有哪些特征吗？你喜欢他们，是因为他们漂亮呢，还是因为他们聪明，或者是因为他们有社会地位？

心理学的研究表明，通常我们喜欢的人，是那些也喜欢我们的人。他们不一定很漂亮，或很聪明，或者有社会地位，仅仅是因为他们很喜欢我们，我们也就很喜欢他们。

那么，我们为什么会喜欢那些喜欢我们的人呢？这是因为喜欢我们的人使我们体验到了愉快的情绪，一想起他们，就会想起和他们交往时所拥有的快乐，使我们看到他们时，自然就有了好心情。

而且，那些喜欢我们的人使我们受尊重的需要得到了满足。因为他人对自己的喜欢，是对自己的肯定、赏识，表明自己对他人或者对

社会是有价值的。

有心理学家曾做过这样一个实验：让被试"无意中"听到一个刚与他说过话的伙伴告诉主试喜欢或不喜欢他。接着，当这些同伴和被试在一起工作时，被试的面部表情会因他们听到的内容而异。当被试听到同伴喜欢他们时，他们会比在听到同伴不喜欢他们时在非言语表现上更积极。另外，后来的书面评定显示，被喜欢的被试比不被喜欢的被试更多地被同伴吸引。

其他的研究也证明了相似的结果：人们对那些他们认为喜欢他们的人持更积极的态度。这就是喜欢的互逆现象。

对于喜欢的互逆现象，戴尔·卡耐基很久以前就在著作《如何赢得朋友和影响他人》中提到，人们获得友谊的最好方式是"热情友善地称赞他人"。但是，在我们为赢得他人友谊而不遗余力地去赞美他人之前，我们需考虑一下情境，有时赞美并不一定能导致喜欢。

喜欢的互逆性规律也有例外发生，其中之一就是当我们怀疑他人说好话是为了他们自己时，别人的赞美并不会导致我们去喜欢他。

此外，对那些自我评价很低的人来说，喜欢的互逆性也不会发生。因为他们可能认为喜欢他的人没有眼光，并且因此而不去喜欢那些人。

在生活中，有很多这样的情况，就是两个人的相互喜欢是由一个人对另一个人单方面喜欢开始的。比如一个女孩开始时对一个追求她的男孩并没有多少好感，但是这个男孩子表现出了对她特别喜欢的态度，久而久之这个女孩也对这个男孩动心了，最后接受了他的追求。

当然，这个规律也不是绝对的。有时我们会喜欢某个并不喜欢我们的人，相反，我们不喜欢的人有时却很喜欢我们。我们只能说在其他方面都相同的情况下，人有一种很强的倾向，喜欢那些喜欢我们的人，即使他们的价值观、人生观都与我们不同。

## 喜欢是相互的，学着让别人喜欢你

喜欢是一种相互的行为。你喜欢的人，往往也会喜欢你；你讨厌的人，往往也都讨厌你。

一个班主任曾经做过一个实验，让全班同学把自己讨厌的人的名字统统写在字条上交给他。结果发现，在字条上写名字最多的人，也是被别人写的次数最多的人；而写名字最少的人，也是被别人写的最少的人。也就是说，在班上有许多讨厌对象的人，也是其他人最讨厌的人；在班上没有什么讨厌对象的人，也是全班人缘最好的人。

所以说，喜欢和讨厌都是相互的。那种感觉和表现，双方都能体会得到。

在人际交往中，有一种自然的吸引力，那就是人们都喜欢与喜欢自己的人交往。而决定一个人是否喜欢另一个人的强有力的因素就是另一个人是否喜欢他。人们都不喜欢碰壁，也不喜欢自讨没趣。所以，他们往往会选择那些喜欢他们的人作为朋友和伴侣。

让别人喜欢你，是社交中非常重要的技能。只有让别人喜欢你，别人才会愿意与你交往。其实，让别人喜欢你，并不是一件很难的事。你只要懂得尊重别人，认可别人，赞扬别人，也就是说，你只要让别人明白你喜欢他，那他就自然会喜欢你。

善于发现别人身上的优点，找到别人感兴趣的话题，让对方感觉到你对他的关注和喜欢。这些都是社交中的制胜法宝。

著名销售专家伍奇先生就曾说过："推销员必须了解自己公司的产品，并且对产品有信心，工作勤奋，富有热情。但是，其中最重要的一点是他一定要喜欢别人。"要想获得别人的喜欢，就要先表现出喜欢别人，推销产品也是在推销自己，只有让顾客喜欢你，才能让顾客对你的产品产生兴趣。

在社交中，更是要推销自己，只有让别人喜欢你，别人才会愿意与你来往。人与人在感情上的融洽和相互喜欢，可以强化人际间的相互吸引。这种吸引就像一种魔力，人们很难挣脱开。所以，在日常交际中，不要轻易说出别人不喜欢听的话，批评或指责别人，更不能嘲笑或轻视别人，也不要表现得太过冷漠；要积极、热情、友善地对待别人，多看到别人的优点，适时地称赞别人，并向别人学习；但也不要一味地奉承，

这也会让别人厌恶，只要适当地表达出你喜欢对方的意思就可以了。

每个人都希望自己能够得到别人的认可、尊重、欣赏和称赞。就像成功学大师卡耐基说的那样："不管是屠夫，或是面包师，乃至宝座上的皇帝，统统都喜欢别人对他们表示好意。"人们对美言是没有抗拒力的。这一点心理学家已经证明过了。所以，在人际交往中，要尽量地说些别人喜欢听的话，但这也不是让我们去为了一些私利而刻意恭维，而是要用我们的真心去发现别人的优点，真诚地表达出欣赏和爱慕之情。相悦定律生效的重要原因是回报心理，俗话说伸手不打笑脸人。在爱情上，女孩子很难抵挡得住男孩子不断的甜言蜜语，即使她起初对他并不感兴趣。

相悦定律的痕迹在生活中比比皆是，但是能真正体会到其中含义、很好地运用的人并不是很多。其实，要让别人喜欢你，就要先学会喜欢别人，喜欢是相互的，是有付出的，你只有付出了才会有回报。一个只想到自己的人，很难受到别人的喜欢。因此，从学会喜欢别人开始吧。

# 钥匙理论：
# 真心交往才有共鸣

## 交往贵在交心

人与人的交往，有很多种，最让人向往的要数"莫逆之交"。每个人都希望别人能理解自己，生活中有知心的朋友。而要得到这些都有一个大前提，那便是你要真心对待他人，把你的真心交给别人，你才能换来别人的真心，别人的理解。

曾经有个郁郁寡欢的青年去找智者抱怨："为什么这个世界上就没有人能懂我？为什么大家都对我如此冷漠呢？"

智者看了看青年，说道："没有人会理解一个没有真心的人，也没有人会愿意与虚情假意的人做朋友。你回去，用心与人交往，便会找到答案。"

青年听了智者的话，不懂，以为智者在故弄玄虚，就垂头丧气地回去了。在回家的路上，他看到了一位美丽的姑娘，十分喜欢。心想这位姑娘正配做我的夫人，凭我的聪明才智肯定能把她娶到手。

于是，他就开始采取行动，用尽

各种讨好的方法，可结果却为别人做了嫁衣裳——那位姑娘选了别人。

他非常生气地去问那位姑娘："为什么选他不选我？"

姑娘只说了一句话："因为他是真心喜欢我。"

又是真心？他想，我又何曾不是真心喜欢你？此事作罢，还是事业为重。这位青年放下了结婚的念头，决定先找份工作。在铺天盖地的招聘广告中，他选中了一家很有实力又能施展他才华的公司。他是个聪明人，知道这社会的"规矩"，事情都不是那么简单就能办成的。

于是，他买了公司老板最喜欢的茶叶，送给老板娘一套名贵的化妆品，更找到老板最信任的主管为他说好话。可是结果，他没有被录取。而是那个平日里看起来傻呵呵的，总让别人占便宜的小马被录取了。他愤愤不平，找老板理论。

老板眼皮都没抬，说道："我看不到你的真心，我们公司不需要你这种太有心机的员工。"无奈，他只好另找活路。为了生存，他做了推销员。一个月过去了，他作为全公司成绩最差的推销员，面临被辞退的危机。他的上级找他谈话："你知道你为什么卖不出去产品吗？"他摇摇头，说："不知道。""因为顾客感觉不到你的真心。"上级说道。

真心到底是什么？他想去问别人，可是他没有可以问的人。与父母从不深入交谈，朋友都是点头之交，同事更是利益关系。他一下感到他的人生很失败。他再次去找智者，希望智者能告诉他真心是什么。智者没有说话，而是站起来给了他一个拥抱，并轻轻地抚摸他的头发。在那一瞬间，他突然情不自禁地痛哭流涕，满腹委屈都化作泪水流了出来。也就在那一瞬间，他明白了什么是真心。真心就是发自内心地，没有半点虚假，没有半点伪装，心甘情愿地对一个人好，充满尊重与理解。

其实，人与人交往，不需要太多的技巧，太多的手段，只要付出真心就足够了。

真心能攻破铜墙铁壁，能抵过千军万马。人与人的交流，贵在交心。心与心的碰撞，才能产生共鸣，彼此知心。不要抱怨别人不理解你，你要先为别人打开你的心门；不要抱怨别人不和你做朋友，你要先学会用心与人交往；不要抱怨这个世道太坏、好人太少，无论是谁你都真心对待，你会看到另一片蓝天。

人际交往中，与他人心与心地交往，我们才不会感到孤单寂寞。

# 真情实感最动人

最能打动人心的美文，是有真情流露的文章；最动人心弦的表演，是充满真情的演示；最让人不能忘怀的形象，是充斥着真情实感的人物。普天之下，最能打动人心的非"真情实感"莫属。真情实感是一种态度，是一种表现，是一种品性。只有充满真情实感的人，才能打动别人的心。

在森林深处有一座城堡，据说里面塞满了宝物。住在城里的三兄弟决定去寻宝。老大拿了一把力大无比的铁锤，老二选了一把聪明无敌的钢锯，老三挑了一把不起眼的钥匙。他们花了三天三夜，终于找到了那个城堡。城堡很高，城门很结实，城门上的锁很沉重。三个人商量了一下，达成共识要想进城堡唯一的方法就是打开城门上的锁。可如何打开呢？这时力大无比的铁锤毛遂自荐，对他的主人说："主人，我力大无比，定能敲碎这城门上的锁。"老大想了想，觉得有道理。就让两个兄弟后退，自己拿着铁锤开始砸锁。可是任凭老大如何用力，那锁还是纹丝不动。最后，他不得不放弃。这时，聪明无敌的钢锯说话了："这样硬砸是不行的，

得用巧劲，主人，你拿着我试试！"老二听后，就拿着钢锯上前，找出最容易锯断的地方，用最省力的方法，开始拉锯。可是无论老二如何取巧，那锁还是没有一点变化。这时，那只被人遗忘的钥匙突然说话了："主人，你用我试试！"老三还没有任何表示呢，那铁锤和钢锯就叫嚣起来了："就凭你？我们这般强壮、聪明都不行，看你那弱不禁风、呆头呆脑的样子，怎么可能行？"老大、老二也觉得这钥匙不靠谱。可老三认为，还是试一试为好。结果，没想到老三把钥匙插进锁眼里，轻轻一扭，那锁竟开了。大家都很惊讶，只有钥匙很平静地说："这没

有什么，只因我懂它的心。"

　　这一句"我懂它的心"，透出多少真情来。打动那"无坚不摧"之锁的竟是一把小小的钥匙。在生活中，有很多这样的情况。即使冷若冰霜的人，只要你对他流露出真情实感，他也是会被你融化的。这世间最动听的歌，是有感情内涵的歌。在人际交往中，不要把自己包得太严，藏得太深，这样你永远也交不到知心的朋友。在与人交往时，更要懂得付出真情，用你的真情实感去打动别人，这是最容易被人忽视却又最有效的武器。

　　有一部电影叫《律政俏佳人》，讲的是一位非常可爱的小姑娘，在最严肃的法律界和政界取得成功的故事。而她之所以能取得成功就是因为她从来没有忘记人类最根本的东西，用她的真情打动了与她交往的每一个人。律师往往为了案件的胜利不择手段，官员往往为了个人的利益不顾一切，而女主角却给他们上了一课，用自己的真情实感打动了他们，唤醒了他们的良知。

　　这个世界有很多规则，有很多限制，有很多危险。因此，这个世界更需要真情实感。永远不要让一些外在的东西蒙蔽了你的心智，用你的真心来面对这个世界，用你的真情实感来打动你身边的每一个人。这就是最简单也最有效的生活、社交法则。

# 沉默的螺旋：
# 如何有效表达自己不离群

## 人际交往中 "沉默的螺旋"

"沉默的螺旋"来源于这样一个事实：1965 年德国阿兰斯拔研究所对即将到来的德国大选进行了研究。在研究过程中，两个政党在竞选中总是处于并驾齐驱的状况，第一次估计的结果出来，两党均有获胜的机会。然而 6 个月后，即在大选前的两个月，基督教民主党与另一个政党获胜的可能性比例是 4 : 1，这对基督教民主党在政治上的胜利期望升高有很大的帮助。在大选前的最后两周，基督教民主党赢得了 4% 的选票，社会民主党失去了 5% 的选票。在 1965 年的大选中，基督教民主党以领先 9% 的优势赢得了大选。

从这个事实中我们可以看到这样一个现象：人们在表达自己想法和观点的时候，如果看到自己赞同的观点受到广泛欢迎，就会积极参与进来，这类观点会越发大胆地发表和扩散；而发觉某一观点无人或很少有人理会，即使自己赞同它，也会保持沉默。竞争一方的沉默造成另一方的增势，如此循环往复，便形成一方的声势越来越强大，另一方越来越沉默下去的发展过程。

这样一来，就会导致对于一个问题团队意见的最后决定可能不是团队成员经过理性思考之后的结果，而可能是对团队中的主流思想意见的趋同后的结果。然而，有时候，主流思想所强调的东西，却不一定就是正确的东西。当团队中的少数意见与多数意见不同的时候，少数有可能屈于"主流"的压力，表面上采取认同，但实际上内心仍然坚持自己的观点，这就可能出现某些团队成员心口不一的现象。

# 可以特立，但不要独行

我们在生活中，总是会与各种各样的人打交道，有熟悉的，也有陌生的；有和善的，也有刁蛮的。而一个人不可能与所有性格的人相处得非常融洽。那么，究竟该如何与人相处呢？既要融到大家的队伍中去，又要保持自己的独特性，不在人群中迷失自我。

透过我们身边的一些"沉默的螺旋"现象，我们可以更好地审视我们的生活，让我们学会更多为人处世的方法。让"螺旋"在"沉默"中上升，使自己在人际交往中特立但不独行。

第一，要尽量融入到积极的环境中

如果身边的人都勤奋好学、朴实稳重，那么，自己作为一个随性的人，就要尽量融入到这样的氛围当中。因为，这种主流的行为会给你带来积极的影响。其实，这就是典型的沉默的螺旋。生活在这样的环境中，周围人的行为将极大地影响到自身。看到周围的人都在努力，自己也不甘居人后；看到大家都在玩耍，自己也不愿意孤单独处。长此以往，沉默的螺旋就会带动你成为一个团队中不可或缺的组成成员。

第二，要勇于在消极的环境中保持自身独特性

每个人都在不同的环境中扮演着不同的角色，有的环境会带来积极的影响，有的容易把人引向歧途。面对身边的不良的环境氛围，要勇于说出自己的想法，从中挣脱出来。例如，有的学生家庭条件一般，但是周围的同学却花钱大手大脚，经常在吃、穿、玩上面有大笔的开销，甚至荒废了学业。当意识到身处的环境对自己有消极影响的时候，就不要一味地迁就所谓的"主流思想"了，从小的范围内走出来，你会发现，还有更大、更好的环境可以去融入。

第三，有的时候要顺其自然，不必刻意地进入某个环境中

每个人的思想和心智都会随着年龄的增长而日渐成熟。对于有些问题，就要有自己的判断能力，要正确地进行取舍。也有一些问题，无关紧要，自然也就没有必要为了迁就某一方而委屈了自己的心意。比如，身边的人可能在奋斗了多年之后都成为了有房有车一族，而自己却还在奋斗的路上缓步前进着，这时，不可能因为要进入所谓的"主流社会"而背负大笔的贷款去买房买车。每个人都有自己的人生规划，等到资

金积攒够了，为了方便生活，自然可以购置，还没达到那个经济水平，也同样可以生活得轻松愉快。面对物质财富，顺其自然最好，不要过于计较。

　　生活中的沉默螺旋随处可见，有积极的方面，也有消极的方面。其实，沉默的螺旋这个效应本身并无好坏之分，关键要看懂得它的人如何利用，从而让它在适当的场合发挥出应有的效力。如果只是盲目地人云亦云，那就将使自己变得平庸无奇，失去自身的独特性。因此，要跳出沉默的螺旋，唯一的出路就是接受百家争鸣的局面，聆听反对者的声音，让真理越辩越明。所以，在与周围的人建立良好的人际关系并融洽相处的基础上，我们也要有自己的主见，培养自己判断是非对错的能力，凡事三思而后行，不要让别人的言行左右了自己前进的方向。正所谓"有主见才有魅力，有决断才有魄力"。坚持自己的原则和方向，宁做独树一帜的雄鹰，勿做人云亦云的鹦鹉。

# 海格力斯效应：
## 冤冤相报不如以德报怨

## 冤冤相报何时了

海格力斯效应源于古希腊的一则神话故事：

有位名叫海格力斯的大英雄，一天，他在回家的路上看到路边有一个像鼓起的袋子一样的东西，海格力斯感到很好奇，就踩了那个东西一脚，没想到那东西不但没有踩破，反而越踩越大，并成倍膨胀，把海格力斯彻底激怒了。他顺手操起一根碗口粗的木棒狠狠砸向那个怪东西。那个东西丝毫不屈服，膨胀到最后，竟然堵住了海格力

斯的去路。

正在海格力斯纳闷之际，一位智者出现在他的眼前，对他说："朋友，这个东西叫仇恨，不要惹它，快别动它了，忘了它，离它远去吧。只要你不惹它，它便会小如当初；如果你侵犯它，它就会膨胀起来与你对抗到底。"

是啊，仇恨就像一个会膨胀的袋子一样，开始的时候很小，很不起眼，如果你忽视它，忘掉它，它就等于不存在，慢慢也就消失了。如果你跟它过不去，对其耿耿于怀，想报复它，它会加倍地报复你，与你死死对抗。

人生在世，人际间或群体间的摩擦、误解，乃至纠葛恩怨总是在所难免，如果肩上扛着"仇恨袋子"，心里装着"仇恨袋子"，生活只会是如负重登山，举步维艰了。最后，只会堵死自己的路。海格力斯效应会使人陷入无休止的烦恼之中，错过人生中许多美丽的风景，再没有真正的快乐，再没有生活的乐趣了。

神话故事中所描述的事情并非子虚乌有，在我们的现实生活中，类似的现象也比比皆是。比如，两个人因为一件鸡毛蒜皮的小事情发生了一点摩擦，闹了一点矛盾，便互相怨恨对方，互相指责，导致矛盾进一步升级。两个人即使见面了也形同陌路。在"冷战"期间，可能其中一个人的某句话就会成为双方发生战争的导火索，最终演变成武力斗争，彼此间的不快由最初的矛盾演变成了最终的仇恨。最后双方都感到不快，恶语相加，挖空心思寻机报复，结果弄得两败俱伤。为了一点所谓面子上的胜利而大动干戈，实在是得不偿失。

冤冤相报何时了，冤家宜解不宜结。这些都是先哲们给我们后人留下的生活真理。如果不去遵循，反其道而行之，那么，等待我们的，就是无尽的烦恼与悲剧。

## 用宽容创造和谐人际

发生矛盾或者争吵时，要先从自己的角度找原因，不要一味地怪罪对方。的确，如果我们学会谦让，懂得向别人传递宽容、谅解、关爱，在感动别人的同时，也会收获一种欣慰和幸福。当别人得到我们的宽容、谅解、关爱后，同样会回报我们宽容、谅解和关爱。这样就会将美好的感情发展下去，使大家和谐共处，其乐融融。

有这样一则故事：

明朝时期，山东济阳县的董笃行在京城做官。一天，老家人给他寄来了一封信，信中说老家盖房子，为地基划界与邻居发生了纠纷，希望凭借他的威望赢回面子。董笃行看完信后，挥笔回了一封信："千里家书只为墙，让他三尺又何妨。万里长城今犹在，不见当年秦始皇。"家人接到回信后，觉得董笃行言之有理，在盖房子的时候主动提出让出三尺地面。邻居见他们如此礼让，心有愧意，也主动让出三尺地面。就这样，两家共让出了六尺地面。房子建好后，两家之间就形成了一条胡同，当地人称之为"六尺仁义巷"。

仁义巷的出现不仅意味着一桩矛盾的圆满解决，更让我们看到了人性光辉的一面。如果双方都不礼让，争执下去，可能最后的结果就是对簿公堂，关系闹得越来越僵。所以，当人际关系出现矛盾时，多一点礼让，多一点宽容，双方就可以化解矛盾，和谐共处。

人非圣贤，多有不足，人必须度量大，对他人要宽容。古人云："得饶人处且饶人。"这就是一种宽容，一种博大的胸怀，一种不拘小节的潇洒，一种伟大的仁慈。宽容是一种豁达的风范，宽容也是一种幸福，我们宽恕了别人，不但给了别人机会，也取得了别人的信任与尊敬，我们也能够与他人和睦相处。宽容更是一种财富。拥有宽容，就拥有了一颗善良、真诚的心。

对于别人的过失，必要的指责无可厚非，但如果能以博大的胸襟去宽容别人，就会让自己的世界变得更精彩。

# 完美笑话公式：
# 笑话是种救世主式的力量

## 神奇的笑话公式

有这样一则笑话：

两个猎人进森林里打猎，其中一个猎人不慎跌倒，两眼翻白，似已停止呼吸。另一猎人赶紧拿出手机拨通紧急求助电话。接线员沉着地说："第一步，要先确定你的朋友已经死亡。"于是接线员在电话里听到一声枪响，然后听到那猎人接着问："第二步怎么办？"

这则笑话看起来似乎和众多笑话一样，没有什么特别之处，但是，这则笑话却曾被评为英国科学促进协会所公布的"世界最有趣"的笑话。据了解，这个笑话是由一位 31 岁的精神科医生加索尔提供的。他认为该笑话得奖的原因是它迎合了大众的一个心理，即让人觉得还有人比自己更笨、能做出更愚蠢的事情。

其实，笑话对于大部分人来说，只是生活劳累时的调剂品，人们不会过多地关注或者收集。但是，美国科学家对笑话进行了深入的研究，并煞有介事地总结出了一个完美笑话的数学公式 x=（fl+no）/p。其中，x 表示笑话的完美程度，f 代表笑料的有趣程度，l 表示笑话的长度，n 表示听笑话者笑得前仰后合的次数，o 表示引起尴尬的程度，p 表示双关语的数量。x 的值在 0 到 200 之间，当 x 的值达到 200 分的时候，这个笑话就可以称得上是完美的笑话了。这个笑话公式是由一些心理学家和喜剧表演艺术家共同切磋后得出的。据说他们进行这项研究的动机是想证明"看似严肃的科学家其实也很有幽默感"。

为了这个研究结果，英国科学促进协会曾经开展了大量的工作，用心地寻找这个问题的答案。英国科学促进协会自 2001 年开始，开展了一项号称"有史以来最大的幽默研究工作"。他们邀请国际互联网用户提供最喜欢的笑话，并对这些笑话进行打分。经过一年的努力，该协会共收集了来自全世界 70 多个国家的 4 万多个笑话和近 200 万条评论。最终，他们评选出了世界上最有趣的笑话，并在伦敦予以公布。就是上面所提到的那则笑话。

科学家认为，笑话成功并不是单纯的通过公式的数值体现出来的，关键在于是否能让人真正感觉到开心和放松，而且还适合特定的场合。与此同时，笑话的长度也很有讲究，不能太长，这样人们会产生听觉疲劳，也不能太短，让人们没有时间领会笑话的内容和涵义。完美笑话公式的提出，使很多人关注到了笑话在人们日常生活中所起到的作用，同时，不再提倡用双关语的方式构思出来的笑话。在公式提出者看来，使用双关语的笑话只是低级的让人发笑的笑料，不能称之为真正意义上的笑话。

英国科学促进协会的研究人员还发现，不同国家的人对幽默的理解有很大不同。例如，英国、爱尔兰、澳大利亚和新西兰人喜欢插科打诨；美国人和加拿大人爱拿愚人蠢事来逗乐；而欧洲大陆人则喜欢在如疾病、死亡和婚姻等一些严肃的领域寻找幽默的素材，有时还将动物作为笑话的题材。为此，他们还根据各国人不同的品味，评选出了每个国家的最佳笑话。

心理学家海伦·皮彻是这个笑话公式的作者之一，他认为人们可以以这个公式为衡量标准，构思出大量的并符合人们审美口味的笑话。但是笑话的创作不是像流水线生产产品那样简单，笑话的创作也需要作者具备多方面的能力，其中，是否有喜剧天分，是笑话作品成功与否的关键。

# 遭遇尴尬时可以说说笑话

日常生活中，甚至正式场合下，我们都难免会遭遇一些尴尬场面，此时自己就好像站在悬崖边上，前面是深渊，后面是追兵。这时，幽默语言引发的笑声，就像突然长出的翅膀，能把人带出这个进退维谷的地方。

因此，如果想从尴尬的窘境中快速脱身，你不妨试试幽默的方式。

有一次，英国上院议员基尔在进行演讲，听众都很认真地望着他，都在侧耳倾听着每一个字，但就在演讲即将结束时，突然有一个人的椅子腿断了，那个人跌倒在地上。如果这时做演讲的不是像基尔这样机智的人，恐怕当时的局面会对演讲产生一种破坏性的影响。但是聪明的基尔马上说："各位现在一定可以相信，我提出的理由足以压倒别人。"就这样，他立刻恢复了听众的注意力，而那个跌倒的人也在别人善意的笑声中找到了一个新座位。一个玩笑使双方都从窘迫的境地中脱身而出了。

如果我们面临不好回答的问题，而又不能以"无可奉告"进行简单的说明时，不妨幽默一下，一笑了之。

1988 年，美国第 41 届总统竞选。民意测验表明，8 月份前，民主党总统候选人杜卡基斯，比共和党总统候选人布什多出十多个百分点。当布什与杜卡基斯进行最后一次电视辩论，布什巧辩的策略是，抓住对方的弱点，揭其要害，戳在痛处，从而让对方陷入窘境。杜卡基斯嘲笑布什不过是里根的影子，用嘲弄的方式发问："布什在哪里？"

布什诙谐、轻松地回答了他的发问："噢，布什在家里，同夫人巴巴拉在一起，这有什么错吗？"平淡一句，却语意双关，既表现了布什的道德品质，又讥讽了杜卡基斯的风流癖好，置杜卡基斯于极尴尬的境地。

另外布什还抓住杜卡基斯习惯于眨眼睛的弱点，共和党利用电视屏幕创造了一个外交方面富有经验、刚强果断的形象，炮制了一个布什与戈尔巴乔夫握手的镜头，旁白说布什能与戈尔巴乔夫抗衡，两眼直瞪着，坚定不移。同时挖苦眨眼睛的杜氏，并问："怎能相信总是眨眼的人能推行坚定的外交呢？"最后布什的选票由落后转向占据优势。

美国一位心理学家说："幽默是一种最有趣、最有感染力、最具有普遍意义的传递艺术。"得体的笑话在人际交往中是一种不可低估的力量，尤其是当自己身陷尴尬的境地时，它可以将利剑化为花朵，轻松化解紧张的人际关系。

# 2010 年最完美的经典笑话

各国人，不论种族、肤色如何，都喜欢充满诙谐与智慧的笑话。但不同国家对幽默又有着不同的理解。以下是 2010 年评选出的一些国家的最佳笑话。我们可以用完美笑话公式来验证一下，以证明这些笑话是否名副其实。

### 1. 瑞典最佳笑话

有个衣着光鲜的斯德哥尔摩人到乡下打猎，只见他举起枪，瞄准一只鸭子，一发命中。可是鸭子却掉在一个农夫的地里，农夫声称鸭子是自己的。既然双方都要这只鸭子，农夫就想了个解决争端的办法，也就是农村人常用的老办法。只听农夫说："我踢一下你的裤裆，有多大力踢多大力，你也这么踢我。谁的惨叫声最小，鸭子归谁。怎样？"

城里人同意了，于是农夫高高抬起一脚，朝城里人那要命的地方狠命地踢了一脚，城里人一下子瘫倒在地上。20 分钟后，城里人好不容易才站起来，样子痛苦无比，喘息着说道："轮到我了！"只听农夫在远远的地方转过头来喊道："哎，鸭子归你啦！"

### 2. 阿根廷最佳笑话

一对老夫妇去金汉堡餐厅吃饭，只见他们把一个汉堡包和一份炸鸡分成两半，一人一份。一个卡车司机看着，心里很过意不去，就凑上去说，干脆由他出钱，帮老婆子买一份算了。老头子一听，说："太好了，谢谢了，不过我们什么都是一起享用的。"

几分钟后，卡车司机发现老太太一口都没吃，就忍不住对老头子说："我真的是心甘情愿给你老婆子买这一份的，你就让她吃吧。"老头子很肯定地说："她会吃的。我们什么都是一起用的。"

卡车司机不相信，就恳求老婆子说："你干吗不吃呀？"

只听老婆子突然大声说道："我得等着用这死老头子的牙啊！"

3. 巴西最佳笑话

所有的生灵都在排队等着上诺亚方舟，一只母跳蚤实在等得不耐烦了，就在动物的背上跳来跳去，想尽量跳到最前面去。她跳着跳着，终于跳到一头大象的背上。只听那头庞然大物一语双关地对他的配偶说："我明白了。大家都是这么干的，都是拼命往里塞，使劲往里挤！"

4. 中国最佳笑话

我侄女总爱"借"她哥哥放在钱猪猪里的那点钱，把哥哥逼得快疯了。有一天，侄女到处找那个钱猪猪，什么地方都找遍了，就是没找到。最后终于在冰箱里找到了，只见猪罐罐里面放着一张字条，写道："好妹妹，我希望你能明白，哥的资本全被冻结了。"

5. 墨西哥最佳笑话

印度人问新上任的气象局局长，今年冬天是很冷呢，还是没那么冷。局长还年轻，根本不懂前辈所用的预报方法，于是告诉他们多拾些柴火，然后一走了之，回家打电话问国家气象台："今年冬天天气会不会很糟？"得到的答复是："差不多那样吧。"

于是局长回去告诉那些父老还是要多拾些柴火。一星期后，他又打电话问国家气象台："你能否肯定地告诉我，今年冬天是不是很冷？"对方答曰："那是百分百的！"

局长于是告诉父老赶紧多准备点柴火，越多越好。然后再问国家气象台："你能肯定吗？"答曰："告诉你吧，今年一定是有史以来最寒冷的一年！"

"你们怎么能这么肯定，到底是怎么知道的啊？"答曰："你不看看，今年全印度的人都在囤积柴火，跟疯了一样！"

以上几则笑话，可以在一些合适的社交场合为人们的人际交往增色不少。恰当地选择，合适地运用，将是关键。但是，在让人忍俊不禁的同时，或许也会引发人们的思考，在科学越来越进步的时代，也许什么事物都可以清晰到公式化，不过要是真的到了什么事物都可用公式进行计算，那就会使人们缺乏去继续探索的热情。因为未知，因为好奇，所以才会加快前进的脚步。其实，完美的笑话本身也终究只是个笑话。

第五章

>>> 经济学效应

# 公地悲剧：
## 都是"公共"惹的祸

## 为什么"公共"会惹祸

红红的樱桃不仅样子可爱，而且味道鲜美、营养丰富，自然成了不少人的喜爱之物。婺州公园的樱桃一熟，就被大家"追捧"。有人称："今天早上和家人一起到公园玩，发现那里的一片樱桃熟了，很多人都在摘。有折树枝的，有爬上树的，还有人竟然搬来梯子，一起动手，可热闹了。看了半天都弄不懂，这样子怎么就没人管呢？是不是谁都可以摘啊？"

和所有水果一样，樱桃有着一个自然的成熟周期。还没成熟的时候，它们味道很酸，但随着时间的推移，樱桃的含糖量提高了，吃起来也就可口了。专门种植樱桃的农户到了收获时节才采摘樱桃，所以，超市里的樱桃都是到了成熟期才上架的。然而，长在公园里的樱桃，总是在尚未成熟、味道还酸的时候就被人摘下吃了。如果人们能等久点再采摘，樱桃的味道会更好。可为什么人们等不得呢？

这是因为，公园的樱桃是一种公共物品。人们知道，对公共物品而言，你不从中获得收益，他人也会从中获得收益，最后损失的是大家的利益。所以人们只期望从公共物品中捞取收益，但是没有人关心公共物品本身的结果。正因为如此，才最终酿成"公地悲剧"。

"公地悲剧"最初由英国人哈定于 1968 年提出，因此"公地悲剧"也被称为哈定悲剧。哈定说："在共享公有物的社会中，每个人，也就是所有人都追求各自的最大利益，这就是悲剧的所在。每个人都被锁定在一个迫使他在有限范围内无节制地增加牲畜的制度中，毁灭是所有人都奔向的目的地。因为在信奉公有物自由的社会当中，每个人均追求自己的最大利益。公有物自由给所有人带来了毁灭。"他提出了一个"公地悲剧"的模型。

一群牧民在共同的一块公共草场放牧。其中，有一个牧民想多养一头牛，因为多养一头牛增加的收益大于其成本，是有利润的。虽然他明知草场上牛的数量已经太多了，再增加牛的数目，将使草场的质量下降。但对他自己来说，增加一头牛是有利的，因为草场退化的代价可以由大家负担。于是，他增加了一头牛。当然，其他的牧民都认识到了这一点，都增加了一头牛。人人都增加了一头牛，整个牧场多了 N 头牛，结果过度放牧导致草场退化。于是，牛群数目开始大量减少。所有聪明牧民的如意算盘都落空了，大家都受到了严重的损失。

可见，"公地悲剧"展现的是一幅私人利用免费午餐时的狼狈景象——无休止地掠夺。"悲剧"的意义，也就在于此。

## 走出"公地悲剧"的旋涡

现实生活中，公地悲剧多发生在人们对公共产品或无主产权物品的无序开发及破坏上，如近海过度捕鱼造成近海生态系统严重退化等。

英国解决这种悲剧的办法是"圈地运动"。一些贵族通过暴力手段非法获得土地，开始用围栏将公共用地圈起来，据为己有，这就是我们历史书中学到的臭名昭著的"圈地运动"。但是由于土地产权的确立，土地由公地变为私人领地的同时，拥有者对土地的管理更高效了，为了长远利益，土地所有者会尽力保持草场的质量。同时，土地兼并后以户为单位的生产单元演化为大规模流水线生产，劳动效率大为提高。英国正是从"圈地运动"开始，逐渐发展为日不落帝国。

土地属于公有产权，零成本使用，而且排斥他人使用的成本很高，这样就导致了"牧民"的过度放牧。我们当然不能再采用简单的"圈地运动"来解决"公地悲剧"，我们可以将"公地"作为公共财产保留，但准许进入，这种准许可以以多种方式来进行。比如有两家石油或天然气生产商的油井钻到了同一片地下油田，两家都有提高自己的开采速度、抢先夺取更大份额的激励。如果两家都这么做，过度开采会减少他们可以从这片油田收获的利益。在实践中，两家都意识到了这个问题，达成了分享产量的协议，使从一片油田的所有油井开采出来的总数量保持在适当的水平，这样才能达到双赢的目的。

有人可能会说，避免"公地悲剧"的发生，就必须不断减少"公地"。但是，让"公地"完全消失是不可能的。"公地"依然存在，这就要求政府制定严格的制度，将管理的责任落实到具体的人，这样，在"公地"里过度"放牧"的人才会收敛自己的行为，才会在政府干预下合理"放牧"。

在市场经济中，政府规定和市场机制两者有机结合，才能更好地解决经济发展中的"公地悲剧"。

# 马太效应：
# 富者越来越富，穷者越来越穷

## 学会让自己的收益增值

假如你手里有一张足够大的白纸，请你把它折叠 51 次。想象一下，它会有多高？1 米？2 米？其实，这个厚度超过了地球和太阳之间的距离！财富与之类似，不用心去投资，它不过是将 51 张白纸简单叠在一起而已；但我们用心智去规划投资，它就像被不断折叠 51 次的那张白纸，越积越高，高到超乎我们的想象。

其实，根据马太效应，我们的收益是具有倍增效应的。你的收益越高，就越有机会获得更高的收益。

一位著名的成功学讲师应邀去某培训中心演讲，双方商定讲师的酬金是 300 美元。在那个时候，这笔数目并不算少。

这是一场规模盛大的演讲会，参加的人员很多。这位讲师的演讲非常成功，受到了大家的热烈欢迎。同时，他也因此结交了更多的成功学人士，感觉受益匪浅。

演讲结束后，他谢绝了培训中心给他的报酬，高兴地说："在这几天中，我的受益绝不是这几百美元所能买到的，我得到的东西，早已远远超出了报酬的价值。"

培训中心的领导很受感动，把这个讲师拒收酬金的事告诉了培训中心的所有学员。他说："这个讲师能够深深体会到他在其他方面的收获远远大于他的酬金，这说明了他对成功学的研究达到了很高水平，像他这样的讲师，才称得上是真正意义上的成功学大师，因为他已经深刻领会了成功的要素和成功的意义，那么他宣传的成功学一定很具实用性，也是可行的。阅读他所著的成功学书籍，一定会得到真实的成功启迪。"

于是，培训中心的学员们纷纷购买了讲师所著的成功学书籍和录像带等产品。

后来，培训中心又把这个讲师拒收酬金的事，写成激励短文挂在培训中心的阅览室里，参加培训的各期学员也都纷纷购买他的书籍和产品，使他的书籍再版了几次，总数超过了百万册。这样，仅在售书方面，讲师的收入就不是一个小数目了。

通过这个故事，我们不难发现，领悟了马太效应，对于我们获得更高的收益非常重要。

现实生活中，人人都希望自己富裕起来。那么，我们不能只看眼前的既得利益，应该把目光放得更远一些，看到马太效应的增值效果，让眼前的收益不断增值。这就好比前面将一张纸折叠 51 次那样，通过不断累加，你的收益便会越来越多。

# 泡沫经济：
# 上帝欲使其灭亡，必先使其疯狂

## 上帝欲使其灭亡，必先使其疯狂

西方谚语说："上帝欲使人灭亡，必先使其疯狂。"

20 世纪 80 年代后期，日本的股票市场和土地市场热得发狂。从 1985 年年底到 1989 年年底的 4 年里，日本股票总市值涨了 3 倍，土地价格也是接连翻番。到 1990 年，日本土地总市值是美国土地总市值的 5 倍，而美国国土面积是日本的 25 倍！日本的股票和土地市场不断上演着一夜暴富的神话，眼红的人们不断涌进市场，许多企业也无心做实业，纷纷干起了炒股和炒地的行当——整个日本都为之疯狂。

灾难与幸福是如此靠近。正当人们还在陶醉之时，从 1990 年开始，股票价格和土地价格像自由落体一般猛跌，许多人的财富一转眼间就成了过眼云烟，上万家企业关门倒闭。土地和股票市场的暴跌带来数千亿美元的坏账，仅 1995 年 1 月～ 11 月就有 36 家银行和非银行金融机构倒闭，爆发了剧烈的挤

兑风潮。极度繁荣的市场轰然崩塌，人们形象地称其为"泡沫经济"。

20世纪90年代，日本经济完全是在苦苦挣扎中度过的，不少日本人哀叹那是"失去的十年"。

泡沫经济，是虚拟资本过度增长与相关交易持续膨胀，日益脱离实物资本的增长和实业部门的成长，金融证券、地产价格飞涨，投机交易极为活跃的经济现象。泡沫经济寓于金融投机，造成社会经济的虚假繁荣，最后必定泡沫破灭，导致社会震荡，甚至经济崩溃。

泡沫经济可追溯至1720年发生在英国的"南海泡沫公司事件"。当时南海公司在英国政府的授权下垄断了对西班牙的贸易权，对外鼓吹其利润的高速增长，从而引发了对南海股票的空前热潮。由于没有实体经济的支持，经过一段时间，其股价迅速下跌，犹如泡沫那样迅速膨胀又迅速破灭。

泡沫经济源于金融投机。正常情况下，资金的运动应当反映实体资本和实业部门的运动状况。只要金融存在，金融投机就必然存在。但如果金融投机交易过度膨胀，同实体资本和实业部门的成长脱离得越来越远，便会形成泡沫经济。

在现代经济条件下，各种金融工具和金融衍生工具的出现以及金融市场日益自由化、国际化，使得泡沫经济的发生更为频繁，波及范围更加广泛，危害程度更加严重，处理对策更加复杂。泡沫经济的根源在于虚拟经济对实体经济的偏离，即虚拟资本超过现实资本所产生的虚拟价值部分。

泡沫经济得以形成具有以下两个重要原因：

第一，宏观环境宽松，有炒作的资金来源。

泡沫经济都是发生在国家对银根放得比较松、经济发展速度比较快的阶段，社会经济表面上呈现一片繁荣，为泡沫经济提供了炒作的资金来源。一些手中拥有资金的企业和个人首先想到的是把这些资金投到有保值增值潜力的资源上，这就是泡沫经济成长的社会基础。

第二，社会对泡沫经济的形成和发展缺乏约束机制。

对泡沫经济的形成和发展进行约束，关键是对促进经济泡沫成长的各种投机活动进行监督和控制，但到目前为止，还缺乏这种监控的手段。这种投机活动发生在投机当事人之间，是两两交易活动，没有一个中介机构能去监控它。作为投机过程中的最关键的一步——货款支付活动，更没有一个监控机制。

此外，很多人将泡沫经济与经济泡沫相混淆，其实泡沫经济与经济泡沫既有区别，又有一定联系。经济泡沫是市场中普遍存在的一种经济现象，是指经济成长过程中出现的一些非实体经济因素，如金融证券、债券、地价和金融投机交易等，只要控制在适度的范围内，就对活跃市场经济有利。

只有当经济泡沫过多，过度膨胀，严重脱离实体资本和实业发展需要的时候，才会演变成虚假繁荣的泡沫经济。可见，泡沫经济是个贬义词，而经济泡沫则属于中性范畴。所以，不能把经济泡沫与泡沫经济简单地画等号，既要承认经济泡沫存在的客观必然性，又要防止经济泡沫过度膨胀演变成泡沫经济。

在现代市场经济中，经济泡沫会长期存在。一方面，经济泡沫的存在有利于资本集中，促进竞争，活跃市场，繁荣经济；另一方面，也应清醒地看到经济泡沫中的不实因素和投机因素，这些都是经济泡沫的消极成分。

## 泡沫经济如同猴子捞月

"猴子捞月"的故事大家耳熟能详。故事里，树上的猴子们一只只地拉着前面一只猴子的尾巴，形成一条链子，把最后一只猴子送到水面，让它到水中捞月。

很多人看了这个故事都觉得好笑，现在看来，这些猴子的探索精神还是不错的，通过自身实践最终明白，水中的月亮不过是天上月亮的影子，从而增长知识。倒是人类不止一次地把投影当做实体，把实体抛在脑后。归根结底，不过一个"贪"字。这比捞月的猴子高明多少呢？

猴子认为月亮在水中，可它们真正去打捞时，月亮却破了，碎了，水中的月亮只是一个美丽的影像。在经济学中，泡沫经济如同水中的月亮一样，人们对它的希望如同一种投机，人们争先恐后地进入，给社会经济带来严重危害，甚至造成经济崩溃。

西方最早出现的泡沫经济，是以投资郁金香开始的。

在16世纪中期，荷兰人开发出郁金香的很多新品种，被无数的欧洲民众喜欢。于是，荷兰的郁金香种植者们开始搜寻"变异""整形"过的花朵，以此卖高价。逐渐地，这种狂热扩散到整个荷兰。所有的荷兰家庭都建起自己的花圃，郁金香几乎布满了荷兰每一寸可利用的土地。

1636年，一枝郁金香已与一辆马车、几匹马等值，至1637年，郁金香球茎的总涨幅已高达5900%!

终于，郁金香的价格开始崩溃，暴跌不止。整个荷兰的经济都崩溃了，债务诉讼数不胜数，法庭无力审理，很多大家族衰败，老字号倒闭。荷兰的经济也在很多年之后才得以恢复。

自此之后，接二连三的泡沫经济出现在世界的各个角落。归根结底，非理性的贪欲让人们丧失了判断标准，最后自食恶果。

# 测不准定律：
## 越是"测不准"越有创造性

### 我们生活在一个"测不准"的世界

德国物理学家海森堡的量子力学的测不准定律，带来了物理学上的革命，他也因此获得诺贝尔奖。这一定律冲破了牛顿力学中的死角，表明人类观测事物的精准程度是有限的，或者说错误难免，任何事皆有可能。

而对于经济学来说，索罗斯则发现了"经济学的测不准定律"。这个创造了许多金融奇迹的人，依然在创造着惊涛骇浪般的奇迹。索罗斯号称"金融天才"，从1969年启动的"量子基金"，以平均每年35%的增长率令华尔街的同行目瞪口呆。他似乎在用一种超常的力量左右着世界金融市场，创下了许多令人难以置信的业绩。

传统的经济学理论总是宣扬市场如何有规律，如何有理性，而在多年的经商过程中，索罗斯却发现那些经济理论是那么的不切实际。他对华尔街进行了深入分析，察觉金融市场的现实其实就是混乱无序。市场中买入卖出决策并不是建立在理想的假设基础之上，而是基于投资者的预期，数学公式是不能控制

金融市场的。人们对任何事物能实际获得的认知都并不是非常完美的，投资者对某一股票的偏见，不论其肯定或否定，都将导致股票价格的上升或下跌，因此市场价格也并非总是正确的，总能反映市场未来的发展趋势的，它常常因投资者以偏概全的推测而忽略某些未来因素可能产生的影响。

实际上，并非目前的预测与未来的事件吻合，而是目前的预测造就了未来的事件。所谓金融市场的理性，其实全依赖于人的理性，赢得市场的关键在于如何把握群体心理。投资者的狂热会导致市场的跟风行为，而不理性的跟风行为会导致市场崩溃。这就是他所提出的经济学"测不准定律"。所以，投资者在获得相关信息之后做出的决定，与其说是根据客观数据作出的预测，还不如说是根据他们自己心里的感觉作出的预测。

同时，索罗斯还认为，由于市场的运作是从事实到观念，再从观念到事实，一旦投资者的观念与事实之间的差距太大，无法得到自我纠正，市场就会处于剧烈的波动和不稳定的状态，这时市场就易出现"盛—衰"序列。投资者的赢利之道就在于推断出即将发生的预料之外的情况，判断盛衰过程的出现，逆潮流而动。但同时，索罗斯也提出，投资者的偏见会导致市场跟风行为，而盲目从众的跟风行为会让人们过度投机，最终的结果就是市场崩溃。

当然，在"测不准"当中，他又有"测得准"的由盛而衰的波动定律，投资者的赢利之道就在于及时地推断出即将发生的新情况，逆流而动。可究竟何时动何时不动，又完全取决于投资者本人的悟性。他说："股市通常是不可信赖的，因而，如果在华尔街你跟着别人赶时髦，那么，你的股票经营注定是十分惨淡的。"

股市的测不准现象比比皆是。在 2008 年的经济背景下，国际金融危机、国内经济压力重重，分析师们存忧患意识：看空市场理所当然。但市场却否极泰来，杀出了一条血路，正应了这句名言：这是最坏的时候，这也是最好的时候。但过去的毕竟已经过去，股市着眼于今天和明天。在 2010 年之前，连续 5 年相关机构对股市的预测都看走了眼，大多数机构在年末对来年股市的走势都判断失误。其中 2009 年的股市报告，大家都可以当笑话来读，大多数专业人士的判断是 2009 年股市上半年没有行情，下半年有小行情，房市可能会崩盘。可是最后结果证明，2009 年房市、股市走出了大牛市。

机构的预测报告本来就是顺应媒体和股民的需求而产生的，那些企图预测股市的人，天天在预测，而股市的结局跟足球赛一样，是不可预测的。从科学的角度看，本来就"测不准"的，点位测市行为本身是错的，却偏要作个正确的预测结果出来，自然是难以做得准了。

近年来，另一个遵循"测不准"原理的就是国际原油价格。许多人热衷于预测油价，对油价走势进行判断，但油价预测已经无异于猜谜游戏。因为影响油价的因素实在太多，影响油价的基本原理应该是市场供求关系，但地缘政治冲突、自然灾害影响、恐怖活动威胁以及基金投机炒作等因素扭曲了国际石油市场供需的真相，国际油价随之大起大落，上涨之高甚至大大超出一般预期。

## 从经济学视窗看"测不准"

经济学中常用到马歇尔局部均衡"供给—需求"模型，这一模型包含相当多的"其余条件"，如偏好稳定、市场出清、不考虑其他商品等，可是在现实经济生活中，这一点是无法办到的，我们无法构筑一个定律能够完全发挥作用的环境。

1974年，美国政府为清理翻新自由女神像扔弃的废料，向社会广泛招标。由于美国政府出价太低，好几个月没人应标。正在法国旅行的一个得克萨斯人听说了这件事，立即乘飞机赶往纽约，看过自由女神像下堆积如山的钢块、螺丝和木料，他喜出望外，未提任何条件。当即就签字包揽了下来。纽约的许多运输公司为他的这一愚蠢举动暗自发笑，因为在纽约州，对垃圾的处理有严格的规定，弄不好就要受到环保组织的起诉。就在一些人要看这个得克萨斯人的笑话时，他开始组织工人对废料进行分类。他让人把废铜熔化，铸成小自由女神像，用废水泥块和木头块加工成底座，把废铅、废铝做成纽约广场型的钥匙挂，最后他甚至把从自由女神像上扫下的灰尘都包装起来，出售给花店。不到3个月的时间他让这堆废料变成了350万美元现金，使每磅铜的价格整整翻了1000倍。

不得不承认，生活中有时候一个创意带来的实际成效，抵得上100个人缺乏创新的千篇一律的劳动。实现这种大幅度的飞跃，不仅需要主动性，还需要发挥创造力。在新的未知领域，有很多难以准确估计、精确测量的不确定性因素，但这些地方也正是提供跳跃的最好平台。比如，资金是制约企业初期创业发展的一个重要因素，这就为企业的前途增加了不确定性。但是，有的时候，越缺少资金，企业对市场的适应性也会因此越强。因为过分依赖资本本身就会使得公司面临风险。所以企业轻装上阵，反而能没有负担地发挥创造性。

# 口红效应：
# 经济危机中逆势上扬的商机

## "口红"为何走俏

韩国经济不景气的时候，服装流行的是鲜艳的色彩，并且短小和夸张的款式订单比较多；日本现在的服装产业正处于低谷，但是修鞋补衣服之类的铺子，生意却出现了一片繁荣的景象；美国20世纪二三十年代的大萧条时期，几乎所有的行业都沉寂趋冷，然而好莱坞的电影业却乘势腾飞，热闹非凡，尤其是场面火爆的歌舞片大受欢迎，给观众带来欢乐和希望，也让美国人在秀兰·邓波儿等家喻户晓的电影明星的歌声舞蹈中暂时忘却痛苦。

以上这些都是"口红效应"的作用表现。经济不景气的时候，生活压力会增加，

人们的收入和对未来的预期都会降低，这时候首先削减的是那些大宗商品的消费，如买房、买车、出国旅游等，这样一来，反而可能会比正常时期有更多的"闲钱"，正好需要轻松的东西来让自己放松一下，所以会去购买一些"廉价的非必要之物"，从而刺激这些廉价商品的消费上升。

金融危机的寒流，并不会让所有的行业都陷入低迷的境遇，经济政策制定者和企业决策者可以利用"口红效应"这一规律，适时调整自己的政策和经营策略，就能最大限度地降低危机的负面影响。所以，危机到来的时候，商家所要做的就是打造危机下的口红商品，只要人人都努力了，都在想方设法地卖出自己的那支"口红"，"口红效应"就有可能发生意想不到的作用。

要想利用"口红效应"来拉动销售，需要满足以下三个条件：

首先是所售商品本身除了实用价值外，要有附加意义。同样花几十元钱，比起喝咖啡和坐出租车来，还是看电影更有吸引力，可以带来两个小时或者更长时间的持续满足感。危机时期令人绝望的境况，让人们黯然神伤，信心与快乐成为最稀缺的商品。而此时，文化娱乐产业将成为"口红效应"中的获益者。

其次，商品本身的价格要相对低廉。在经济不景气的时期，人们的收入会较之以前有不同幅度的下降，从而导致对消费品的购买力也会下降。大型投资或者奢侈品在这一阶段不会赢得消费者青睐，反倒是一些价格低廉的商品，在此时会迎来销售的"春天"。

再次，商家要适当引导消费者，带动间接消费的欲望。20世纪二三十年代经济危机时期却成为了好莱坞腾飞的关键时期。在经济最黑暗的1929年，美国各大媒体就纷纷开辟专版，向公众推荐适合危机时期观看的疗伤影片。而且，不仅如此，好莱坞还就着这种经济不景气的现状，顺势举行了第一届奥斯卡颁奖礼，每张门票售价10美元，引来了众多观众的捧场。1930年梅兰芳远渡重洋，在纽约唱响他的《汾河湾》，大萧条中的美国人一边在街上排队领救济面包，一边疯狂抢购他的戏票，5美元的票价被炒到十五六美元，创下萧条年代百老汇的天价。

# 经济危机中常见的生机产业

经济发展有其自身的规律，金融危机的爆发也是经济发展过程中出现的不可避免的问题。当出现这种现象时，商家不可坐以待毙，要学会从低潮中寻找新的商机，迅速实现产业的转型，从而让经济危机的劣势转化为产业发展的优势。就"口红效应"而言，它的受益产业主要有以下几个：

第一，化妆品行业

据有关统计显示，美国1929年至1933年工业产值减半，但化妆品销售增加；

1990 年至 2001 年经济衰退时化妆品行业工人数量增加；2001 年遭受 9·11 袭击后，口红销售额翻倍。我们可以发现，化妆品行业出现繁荣的时期都是民众生活受到较大影响的时期。在人们心灵受伤的时候，格外需要一些低廉的非必需品来给自己疗伤，从而给商家带来商机。

第二，电影产业

美国电影一直是"口红效应"的受益者之一，20 世纪二三十年代经济危机时期正是好莱坞的腾飞期，而 2008 年的经济衰退也都伴随着电影票房的攀升。有人预测，中国的文化产业也许要借着"口红效应"实现一个新的跨越。12 月公映的冯小刚执导的电影《非诚勿扰》首周票房就超过了 8000 万元。12 月 17 日，国家广电总局电影局副局长张宏森透露，2008 年主流院线票房已经超过了 40 亿，比去年增长 30%。其中，票房过亿的国产电影数量也历史性地超过了好莱坞大片，预计将达到 9 部之多。和几年前一些偏冷门的类型题材的电影在市场上没有生存空间不同，今天的观众走进影院，既能看到传统功夫片《叶问》，也可以选择结合了艺术和商业的《梅兰芳》以及《爱情呼叫转移 2》《桃花运》等影片。观众审美需要不断增加，电影创作也应以多类型、多品种、多样化的电影产品结构来支撑市场。也许这正是"口红效应"在中国的一种反映。

第三，动漫游戏行业

日本市场调研机构近日发布的消费统计数据显示，虽然其他行业走冷，游戏机行业中的任天堂和索尼 PSP，却销量大增，其中很大一部分将作为圣诞节和新年的礼物，成为日本玩家迎接新年的伴侣。看来，无论其他行业的形势如何严峻，游戏一直都会是人们放松和疗伤的最优选择。

经济危机不会长久地存在于人们的生活中，终究还是会有回暖的时候。其实，经济增长的步伐偶尔慢下来，也未必不是一件好事。人们可以从繁忙的工作与生活中走出来，谈谈情，唱唱歌，跳跳舞，回归一下家庭，一箪食，一瓢饮，不改其乐。而企业则可以在这其中寻找商机，创造一支能让人们心仪的"口红"，推广开来。如此看来，"口红效应"也会实现双赢。

# 乘数效应：
# 一次投入，拉动一系列反应

## 一场暴风雨引发的乘数效应

一场暴风雨过后，一家百货公司的玻璃被刮破了。

百货公司拿出 5000 元将玻璃修好。装修公司把玻璃重新装好后，得到了 5000元，拿出了 4000 元为公司添置了一台电脑，其余 1000 元作为流动资金存入了银行。电脑公司卖出这台电脑后得到 4000 元，他们用 3200 元买了一辆摩托车，剩下 800 元存入银行。摩托车行的老板得到 3200 元后，用 2650 元买了一套时装，将640 元存入银行。最后，各个公司得到的收入之和远远超出 5000 元这个数字。百货公司玻璃被刮坏而引发的一系列投资增长就是乘数效应。

在经济学中，乘数效应更完整地说是支出 / 收入乘数效应，是指一个变量的变化以乘数加速度方式引起最终量的增加。在宏观经济学中，指的是支出的变化导致经济总需求不成比例的变化，即最初投资的增加所引起的一系列连锁反应会带来国民收入的成倍增加。所谓乘数是指这样一个系数，用这个系数乘以投资的变动量，就可得到此投资变动量所引起的国民收入的变动量。假设投资增加了 100 亿元，若这个增加导致国民收入增加 300 亿元，那么乘数就是 3;如果所引起的国民收入增加量是 400 亿元，那么乘数就是 4。

为什么乘数会大于 1 呢？比如某政府增加 100 亿元用来购买投资品，那么此 100亿元就会以工资、利润、利息等形式流入此投资品的生产者手中，国民收入从而增加了 100 亿元，这 100 亿元就是投资增加所引起的国民收入的第一轮增加。随着得到这些资本的人开始第二轮投资、第三轮投资，经济就会以大于 1 的乘数增长。

　　"乘数效应"也叫"凯恩斯乘数"。事实上，在凯恩斯之前，就有人提出过乘数效应的思想和概念，但是凯恩斯进一步完善了这个理论。凯恩斯的乘数理论对西方国家从"大萧条"中走出来起到了重大的作用，甚至有人认为20世纪两个最伟大的公式就是爱因斯坦的相对论基本公式和凯恩斯乘数理论的基本公式。凯恩斯乘数理论因其对于宏观经济的重要作用在1929～1933年的世界经济危机后得到重视，一度成为美国大萧条后"经济拉动"的原动力。

## 乘数效应不是万有定律，要辩证看待

　　美国东部时间2001年9月11日早晨8:40,4架美国国内民航航班几乎同时被劫持，其中两架撞击了位于纽约曼哈顿的世界贸易中心，一架袭击了首都华盛顿美国国防部所在地五角大楼，而第四架被劫持飞机在宾夕法尼亚州坠毁。这次事件是继第二次世界大战期间的珍珠港事件后，第二次对美国造成重大伤亡的袭击，是人类历史上迄今为止最严重的恐怖袭击事件。美国人民陷入了前所未有的恐慌之中。可是，这时候一些经济学家却跳出来发表了一番令人哭笑不得的言论，他们认为这次恐怖袭击对美国的宏观经济来说是大有好处的，甚至会为其带来契机。

　　他们的理由很简单，这次恐怖袭击令美国国会批准了400亿美元的紧急预算，这些钱会创造第一轮的需求和增收，大约一年内就会看到成效，并且，这一开支的增加将会继续创造下一轮的需求。这些经济学家们经过一番认真仔细的推算，认定在美国

经济不景气的情况下，这400亿美元的开支，将会使得国民生产总值最终增加1000亿美元……所以说，在这个经济不景气的时刻，财政开支的增加对美国而言反而是一剂强心针。

看到这里，大家都会觉得奇怪，假如说这些经济学家的观点是正确的，即损失两栋大楼可以促进国民经济发展，那么，为什么美国人自己不动手多炸掉几栋，反而让恐怖分子钻了空子呢？

另外，还有一些经济学家根据乘数原理得出了与上述完全相反的结论。乘数原理既然可以放大好处，也可以放大坏处。损失的几栋大楼很值钱，里面的死伤人员也都是各行各业的精英人士，其价值是无法估量的，因此这一恐怖袭击将会造成美国经济的节节败退，并最终进入恶性循环，一发不可收拾。

最终的事实是怎样的呢？事实证明，美国经济在"9·11"事件之后，没有突飞猛进，也没有一败涂地。上述的两种结论似乎都是不正确的。那么，是乘数效应出错了吗？当然不是。问题在于社会经济生活中，"乘数效应"不止一宗，而是无数宗。不是说"乘数效应"不存在，而是说不能只盯着一宗"乘数效应"。要知道，无数宗"乘数效应"会互相抵消，互相排斥，其最终结果是怎样的，谁也无法准确预料。这也就告诉我们，乘数效应是不能生搬硬套的，否则就会失之毫厘，谬以千里。

# 拉动效应：
# 经济在于"拉动"

## 不能高估政府投资的拉动效应

随着政府投资拉动的效应持续减弱，及对社会预期的刺激力度也逐级削减，转型将逐步成为最关键的社会焦点。与此相关的市场预期，将直接决定市场的格局走向。

1. 政府投资拉动效应减弱

从长期来看，无论是国内还是国外，宽松政策和大量政府财政投资对经济的拉动效应都将逐步减弱。

对于国外而言，由于财政空间的限制及宽松流动性的效应递减（比如欧洲央行释

放资金购买债券，甚至仍不能抵挡商价和股市的节节下跌），政府投资的空间及影响力都不可能再起到明显作用。

对于国内而言，压缩和规范地方融资平台，都对直接针对市场的投资拉动预期起到打击作用。从最根本上说，这往往意味着管理层的经济政策思路发生了根本变化，即其已经开始出现基本认知到单一投资拉动模式的缺陷，并出现了较为明显的转向。

因此，无论从政府主观意愿上，还是政策的客观效果上来看，政府投资拉动效应逐步减弱是一个必然趋势。

2. 市场认同感减弱

第二个关键问题是，市场的认同感也在削弱，投资的不可持续性广受认同，这又反过来大大弱化和缩减了投资政策的效果。

对市场心理来说，随着投资拉动不可持续性的认同感日趋强烈，资金投放和资金放松未必能够获得市场的足够认同，反而可能会加大市场的担忧。最重要的是，这样会引发投资的带动效应减弱，主要是对社会消费和民间投资的拉动效果会越来越有限，市场的反应也会受到冲击和影响。

3. 转型是社会关注的焦点

实际上，目前市场更关注的不是现在的经济数据和经济发展现状，而是中国经济能否成功地迈入一条持续增长之路。机构和基金不认同的也并非仅仅是目前的经济数据有问题，而是对更长期的前景感到迷茫和不确定。

因此，在这种背景下经济体制的转型就必然越来越受到市场关注，唯有如此才能真正启动经济的发展。投资效应的衰减将导致市场对转型的认知从朦胧到逐渐明晰，并最终确认这才是促使整个市场格局反转的关键。

# 高速铁路带动沿线新投资

湖北咸宁经济开发区，一个仅有 12 平方公里的地方，却有着 60 多个投资项目在红红火火地开展着。这是为什么呢？为什么这样一个小地方会有如此的魅力，吸引了那么多投资者的目光呢？原因很简单，用当地一位领导的话来说就是："正是由于武广高铁，一大批广州客商都在咸宁投资，现在整个开发区 70% 以上都是外来投资者建设的。"

原来如此，可是高速铁路真的有如此大的影响力吗？事实上，在武广高铁尚未开通运营时，广州与武汉就已经开始研究并制定了促进产业转移的政策措施，首批项目 24 个，总投资 117.6 亿元。中铁第四勘察设计院总工程师王玉泽说，未来 3～5 年，通过高速铁路，武汉将建成一个辐射全国的大都市圈，以武汉为中

心，5小时内可到达的城市，几乎囊括了大半个中国。王总工程师夸大其词了吗？
非也。

如今，我们放眼中国的南部，车马未动，粮草先行，粤港澳正向内陆腹地加紧产业转移，长株潭正加速融入珠三角经济圈，武汉城市圈的影响力也正沿江入海，一条"武广高铁经济带"已初具雏形。随着多条高速铁路客运专线开通运营，有了铁路来实现客货分线，货运能力必然会得到极大的释放。这将有效缓解铁路对煤炭、石油、粮食等重点物资运输的瓶颈制约，提高货主的请车满足率，有效提高全国铁路网的整体运输能力，也有利于以更节能环保的方式降低整个社会的物流成本。

此外，个人异地投资者也开始紧盯高铁风向标。的确如此，我们可以想象一下，当我们到达另一座城市的时间比横穿我们所在城市的时间还要短，且所耗费成本更低时，我们自然会考虑异地投资。

现在，是否有高速铁路通达，已经成为异地投资者投资的重要考量指标之一，一些高铁沿线城市的经济联系与文化合作逐渐被重新定位，其区域经济格局也逐渐被改写。

# 外部效应：
# 政府为什么发补贴

## 政府补贴是为解决正外部性问题

政府作为经济的领头人，经常会实行一些经济政策，比如价格控制、关税、补贴等。一般的企业都希望得到政府的补贴。当然，并不是所有的行业都有幸能得到这种恩惠。

曾经有一家处于内蒙古与东北交界处的大型林场得到了国家数百万元的财政补贴。周边的很多企业都想不明白，许多人不禁问："现在国家不是重点发展高新

技术产业吗，为什么还要扶持林场？"林场的负责人张某接受记者采访时意味深长地说："我们以前开发林场主要就是靠卖木材赚取利润，作为企业我们也不会过多考虑林场的存在对于周围的生态环境的影响。当然，林场的存在对于改善环境的作用大家都是有目共睹的。所以，国家对我们提供了补贴，我们又开辟了一块新的林场，种植了更多的树种。"

没有得到国家补贴之前的林场，作为企业，只考虑到自己出售木材的利润所得，不会考虑林场的存在对周围环境的改善作用，所以林场的面积太小了，没有达到人们满意的水平。接受国家补贴后的林场扩大了面积，进一步优化了周围的环境，对于社会来说是一件好事。政府在这一过程中，利用补贴很好地解决了正外部性问题。

关于正外部性，有一个经典的例子：如果我们的邻居在自己家院子里开辟了一个小花园，这只是他的一种兴趣爱好。可花园里的花香改善了我们居住的空气，而且五颜六色的花儿令人赏心悦目。所以，对于路人和邻居来说，他的花园里的花数量太少了，更多的花会更受欢迎。

所以，正外部性一般是个人收益小于社会收益，所以个人提供的数量往往显得太少了。比方说，在一个老式的家属院里，一户人家为了自家方便，在家门口装设了一盏门灯，过往的路人都会受益，这就是一种正外部效应。虽说这些好处是由路人享有，而装设门灯的家庭只会考虑自身是否需要，如果他觉得装置门灯的收益小于自己支出的成本，他就不会安装；反之，他会安装。此时由于有很大的社会收益存在，从效率的观点来看，应该增加装置，但显然私人装置的意愿不会太强。

那么，对于这种正外部性就没有办法解决了吗？当然不是。如果对每位路人收取费用，显然是不可取的。因为路人不可能每天晚上散步时，口袋里放着一大堆零钱，每走过门口有路灯的人家就投下1元买路钱。对于正外部性效应，还是应该政府出面加以解决。针对门灯事件，政府可以估计每一住户装置门灯所带来的社会收益有多大，然后支付费用给这些住户，此时住户装置门灯的个人收益与社会收益都包含在内，因此所有住户装置门灯的数量就可以达到全社会的最适数量。

正外部性不仅仅存在于我们的日常生活中，新技术研究也具有正外部性，因为它创造了其他人可以运用的知识。如果一个公司知道自己的创新技术会被其他公司利用，那么它就不会去创新，或者往往倾向于用很少的资源来从事研究，这当然不利于科技创新，所以，各国的专利法正是为了解决这一外部性设立的。专利制度使发明者可以在一定时期内排他性地使用自己的发明，依据法律其他公司没有使用该技术的权利。所以，知识产权得到了保护，促进了科技创新。

# 税收的外部效应问题至关重要

20 世纪 80 年代末 90 年代初以来，世界经济逐渐表现出一个关系世界经济全局长期发展的大趋势，即经济全球化。所谓的经济全球化，指的是世界经济活动超越国界，通过对外贸易、资本流动、技术转移、提供服务，相互依存、相互联系而形成的全球范围的有机经济整体。简单地说，也就是世界经济日益成为紧密联系的一个整体。经济全球化包括贸易的全球化、生产经营的全球化、金融的全球化和信息的全球化。它是当代世界经济的重要特征之一，也是世界经济发展的重要趋势，同时也是一种自发的市场行为。

对于各国而言，经济全球化意味着国内的许多政策或制度具有一定的超出本国范围内的影响力，由此将会引起其与传统政策或制度之间的冲突，因为这些政策或制度在很大程度上仍然反映出过去相对封闭的经济环境下提出该类政策或制度时的考虑，在税收方面表现得尤其明显。

事实上，在国家间的贸易受到极大的控制或限制，甚至在几乎没有大量资本流动时，许多国家的税收制度就已形成和发展了。那时，高额的关税和商品流动的自然障碍阻碍了贸易的发展，资本流动也受到了相对严格的限制。在当时的环境下，企业大都在其国内从事经营，大多数个人在其法定居住所在国从投资或经营中取得所得。因此，各国的税务当局可以对贸易额、企业利润、个人所得和消费征税，不会与其他国家的税务当局发生冲突。在上述状况下，"属地原则"的采用使政府有权对其地域范围内的

全部所得和活动征税，不会引起冲突和麻烦。执行一国制定的税收政策可以不必考虑其对他国家的影响，同样，该国政策制定者对他国家的税收政策也不感兴趣。

总而言之，经济全球化使得一切都发生了变化。当今世界，许多国家政府的行为极大地受到其他国家政府行为的限制，经济全球化使税收产生的外部效应问题已变得至关重要。

# 阿罗定理：
# 少数服从多数不一定是民主

## 从阿罗定理看民主投票不能得出唯一的结果

北京 1992 年开始申请主办 2000 年奥运会。申办奥运会的投票规则是逐步淘汰制，具有投票权的委员在参加申请的城市中进行投票，得票最少的城市便被淘汰。前两轮投票中北京一直领先，经过两轮投票，最后剩下三个城市：德国的柏林、澳大利亚的悉尼以及中国的北京。在第三轮投票中，北京获得最多的票，悉尼第二，柏林第三。

这一轮投票结束后，柏林被淘汰掉。如果只有这一次投票，北京就获胜了，但问题是还得再投一次票。当北京与悉尼角逐时，北京肯定会再次获得胜利吗？

事实是，北京输了，悉尼获得了 2000 年奥运会的主办权。为什么会这样？原来支持柏林的投票人在柏林落选后大多数转而支持悉尼。

由此看来，民主投票不能得出唯一的结果，其选举结果取决于民主投票的程序安排以及每次确定的候选人的多少，即投票规则。不同的投票规则将得出不同的选

**2000年奥运会承办方投票**

北京　悉尼　柏林

举结果，这就是说，民主投票有内在的缺陷。我们将用著名经济学家阿罗提出的"不可能性定理"来说明，民主制度存在着缺陷。

当然，这里我们所说的存在缺陷并非是说民主选举是虚伪的和带欺骗性的，而是说民主选举有其局限性，我们不能因此全然否定民主选举，甚至将其视为不进行民主选举的借口。正如有一篇讨论民主与丑闻的文章中所说的，民主选举不是绝对好的，但反民主绝对是坏的。在民主社会里，罪恶被最大限度地暴露出来，并受到谴责，因此抑制了更多的罪恶；而在反民主的社会里，罪恶被最大限度地掩盖起来，于是往往导致更大的罪恶。所以，即便我们知道民主投票不一定得出唯一的结果，也要将其付诸实施，因为不这么做将得不到任何的结果。

## "形式的民主"距离"实质的民主"有多远

在看到所有的人为寻找"最优的公共选择原则"奔忙而无所获的时候，斯坦福大学教授肯尼斯·阿罗进行了苦心研究，在 1951 年出版的《社会选择与个人价值》一书中提出了一个理想选举实验。

阿罗理想选举实验的第一步是，投票者不能受到特定的外力压迫、挟制，并有着正常智力和理性。毫无疑问，对投票者的这些要求一点都不过分。

阿罗理想选举实验的第二步是，将选举视为一种规则，它能够将个体表达的偏好次序综合成整个群体的偏好次序，同时满足"阿罗定理"的要求。所谓"阿罗定理"就是：

（1）所有投票人就备选方案所想到的任何一种次序关系都是实际可能的。也就是说，每个投票者都是自由的，他们完全可以依据自己的意愿独立地投出自己的选票，而不致因此遭遇种种迫害。

（2）对任意一对备选方案 A 或 B，如果对于任何投票人都是 A 优于 B，根据选举规则就应该确定 A 方案被选中；而且只有对于所有投票人都是 A 与 B 方案等价时，根据选举规则得到的最后结果才能取等号。这其实就是说全体选民的一致愿望必须得到尊重。

但是一旦出现 A 与 B 方案等价的情况，就意味着投票可能出现了问题。比如两个方案 A、B 受两个投票人 C、D 的选择。对 C 来说，A 方案固然更好，但 B 方案也没什么重大损失；但是对 D 来说，却可能是 A 方案就是生存，B 方案就是死亡，那么让 C 和 D 两个人各自一人一票当然就不是公正平等的。

（3）对任意一对备选方案 A 与 B，如果在某次投票的结果中 A 优于 B，那么在另一次投票中，如果在每位投票人排序中位置保持不变或提前，则根据同样的选举规则得到的最终结果也应包括 A 优于 B。这也就是说如果所有选民对某位候选人的喜欢程度，相对于其他候选人来说没有排序的降低，那么该候选人在选举结果中的位置不会变化。

这是对选举公正性的一个基本保证。比如，当一位家庭主妇决定午餐应该买物美价廉的好猪肉还是质次价高的陈猪肉时，我们很清楚她对好猪肉和陈猪肉的喜爱程度应该不可能发生什么变化——然而这一次她却买了陈猪肉。这一定说明在主妇对猪肉的这次"选举"中有什么不良因素的介入。当然，如果原因其实是市场上已经 100% 都是陈猪肉，那也就意味着"选举"已经不复存在，主妇已经被陈猪肉给"专制"了。那不在我们的讨论范围之内。

（4）如果在两次投票过程中，备选方案集合的子集中各元素的排序没有改变，那么在这两次选举的最终结果中，该子集内各元素的排列次序同样没有变化。

比如，那个买猪肉的主妇要为自己家的午餐主食做出选择，有 3 位"候选人"分别是 1 元钱 1 斤的好面粉、1 元钱 1 斤的霉面粉和 1 元钱 1 斤的生石灰。主妇的选择排序不说也罢，一清二楚。然而现在的情况却是在生石灰出局之后，主妇居然选择了霉面粉。这一定意味着这次"选举"有外界因素强力介入。比如主妇的单位领导是这家霉面粉厂家老板的姐夫之类。

阿罗定理中的第三点和第四点的结合也就意味着候选人的选举成绩，只取决于选民对他们作出的独立和不受干预的评价。

（5）不存在这样的投票人，使得对于任意一对备选方案 A、B，只要该投票人在选举中确定 A 优于 B，选举规则就确定 A 优于 B。也就是说，任何投票者都不能够仅凭借个人的意愿，就可以决定选举的最后结果。

这五条法则无疑是一次公平合理的选举的最基本要求。

然而，阿罗发现当至少有 3 名候选人和 2 位选民时，不存在满足阿罗定理的选举规则，即"阿罗不可能定理"。即便在选民都有着明确、不受外部干预和已知的偏好，以及不存在种种现实政治中负面因素的绝对理想状况下，也同样不可能通过一定的方法从个人偏好次序得出社会偏好次序，不可能通过一定的程序准确地表达社会全体成员的个人偏好或者达到合意的公共决策。

人们所追求和期待的那种符合阿罗定理五条要求的最起码的公平合理的选举居然是不可能存在的，这无疑是对票选制度的一记最根本的打击。随着候选人和选民的增加，"形式的民主"必将越来越远离"实质的民主"。

# 政府干预理论：
## "挖坑" 可以带动经济发展

### 政府就是那只 "看得见的手"

凯恩斯在其著作《就业利息和货币通论》中，通过一则 "挖坑" 的故事引申出了政府干预理论：

乌托邦国处于一片混乱中，整个社会经济完全瘫痪，工厂倒闭，工人失业，人们束手无策。这个时候，政府决定兴建公共工程，雇佣200人挖了很大的坑。

雇 200 人挖坑时，需要发 200 个铁锹，于是生产铁锹的企业开工了，生产钢铁的企业也开始工作了；还得给工人发工资，这时食品消费行业也发展起来了。通过挖坑，带动了整个国民经济的消费。大坑终于挖好了，政府再雇 200 人把这个大坑填好，这样又需要 200 把铁锹……如此反复，萧条的市场终于一点点复苏了。经济恢复后，政府通过税收，偿还了挖坑时发行的债券，一切又恢复如常了。

众所周知，在凯恩斯之前的西方经济学界，人们普遍接受以亚当·斯密为代表的古典学派的观点，即在自由竞争的市场经济中，政府只扮演一个极其简单的被动角色——"守夜人"。凡是在市场经济机制作用下，依靠市场能够达到更高效率的事，都不应该让政府来做。国家机构仅仅执行一些必不可少的重要任务，如保护私人财产不被侵犯，从不直接插手经济运行。

然而，历史事实证明，自由竞争的市场经济导致了严重的财富不均，经济周期性巨大震荡，社会矛盾尖锐。1929 ~ 1933 年的全球性经济危机就是自由经济主义弊症爆发的结果。因此，以凯恩斯为代表的政府干预主义者浮出水面，他们提出，现代市场经济的一个突出特征，就是政府不再仅仅扮演"守夜人"的角色，而是要充当一只"看得见的手"，平衡以及调节经济运行中出现的重大结构性问题。这就是政府干预理论。

## 政府干预也不是万能的

政府干预经济的主要任务是保持经济总量平衡，抑制通货膨胀，促进重大经济结构优化，实现经济稳定增长。调控的主要手段有价格、税收、信贷、汇率等。

从经济学角度讲，宏观调控就是宏观经济政策，也就是说政府在一定时候可以改善市场结果。当然，政府有时可以改善市场结果并不是说它总是能够调控市场。那什么时候能够调控，什么时候不能呢？这就需要人们利用宏观调控的经济学原理来判断什么样的经济政策在什么情况下能够促进经济的良性循环，形成有效公正的经济体系，而什么时候宏观调控又无法实现既定目标。

相对于亚当·斯密的自由主义，凯恩斯主义认为，凡是政府调节能比市场提供更好的服务的地方，凡是个人无法进行平等竞争的事务，都应该通过政府的干预来解决问题。凯恩斯强调政府的作用，即政府可以协调社会总供需的矛盾、制定国家经济发展战略、进行重大比例的协调和产业调整。它最基本的经济理论，是主张国家采用扩张性的经济政策，通过增加需求促进经济增长。

不过，在 20 世纪 70 年代，世界上一些发达资本主义国家陷入了"滞胀"的状态，无论政府如何挥舞那只"看得见的手"，经济总是停滞不前，而物价却在不断地上涨。

这便是"政府失灵"的状况。

在现代市场经济的发展中，为了克服"市场失灵"和"政府失灵"，人们普遍寄希望于"两只手"的配合运用，以实现在社会主义市场经济条件下的政府职能的转变。我们应该正确看待政府干预的积极方面及其局限性。

对于我国而言，政府干预的主要作用就是，指明经济发展的目标、任务、重点；通过制定法规，规范经济活动参加者的行为；通过采取命令、指示、规定等行政措施，直接、迅速地调整和管理经济活动。其最终目的是为了补救"看不见的手"在调节微观经济运行中的失效。值得注意的是，如果政府的作用发挥不当，不遵循市场的规律，也会产生消极的后果。

# 挤出效应：
# "挤进""挤出"由财政政策决定

## 挤出效应与利率紧密相关

对于挤出效应问题，西方经济学家有两种不同的意见。

第一种，反对国家干预的经济学家认为，挤出效应是无可否认的。因为公共支出的钱不论来自私人纳税或是私人借贷，如果货币供应量不变或增加很少，则由于公共支出的增加，会造成货币需求压力，迫使利率上升，从而会减少私人投资。因此，挤出效应不会使总需求发生变化。

第二种，主张国家干预的凯恩斯主义者则认为：

第一，公共支出的挤出效应必须根据具体情况具体分析。一般来说，只有达到充分就业后才会存在挤出效应。在有效需求不足的条件下，不存在萧条时期公共支出排挤私人投资的问题。

第二，影响私人投资的，除了利息率水平，还有预期利润率因素。如果增加公共支出能提高预期利润率，那么公共支出对私人投资不是"挤出"而是"挤入"。另外，即使公共支出影响利润率水平，但由于私人投资者对预期利润率变动的敏感程度大于对利息率变动的敏感程度，所以公共支出也不可能"挤出"相等的私人投资。因此，增加公共支出仍然能使总需求增加。

虽然上述两种观点各执一词，但是，不可否认的是，挤出效应是政府支出行为形成对私人部门的负外部性造成的，这种负外部性是通过利率变量来传导的。一般由于私人部门的投资对利率很敏感，因此，在利率提高的情况下，私人投资的机会成本将增加，导致私人部门的投资积极性降低，投资量减少。

## 何时"挤进"，何时"挤出"

财政政策的挤进效应一般根据市场发达程度的不同而不同。例如，同样数量的政府固定资产投资对经济的影响能力，在我国东部地区和西部地区会有很大差异，这与政府实际支出乘数的大小是有关系的。事实上，政府实际支出乘数的大小可以在一定程度上用来衡量财政政策的挤进效应。我们知道，假定一个地区的边际消费倾向为 b，理论上政府支出乘数应为 1(1-b)。那么，实际支出乘数的大小与哪些因素有关呢？显然，与该地区的边际消费倾向 b 有关系。一般我国东部地区边际消费倾向比较大，故支出乘数就大；而西部地区边际消费倾向小，或者说边际储蓄倾向较大，故支出乘数就比较小，这是一方面的原因。另一方面，我们可以从支出乘数的产生过程来看。政府投资引起居民（要素所有者）收入的增加，而居民收入增加又引起消费的增加，形成第一轮挤进效应；消费的增加又引起另一部分生产或销售者的收入的增加，进而又引起消费的第二轮增加，也就是形成了第二轮挤进效应；……这样一直到第 n 轮。理论上，n 应该是趋向于无穷大的，但实际上，如果市场容量不够大，市场不发达，那么这个链条就不可能无限制地派生下去，于是总的挤进效应就远远达不到 1(1-b) 这样一个倍数关系所能反映的程度。故实际支出乘数就比较小，因而总的挤进效应是比较小的。

另外，财政政策的挤进效应还根据财政资金的来源不同而不同。一般说来，扩张性财政政策的资金来源有两个：一是税收，二是公债。按照李嘉图等价定理，政府的公债和税收这两种形式对经济的影响是相同的。可事实上，理论界对李嘉图等价定理是存有争议的。比如在经济萧条的时候，来源于公债的支出政策就比较有效，而来源于税收的支出政策可能会加剧经济的萧条，这说明资金来源在经济周期中的不同阶段对经济有着不同的影响力。再比如，二者对于经济效益的影响也不一样。众所周知，在一般情况下，税收会导致社会总体福利的净损失，而公债在经济萧条时，只要不对金融市场利率水平有太大的影响，一般是不会导致经济效益下降的。这是因为，在经济萧条时，私人投资（主要是直接投资）对利率变化反应不敏感，利率变化充其量只能影响到间接投资（证券投资）的规模，对私人直接投资的影响不大。所以，当经济萧条的时候，公债资金的挤进效应比较大，税收资金的挤进效应则相对比较小。

根据 IS–LM 模型（即"希克斯－汉森模型"，由英国现代著名的经济学家约翰·希克斯和美国凯恩斯学派的创始人汉森，在凯恩斯宏观经济理论基础上概括出的一个经济分析模式），影响挤出效应的因素有支出乘数的大小、投资需求对利率的敏感程度、货币需求对产出水平的敏感程度以及货币需求对利率变动的敏感程度等。其中，支出乘数、货币需求对产出水平的敏感程度及投资需求时利率变动的敏感程度与挤出效应成正比，而货币需求对利率变动的敏感程度则与挤出效应成反比。在这四因素中，支出乘数主要取决于边际消费倾向，而边际消费倾向一般较稳定，货币需求对产出水平的敏感程度主要取决于支付习惯，也较稳定，因而，影响挤出效应的决定性因素是货币需求及投资需求对利率的敏感程度。

综上所述，我们可以看出，财政政策的挤进效应实际上反映了政府支出与民间投资和消费之间的良性互动、和谐与共生共荣的关系，而挤出效应则表现了政府支出对民间投资和消费在一定程度上的排斥。一般而言，财政政策的实际净效应取决于这两种相反方向的效应的对比。如果财政政策的挤出效应大于挤进效应，则说明现行的财政政策必须要加以适当调整；如果财政政策的挤进效应大于挤出效应，则表明当前的财政政策可以继续延续。

为使财政政策能够产生更多的挤进效应和更少的挤出效应，当前我国在调整财政支出政策时应当注意以下几个方面：

1. 财政政策必须能够适应宏观形势的变化

当私人投资对利率较为敏感时，或者从经济周期的角度看，当经济处于经济周期的复苏和高涨阶段时，政府应当适时调整财政支出的规模和方向，适当收缩建设性财政支出的范围。因为私人投资对利率的敏感性决定了政府支出的挤出效应比较大，挤进效应比较小，而此时建设性财政支出政策的效果并不理想，但需要注意的是，保证相当程度的公共财政支出的规模依然是十分必要的，因为公共财政支出可以改善经济发展的环境，当私人投资对利率不敏感或经济处于萧条和衰退阶段时，财政政策的挤出效应比较小，而挤进效应则相对比较大。因此，在我国通货紧缩和经济低迷已经退居为次要矛盾时，财政政策的主要目标应当是防止经济过热和有可能出现的通货膨胀，此时，一般来说，从资金来源上看，来源于税收的财政支出政策比较好，而来源于公债的财政支出规模必须要适当加以限制。

2. 财政支出要同时兼顾"软""硬"环境的改善

财政支出既要着眼于改善投资的"硬"环境，即传统的能源、原材料、通讯等基础设施建设，又要着眼于改善投资的"软"环境，也就是要加强人力资本投资环境的改造，大力发展医疗、卫生等行业，这样可以吸引更多的私人直接投资，更好地发挥财政资金的挤进效应的作用。事实上，从以往的政策实践来看，我国东西部地区吸引民间投资的能力的差异不仅体现在基础设施等"硬件"设施上，更体现在人力资本素质等"软件"设施上，如果现阶段我国西部地区人力资本的瓶颈约束不能够得到有效缓解，那么，这些地区的物质资源的优势必然也难以发挥，政府的西部大开发的战略目标最终也难以彻底实现。为此，今后我国的政府财政支出，特别是西部地区的财政支出，应在教育、医疗和保障等方面有大的作为。财政政策促使人力资本素质的提高，将促使人力资本获得合理定向流动的条件和可能，为我国今后的城市化、城镇化和农业产业化的发展创造有利条件。

3. 必须优化财政支出的区际分布

既然财政政策的挤进效应随着市场的发达程度的不同而不同，那么，为了保证财政资金的使用效率，政府应当一如既往地致力于相对发达的东部地区的投资环境的改善。通常，财政资金在东部较发达地区的产出效率（挤进效应）要显著高于西部欠发达地区，但同时我们又注意到，西部欠发达地区的财政政策更能体现政府政策的公平性。鉴于此，我国当前财政资金的使用在东西部地区、发达地区和欠发达地区、城市和农村地区要注意区别对待、各有侧重，同时要坚持确保重点的原则。

4. 全面正确地评价财政政策的效果

事实上，我们以上对财政政策的挤出效应和挤进效应的论述，只是从经济效益和经济增长快慢的角度来衡量政府宏观调控的效果，很显然，这种衡量是不全面、不公正的。因为市场经济具有片面追求经济效益的内在冲动，以至于产生市场失灵的现象，因此，政府的政策不能推波助澜，而应该在讲究效率的同时，更多地体现经济发展的公平性和平稳性。在当今人们越来越注重经济发展的质量和经济可持续发展的背景下，世界各国政府的宏观调控目标正朝着多元化方向迈进。因此，当前，我国也不宜仅仅用挤进效应或挤出效应的大小来衡量财政政策的得失，而应该服从大的经济发展战略目标的要求，结合其他方面的量化指标，如环境指标、公平指标等，来全面综合地审视和评价财政政策的效果，这是我们在今后的具体政策实践中必须要高度重视的。

第六章

>>> 决策中的学问

# 机会成本：
# 鱼和熊掌不能兼得

## 有选择就有机会成本

在阳光明媚的午后，你好容易处理完公司的财务报告，想喝杯下午茶休息一下，你可能会考虑甜点是选择豆沙糕还是巧克力薄饼。

"豆沙糕还是巧克力薄饼"类似于"鱼与熊掌"，这种选择实际上就是一种机会成本的考虑。

如果你喜欢吃豆沙糕，也喜欢吃巧克力薄饼，在两者之间选择时，接受豆沙糕的机会成本是放弃巧克力薄饼。如果吃豆沙糕的收益是 5，那么吃巧克力薄饼的收益是

10。这样，吃豆沙糕的经济利润是负的，所以你会选择吃巧克力薄饼，而放弃豆沙糕。

值得注意的是，有些机会成本是可以用货币进行衡量的。比如，要在某块土地上发展养殖业，在建立养兔场还是养鸡场之间进行选择，由于二者只能选择其一，如果选择养兔就不能养鸡，那么养兔的机会成本就是放弃养鸡的收益。在这种情况下，人们可以根据对市场的预期大体计算出机会成本的数额，从而做出选择。但是有些机会成本是无法用货币来衡量的，它们涉及人们的情感、观念等。

机会成本广泛存在于生活当中。一个有着多种兴趣的人在上大学时，会面临选择专业的难题；辛苦了5天，到了双休日，是出去郊游还是在家看电视剧；面对同一时间的面试机会，选择了一家单位就不能去另一家单位……对于个人而言，机会成本往往是我们做出一项决策时所放弃的东西，而且常常比我们预想中的还多。

人生面临的选择何其多，人们无时无刻不在进行选择。比如是继续工作还是先去吃饭，是在这家商店买衣服还是在那家商店买衣服，是买红色的衣服还是黄色的衣服，心中有个秘密是告诉朋友还是不告诉朋友，如果告诉又告诉哪些朋友……这些选择在生活中很常见，不过似乎并不重大，所以大家轻松地做出了选择，也不会慎重考虑。

机会成本越高，选择越困难，因为在心底，我们不愿放弃任何有益的选择。但是，我们有时必须"二选一"，甚至是"三选一"，在这时，机会成本的考量将显得尤为重要。

# 赌博，赢不来幸福

皮皮一家的好日子在男主人失业后终止了。因为赶上金融危机，公司裁员，皮皮的男主人不幸名列其中。下岗在家赋闲的男主人成天唉声叹气，但厄运还没有结束，因为少了主要的经济来源，他们还不起贷款，不得已之下，男主人和女主人决定搬出这所房子，去找一个更小、更便宜的住所。

问题随之而来，既然要节省开支，便无法养狗了，于是他们将皮皮一家三口赶了出来。皮皮一家没有了住处，只得到处流浪。皮皮在一夜之间成了无家可归的流浪狗。

那段日子，皮皮总是吃了上顿没下顿，过着没着没落的日子。一天，正当皮皮饿着肚皮睡觉的时候，爸爸忽然很兴奋地走过来，嘴里叼着一大块排骨。闻到肉香，皮皮一跃而起。它一边咬下一大块肉，一边问爸爸："这肉是从哪儿来的？"

"赌博赢来的。"爸爸的话让皮皮吃了一惊。

"村头有赛狗的，每天一场，谁赢了，谁就能赢得一大块排骨。"皮皮爸爸解释道。皮皮知道所谓的赛狗，就是抽签决定两条狗进入围场殴斗，决出胜负。

皮皮担忧地说："但是，爸爸，万一你被抽中和一条大狗比赛，你会输得很惨的。"

爸爸不以为然："放心，我已经找到规律了，只要我把自己的签放到最后，被抽中的对手总是弱小的狗。"

妈妈也表示赞同："这倒是一个好办法，以后，我和皮皮就不用挨饿了。"

赌博中取得胜利的几率十分小，这就好像经济学中常说的机会成本一样。纯粹的赌博是不存在理性上的投资收益的，只不过是数学里的离散游戏而已，是概率论和经济博弈论的运用，每一次赌博的赢输概率都是一样的，这在概率论里称为"伯努利事件"。

赌博能赚到钱吗？看似非常简单的逻辑，许多人却常常栽在其中。典型的例子就是，赌徒在输钱后，总是想翻本。输掉的钱就是沉没成本，它不可能再收回来，新的"选择"是是不是还要继续赌下一盘，再赌下一盘的收益风险是多少，这便是机会成本，我们做出一个选择后所丧失的是不作这个选择而可能获得的最大利益。

皮皮的爸爸将自己的签放到最底层，的确被抽中的几率不大，但不是完全没有可能的。皮皮的爸爸和弱势的狗殴斗，每天可以领取一块排骨，这份利润的确可观。但如果被抽中与强悍的狗殴斗，那它势必会落败，一天一块排骨的收益也就没有了，而且还有可能丧命。皮皮爸爸的这种行为便可理解为机会成本。

经济学家们对此的理解便是皮皮的爸爸用自己的性命在做赌注，以赢取那一块排骨，这实际上是亏损的。果然，没过几天，皮皮担心的事就发生了。

那天和往常一样，爸爸又去赛狗，一直到晚上，它才一瘸一拐地回来。皮皮一看就知道出事了，爸爸缓了好半天之后，才道出原委。原来那天它一去就被抽中，等它上台后，才发现对手又高又壮，是一条猎犬。

但已经上台了，皮皮爸爸只得硬着头皮打下去。很快，它被猎犬打得伤痕累累，在地上趴了好半天，才能挪着回来。

"爸爸，我早就说过，你会被大狗打得遍体鳞伤的。"皮皮看着爸爸一身的伤痕，心疼地说道。

爸爸也叹气道："我以为他们不会将两张连在一起的号码抽出来，没想到他们还真这样做了。"

皮皮看到爸爸痛苦的样子想，以后做选择一定要慎重，这种赌徒的心态是要不得的。

可以毫不夸张地说，目前比较流行的六合彩、牌九、大小、麻将、24点、赌球、赌马等都不存在长期投资必然赢利的可能性，否则那些华尔街金融投资家早就进入了。

# 输 or 赢 ？

　　因为这些赌博都不符合经济学的条件，所以妄图靠这种赌博来一夜暴富，或者挣点零花钱，是不可取的。很多好赌者，包括故事中皮皮的爸爸，就是走入了这个误区，最后才伤得那么重。

　　赌博只是将机会成本在主观意识上放到最大，对于这种总是把成功寄希望于小概率事件的赌徒而言，失败之后的痛楚是他们无法承受的。

　　有时候，我们总是忽视对机会成本的计算，机会成本其实就是揭示了资源稀缺与选择多样化之间的关系。我们必须要做出选择，因为我们不能将所有资源都占到，所以，当我们只能选择一部分资源的时候，机会成本也便成了约束我们的概念。

# 羊群效应：
# 别被潮流牵着鼻子走

## 有种选择叫"跟风"

喝惯了绿茶、橙汁、果汁的人们如今有了新的选择，以"王老吉""苗条淑女动心饮料"等为代表的一批功能性饮品纷纷开始上市。值得关注的是，这些饮料并不是由传统的食品、饮料企业推出的，生产它们的是——药企。

这些功能性饮料的显著特点是，它们除了饮料所共有的为人体补充水分的功能外，都有一些药用的功能，比如去火、瘦身。伴随着"尽情享受生活，怕上火，喝王老吉"这句时尚、动感的广告词，"王老吉"一路走红，大举进军全国市场。

虽然"王老吉"最初流行于我国南方，北方人其实并没有喝凉茶的传统，但是王老吉药业巧妙地借助人人皆知的中医理念，成功地把"王老吉"打造成了预防上火的必备饮料。淡淡的药味，独特的清凉去火功能，令其从众多只能用来解渴的茶饮料、果汁饮料、碳酸饮料中脱颖而出。酷热的夏天，加上人们对川菜的喜爱，给了消费者预防上火的理由，当然也给了人们选择"王老吉"的理由。

然而这里药品专家提醒广大消费者，要理性消费不跟风。医学专家指出，在王老吉凉茶的配料中，菊花、金银花、夏枯草以及甘草都是属于中药的范畴，具有清热的功能，药性偏凉，不宜当作普通食品食用。专家表示，夏枯草的功用是清肝火、散郁结，用于肝火目赤肿痛，头晕目眩，耳鸣、烦热失眠等症，它和菊花、金银花配在一起使用时，应根据具体对象的身体状况对症使用。专家认为，凉茶这种饮料并非老少皆宜，脾胃虚寒者以及糖尿病患者都不宜饮用。脾胃虚寒的人饮用后会引起胃寒、胃部不适症状，而糖尿病患者饮用后则会导致血糖升高。可见，功能性饮料并不适合所有人群。

这也提醒了我们在消费的同时不要盲目跟风，要做到理性消费。经济学上有一个名词叫"羊群效应"，是说在一个集体里人们往往会盲目从众，在集体的运动中会丧失独立的判断。

在一群羊前面横放一根木棍，第一只羊跳了过去，第二只、第三只也会跟着跳过去；这时，把那根棍子撤走，后面的羊，走到这里，仍然像前面的羊一样，向上跳一下，这就是所谓的"羊群效应"，也称"从众心理"。羊群是一个很散乱的组织，平时在一起也是盲目地左冲右撞，但一旦有一只头羊动起来，其他的羊也会不假思索地一哄而上，全然不顾前面可能有狼或者不远处有更好的草。

因此，"羊群效应"就是比喻人都有一种从众心理。从众心理很容易导致盲从，而盲从往往会使你陷入骗局或遭到失败。

其实，在现实生活中，类似的消费跟风的例子还真不少。比如每年大学必有的"散伙饭"。

所谓的"散伙饭"就是"离别饭"。三四年的同学、宿舍密友，转眼间就要各奔东西了，这个时候自然要聚一聚，喝酒、聊天，于是，"散伙饭"成了大学生表达彼此间依依惜别之情的方式。

然而，作为大学里最后记忆的"散伙饭"，却渐渐地变了味道。"散伙饭"不仅越吃越多，还越吃越高档，成了"奢侈饭"。

大学生毕业的时候吃"散伙饭"，显然已经成了一种惯例，届届相传。其实，"散伙饭"

只是大学生的一种"跟风"现象。

看到以前的学长们在吃"散伙饭",看到周围的同学在吃"散伙饭",自己怎能不吃呢?

这种一味地跟风,只图一时宣泄情绪的行为,往往给许多学生的家庭带来了财务负担。对家庭而言,培养一个大学生已经花费了不少钱财,豪华的饭局更加重了家庭的负担。家庭富裕的家长也许并不会在意什么,然而家庭比较贫困的呢?为了不丢孩子的面子,再"穷"也要让孩子在大学的最后时刻风风光光地毕业。这不仅突出了同学间的贫富不均的现象,更容易引起贫困生们的自卑心理。对于学生而言,绝大多数都是依赖父母,有钱就花,花完再要,大摆饭局只为跟风、攀比,满足彼此的虚荣心,十分不利于培养学生正确的理财观、消费观,助长了社会"杯酒交盏,排场十足"的铺张浪费之风。不仅如此,错误的消费观还会影响到大学生日后就业,他们所挣的工资可能连在校时的消费水平都不如,这也就相应地加大了他们就业的压力。

"羊群效应"告诉我们,许多时候,并不是谚语说的那样——"群众的眼睛是雪亮的"。在市场中的普通大众,往往容易丧失基本判断力,人们喜欢凑热闹、人云亦云。有时候,群众的目光还投向资讯媒体,希望从中得到判断的依据。但是,媒体人也是普通群众,不是你的眼睛,如果你不会辨别垃圾信息就会失去方向。所以,收集信息并敏锐地加以判断,是让人们减少盲从行为,更多地运用自己理性思维的最好方法。

## 赢在自己,做一匹特立独行的狼

老猎人圣地亚哥最喜欢听狼嚎的声音。在月明星稀的深夜,狼群发出一声声凄厉、哀婉的嚎叫,老人经常为此泪流满面。他认为那是来自天堂的声音,因为

那种声音总能震撼人们的心灵，让人们感受到生命的存在。

老人说："我认识这个草原上所有的狼群，但并不是通过形体来区分它们，而是通过声音——狼群在夜晚的嚎叫。每个狼群都是一个优秀的合唱团，并且它们都有各自的特点以区别于其他的狼群。在许多人看来，狼群的嚎叫并没有区别，可是我的确听出了不同狼群的不同声音。"

狼群在白天或者捕猎时很少发出声音，它们喜欢在夜晚仰着头对着天空嚎叫。对于狼群的嚎叫，许多动物学家进行过研究，但不能确定这种嚎叫的意义。也许是对生命孤独的感慨，也许是通过嚎叫表明自身的存在，也许仅仅是在深情歌唱。

在一个狼群内部，每一匹狼都具有自己独特的声音，这声音与群体内其他成员的声音不同。狼群虽然有严格的等级制度，也是最注重整体的物种，但这丝毫不妨碍它们个性的发展和展示，即使是具有最大权力的阿尔法狼，也没有权力去要求其他的狼模仿自己的声音和行为，每一匹狼都掌握着自己的命运，保留着自己的独立个性。同样，就投资而言，我们每一个人的未来终归掌握在自己手里。你愿意去做一只待宰的羔羊，还是做一匹特立独行的狼？

答案很明确，做一只待宰的羔羊肯定会被狼吃掉。可是，人们在实际的投资过程中，往往意识不到自己在不经意间已经加入了羊群。

我们要时刻保持警惕，时刻保持自己的个性，时刻保持自己的创造性，自己把握自己的未来。

下面，我们再来看一个特立独行者的例子：

20 世纪 50 年代，斯图尔特只是华盛顿一家公司的小职员。一次，他看了一部表现非洲生活的电影，发现非洲人喜爱戴首饰，就萌发了做首饰生意的念头。于是他借了几千美元，独自闯荡非洲。

经过几年的努力，他的生意已经做到使人眼红的地步，世界各地的商人纷纷赶到非洲抢做首饰生意。

面对众多的竞争者，斯图尔特并不留恋自己开创的事业，拱手相让，他从首饰生意中走出来，另辟财路。

斯图尔特的成功就是靠"独立创意"这一制胜要诀，这是他善于观察、善于思考的结果。

要想有独立的创意，就不要人云亦云，一定要培养自己独立思考的能力。

# 沉没成本：
# 难以割舍已经失去的，只会失去更多

## 别在"失去"上徘徊

阿根廷著名高尔夫球运动员罗伯特·德·温森在面对失去时，表现得非常令人钦佩。一次，温森赢得了一场球赛，拿到奖金支票后，正准备驱车回俱乐部。就在这时，一个年轻女子走到他面前，悲痛地向温森表示，自己的孩子不幸得了重病，因为无钱医治正面临死亡。温森二话没说，在支票上签上自己的名字，将它送给了年轻女子，并祝福她的孩子早日康复。

一周后，温森的朋友告诉温森，那个向他要钱的女子是个骗子。温森听后惊奇地问道："你敢肯定根本没有一个孩子病得快要死了这回事？"朋友做了肯定的回答。温森长长出了一口气，微笑道："这真是我一个星期以来听到的最好的消息。"

温森的支票，对于他而言是已经付出的不可回收的成本，他以博大的胸襟坦然面对自己的"失"，这是一种对待沉没成本的正确态度。

如果你预订了一张电影票，已经付了

票款而且不能退票，但是看了一半之后觉得很不好看，你该怎么办？

这时有两种选择：忍受着看完，或退场去做别的事情。

两种情况下你都已经付钱，所以不应该再考虑钱的事。当前要做的决定不是后悔买票了，而是决定是否继续看这部电影。因为票已经买了，后悔已经于事无补，所以应该以看免费电影的心态来决定是否再看下去。作为一个理性的人，选择把电影看完就意味着要继续受罪，而选择退场无疑是更为明智的做法。

从理性的角度说沉没成本是不应该影响我们决策的，因为不管你是不是继续看电影，你的钱已经花出去了。作为一个理性的决策者，你应该仅仅考虑将来要发生的成本（比如需要忍受的狂风暴雨）和收益（看电影所带来的满足和快乐）。

有一位先生，总是带着一条颜色很难看的领带。当他的朋友终于忍不住告诉他这条领带并不适合他时，他回答："哎，其实我也觉得这条领带不是很适合我，可是没办法，花了500多块钱买的，总不能就扔在抽屉里睡大觉吧？那不是白白浪费了吗？"

这种情况十分普遍，人们在做决策的时候，往往不能割舍沉没成本，不少人还将整个人生陷入沉没成本的泥潭里无法自拔，毫无音乐细胞的人坚持把钢琴学下去，因为耗资不菲的钢琴，并且已经花不少钱报了钢琴班；两个性格不合的情侣早就没有了爱情和甜蜜，勉强在一起只因为已经在一起这么久了，为对方已经付出了那么多，怎么也耗到结婚吧……

其实，我们应该承认现实，把已经无法改变的"错误"视为昨天经营人生的坏账损失和沉没成本，以全新的面貌面对今天，这才是一种健康的、快乐的、向前看的人生态度，以这样的态度面对人生才能轻装上阵，才会有新的成功、新的人生和幸福。

## 忘记沉没成本，向前看

皮皮和爸爸最近住在一户人家的花园里。那家人很热情，他们9岁的儿子很喜欢狗，除了皮皮和爸爸，花园里还有一只可爱的小狼狗，主人常给小狼狗洗澡，带它晒太阳，皮皮看得出，这条小狼狗与这家人的感情很好。

但是有一天，皮皮听到了一阵惨叫，它发现小狼狗被隔壁的大狗给咬死了。皮皮大叫，主人和他9岁的儿子赶紧出门，看到这幕惨剧，主人的儿子十分伤心，他拿着棍子就去打那条大狗。

主人却一把把他抱住："既然我们的狼狗已经死了，就不要再伤害另外一条狗

了。我相信，它也不是故意的。"

满脸泪痕的小孩被主人带进了屋，皮皮不满意了："这个男主人真是冷血，自己的宠物被咬死了，也不报仇，就这样算了，真没感情。"

皮皮爸爸说："反正都死了，就算把那条大狗杀死，这条小狼狗也是不可能复活的，这样的沉没成本何必让它再增加呢？"

皮皮摇头表示不明白。

皮皮爸爸接着启发他："好比一盆水被泼在地上，你再努力也不可能把它收回来，所以不如放弃，这就是已经成为定局的沉没成本。"

皮皮似懂非懂。

覆水难收比喻一切都已成为定局，不能更改。在经济学中，我们引入"沉没成本"的概念，代指已经付出且不可收回的成本。就好比小狼狗被大狗咬死已经成为定局，如果再打死大狗，也无法挽回，却还要赔偿那家主人，所以，此刻就不能冲动。

当然，除了"冤枉钱"以外，沉没成本有时候只是商品价格的一部分。

这天，主人推着刚买不久的自行车去卖，下午回来的时候，一脸不高兴。儿子上前问道："爸爸，你怎么了？"

"我才买的车，还是新的呢，结果到了市场上，他们每个人的开价都是那么低，我真是亏死了。"主人一肚子怨气。

"不要生气了，如果你不卖，过几天价格会更低的。"儿子安慰他。

爸爸对皮皮说："其实这也是沉没成本的一种表现。"

故事中，主人买了一辆自行车，骑了几天后低价在二手市场卖出，此时原价和他的卖出价间的差价就是沉没成本。在这种情况下，沉没成本随时间而改变，那辆自行车骑的时间越长，一般来说卖出的价会越低，这是不可避免的，当一项已经发生的投入无论如何也无法收回时，这种投入就变成了沉没成本。

每一次选择我们都要付出行动，每一次行动我们都要投入。不管我们前期所做的投入能不能收回，是否有价值，在做出下一个选择时，我们不可避免地会考虑到这些。最终，前期的投入就像坚固的铁链一样，把我们牢牢锁在原来的道路上，无法做出新的选择，而且投入越大，我们便被锁得越结实。可以说，沉没成本是路径依赖现象产生的一个主要原因。

总之，对于沉没成本不需要计较太多，就好像覆水难收，过去的就让它过去吧。这其实也是一种乐观主义精神，只要坚持下去，任何事情都会有回报的。朝前看，不回头，这样才正确。

# 最大笨蛋理论：
# 你会成为那个最大的傻瓜吗

## 没有最笨，只有更笨

1908～1914年间，经济学家凯恩斯拼命赚钱，他什么课都讲，经济学原理、货币理论、证券投资等。凯恩斯获得的评价是"一架按小时出售经济学的机器"。

凯恩斯之所以如此玩命，是为了日后能自由并专心地从事学术研究以免受金钱的困扰。然而，仅靠讲课又能积攒几个钱呢？

终于，凯恩斯开始醒悟了。1919年8月，凯恩斯借了几千英镑进行远期外汇投机。4个月后，净赚1万多英镑，这相当于他讲10年课的收入。

投机生意赚钱容易，赔钱也容易。投机者往往有这样的经历，开始那一跳往往有惊无险，钱就这样莫名其妙进了自己的腰包，飘飘然之际又倏忽掉进了万丈深渊。又过了3个月，凯恩斯把赚到的钱和借来的本金亏了个精光。投机与赌博一样，人们往往有这样的心理：一定要把输掉的再赢回来。半年之后，凯恩斯又涉足棉花期货交易，狂赌一通大获成功，从此一发不可收拾，他几乎把期货品种做了个遍。他还嫌不够刺激，又去炒股票。到1937年凯恩斯因病金盆洗手之际，他已经积攒了一生享用不完的巨额财富。与一般赌徒不同，他给后人留下了极富解释力的"赔经"——最大笨蛋理论。

什么是"最大笨蛋理论"呢？凯恩斯曾举例说从100张照片中选择你认为最漂亮的脸蛋，选中有奖，当然最终是由最高票数来决定哪张脸蛋最漂亮。你应该怎样投票呢？正确的做法不是选自己真的认为最漂亮的那张脸蛋，而是猜多数人会选谁就投她一票，哪怕她丑得不堪入目。

凯恩斯的最大笨蛋理论，又叫博傻理论。你之所以完全不管某个东西的真实价值，即使它一文不值，你也愿意花高价买下，是因为你预期有一个更大的笨蛋，会花更高的价格，从你那儿把它买走。投机行为的关键是判断有无比自己更大的笨蛋，只要自己不是最大的笨蛋，结果就是赢多赢少的问题。如果再也找不到愿出更高价格的更大笨蛋把它从你那儿买走，那你就是最大的笨蛋。

对中外历史上不断上演的投机狂潮，最有解释力的就是最大笨蛋理论。

1720 年的英国股票投机狂潮有这样一个插曲，一个无名氏创建了一家莫须有

的公司，自始至终无人知道这是什么公司，但认购时近千名投资者争先恐后，结果把大门都挤倒了。没有多少人相信它真正获利丰厚，而是预期更大的笨蛋会出现，价格会上涨，自己会赚钱。颇有讽刺意味的是，牛顿也参与了这场投机，结果成了"最大的笨蛋"，他因此感叹："我能计算出天体运行，但人们的疯狂实在难以估计。"

投资者的目的不是犯错，而是期待一个更大的笨蛋来替代自己，并且从中得到好处。没有人想当最大笨蛋，但是不懂如何投机的投资者，往往就成为了最大笨蛋。那么，如何才能避免做最大的笨蛋呢？其实，只要具备对别人心理的准确猜测和判断能力，在别人"看涨"之前投资，在别人"看跌"之前撒手，自己注定永远也不会成为那个最大的笨蛋。

## 别做最后一个笨蛋

最大笨蛋理论认为，股票市场上的一些投资者根本就不在乎股票的理论价格和内在价值，他们购入股票，只是因为他们相信将来会有更傻的人以更高的价格从他们手中接过"烫山芋"。支持博傻理论的基础是投资大众对未来判定的不一致和判定的不同步。对于任何部分或总体消息，总有人过于乐观，也总有人趋向悲观；有人过早采取行动，也有人行动迟缓，这些判定的差异导致整体行为出现差异，并激发市场自身的激励系统，

导致博傻现象的出现。

最漂亮"博傻理论"所要揭示的就是投机行为背后的动机，投机行为的关键是判断"有没有比自己更大的笨蛋"。只要自己不是最大的笨蛋，那么自己就一定是赢家，只是赢多赢少的问题；如果没有一个愿意出更高价格的更大笨蛋来做你的"下家"，那么你就成了最大的笨蛋。可以这样说，任何一个投机者信奉的无非是"最大的笨蛋"理论。

其实，在期货与股票市场上，人们所遵循的也是这个策略。许多人在高价位买进股票，等行情上涨到有利可图时迅速卖出，这种操作策略通常被市场称为傻瓜赢傻瓜，所以只在股市处于上升行情中适用。从理论上讲，博傻也有其合理的一面，即高价之上还有高价，低价之下还有低价，其游戏规则就像接力棒，只要不是接最后一棒都有利可图，做多者有利润可赚，做空者减少损失，只有接到最后一棒者倒霉。

再如，传销在中国曾经越炒越热，受到政府屡次打击依然不断地死灰复燃，参与传销的不仅仅是些毫无经济知识的普通人，还有许多知识分子，他们的唯一目的就是获利，再获利。一瓶兰花油成本不外乎 10 元，可以传成 1000 元甚至 10000 元，兰花油其实可以忽略不计，毫不犹豫买下它入会就是期待自己后面还有更大的笨蛋，这样一个笨蛋接一个笨蛋进入，到最后最大的一批笨蛋出现了，赢利的是早期的笨蛋们。

20 世纪 80 年代后期，日本房地产价格暴涨，1986 ~ 1989 年，日本的房价整整涨了 2 倍。这让日本人发现炒股票和炒房地产来钱更快，于是纷纷拿出积蓄进行投机。他们知道房子虽然不值那么多钱，但他们期待有更大的笨蛋出现，到了 1993 年，最大的笨蛋出现了，国土面积相当于美国加利福尼亚州的日本，其地价市值总额竟相当于整个美国地价总额的 4 倍。这些最大笨蛋只能跳楼来解脱了。

比如说，你不知道某个股票的真实价值，但为什么你会花高价去买一股呢，因为你预期当你抛出时会有人花更高的价钱来买它。

再如今天的房市和股市，如果做头傻那是成功的，做二傻也行，别成为最后的那个大傻子就行。博傻理论告诉人们最重要的一个道理是在这个世界上，傻不可怕，可怕的是做最后一个傻子。

# 消费者剩余效应：
# 在花钱中学会省钱

## 愿意支付 VS 实际支付

在南北朝时，有个叫吕僧珍的人，世代居住在广陵地区。他为人正直，很有智谋和胆略，受到人们的尊敬和爱戴。有一个名叫宋季雅的官员，被罢官后，由于仰慕吕僧珍的人品，特地买下吕僧珍宅子旁的一幢普通房子，与吕为邻。一天吕僧珍问宋季雅："你花了多少钱买这幢房子？"宋季雅回答："1100金。"吕僧珍听了大吃一惊："怎么这么贵？"宋季雅笑着回答："我用100金买房屋，用1000金买个好邻居。"

这就是后来人们常说的"千金买邻"的典故。"1100金"的价钱买一幢普通的房子，一般人不会做出如此选择，但是宋季雅认为很值得，因为其中的"1000金"是专门用来"买邻"的。

消费者在买东西时对所购买的物品有一种主观评价，这种主观评价表现为他愿意为这种物品所支付的最高价格，即需求价格。这种需求价格主要有两个决定因素：一是消费者满足程度的高低，即效用的大小；二是与其他同类物品所带来的效用和价格的比较。

在一场纪念猫王的小型拍卖会上，有一张绝版的猫王专辑在拍卖，小秦、小文、老李、阿俊4个猫王迷同时出现。他们每个人都想拥有这张专辑，但每个人愿意为此付出的价格都有限。小秦的支付意愿为100元，小文为80，老李愿意出70元，阿俊只想出50元。

拍卖会开始了，拍卖者首先将最低价格定为20元，开始叫价。由于每个人都非常想要这张专辑，并且每个人愿意出的价格远远高于20元，于是价格很快上升。当价格高于50元时，阿俊不再参与竞拍。当专辑价格再次提升为70元时，老李退出了竞拍。最后，当小秦愿意出81元时，竞拍结束了，因为小文也不愿意以高于80元的价格购买这张专辑。

那么，小秦究竟从这张专辑中得到什么利益呢？实际上，小秦愿意为这张专辑支付100元，但他最终只为此支付了81元，比预期节省了19元。这19元就是小秦的消费者剩余。

消费者剩余是指消费者购买某种商品时，所愿支付的价格与实际支付的价格之间的差额。例如，对于一个正处于饥饿状态的人来说，他愿意花8元买一个馒头，而馒头的实际价格是1元，则他愿意为一个馒头支付的最高价格和馒头的实际市场价格之间的差额是7元，这7元就是他获得的消费者剩余的量。

在西方经济学中，这一概念是马歇尔提出来的，他在《经济学原理》中为消费者剩余下了这样的定义："一个人对一物所付的价格，绝不会超过而且也很少达到他宁愿支付而不愿得不到此物的价格。因此，他从购买此物中所得到的满足，通常超过他因付出此物的代价而放弃的满足，这样，他就从这种购买中得到一种满足的剩余。他宁愿付出而不愿得不到的此物的价格，超过他实际付出的价格的部分，就是这种剩余满足的经济衡量。这个部分可以称为消费者剩余。"

消费者剩余的真正根源其实就是成本。众所周知，人们想要获得任何东西都必须支付一定的成本，消费者剩余也不例外。消费者剩余的提供是需要成本的，想要获得消费者剩余，就必须支付这一成本。消费者在消费中作为剩余获得的免费收益并不是由消费者自己承担的，而是由消费者的前人和后人承担与提供的，消费者没有付出任何货币或者是努力而凭空得到了消费者剩余。前人为消费者承担的成本，主要体现在知识和科学技术上。在市场经济中，由知识和技术等要素所带来的以外部正效应形式存在的那一部分效用实际上并没有被价格机制衡量出来。也就是说，价格机制衡量出来的效用要低于它的实际效用，它们的差额就是由知识和技术等要素所带来的效用。人们花费货币买到的效用大于与他支付的货币所等价的效用，人们没有为此付费而得到了一部分效用，这部分效用就来源于知识和技术等，也意味着前人替我们承担了成本。

在市场经济中，很多商家为了赚取更多的利润，会尽量让消费者剩余成为正数，于是采取薄利多销的销售策略，以此吸引更多的消费者前来购买商品。但是，我们会发现一种非常奇怪的现象，你在高档的精品屋里打折买来的东西，却与普通商场中不打折时的价格差不多，因为你被商家打折的手法诱惑了，你获得的过多的消费者剩余只是心理的满足，而付出的是自己的真金白银。

## 不上"一口价"的当，省不省先"砍"一下再说

很多商家为了降低成本使其利润最大化，常常会采取一些忽悠的手段来诱骗消费者购买自己的产品。

消费者想买实惠，销售者想赚实利；消费者想尽量砍低价钱，销售者则想方设法抬高价格且不让消费者看出来。于是，有些商家为了使消费者不好砍价，就与厂家联合起来在商品标签上大做文章，故意标上诸如"全国统一零售价""销售指导价"等字样，或者自行张贴"一口价""不还价"等店堂声明、告示，以此忽悠消费者。很多消费者信以为真，以为其所售的商品真就不能砍价，结果"一口价"买的却是"忽悠价"。

尤其在网上购物时，我们经常会遇到一口价商品，但不要认为标明一口价就不能议价了，这只是障眼法。一些不够精明的人往往被卖方的一口价忽悠住，以真正物品价值的几倍价钱买下商品，而自己还被蒙在鼓里。

不要上"一口价"的当，看商品谈价钱，能砍则砍，不能砍，可以尝试着要求卖家通过其他方式降低一些价格，例如免邮费、化零为整等。

一口价的陷阱不仅体现在虚假的报价上，一口价还经常打着特价商品的旗号来迷惑消费者，使之跌入陷阱。

年关将至，某品牌皮鞋店打出"店庆十周年，特价大酬宾"的宣传条幅，活动

期间所有商品"一口价"甩卖，数量有限，先到先得。冲着该品牌及价位，许先生花了130元购买了一双男式休闲皮鞋，可穿了还不到一个礼拜，鞋底两边就裂开了嘴。于是，许先生带着这双皮鞋和购物发票到商店要求退货或更换。没想到，商家当场予以拒绝，特价商品无三包，既然是特价就说明商品本身质量有问题，要不也不会这么便宜就卖了。面对商家冠冕堂皇的解释，许先生想不出任何反驳的理由，因为他当时确实是冲着鞋的价位去的，看来如今只能自认倒霉了，他只好把鞋带回了家。

商家打着"一口价"的幌子，以所谓低价销售的手段，蒙骗消费者，逃避自己本来应当承担的退换和售后服务的责任，显然消费者又当了一次"冤大头"。或许有的时候一口价真的很低，但是当你以为自己真的捡了个便宜的时候，你可能完全忽略了商品的质量和售后服务问题。

"一口价""全市最低价"，在这些诱人的广告宣传语下，消费者不要在无知中自认为占了大便宜，很有可能你已经跌进商家设下的陷阱里了。所以，面对一口价，要么将"砍"进行到底，要么横眉冷对之。

# 前景理论：
# "患得患失"是一种纠结

## 面对获得与失去时的心理纠结

有个著名的心理学实验：假设你得了一种病，有十万分之一的可能性会突然死亡。现在有一种吃了以后可以把死亡的可能性降到 0 的药，你愿意花多少钱来买它呢？或者假定你身体很健康，医药公司想找一些人来测试新研制的一种药品，这种药用后会使你有十万分之一的几率突然死亡，那么医药公司起码要付多少钱你才愿意试用这种药呢？

实验中，人们在第二种情况下索取的金额要远远高于第一种情况下愿意支付的金额。我们觉得这并不矛盾，因为正常人都会做出这样的选择，但是仔细想想，人们的这种决策实际上是相互矛盾的。第一种情况下是你在考虑花多少钱消除十万分之一的死亡率，买回自己的健康；第二种情况是你要求得到多少补偿才肯出卖自己的健康，换来十万分之一的死亡率。两者都是十万分之一的死亡率和金钱的权衡，是等价的，客观上讲，人们的回答也应该是没有区别的。

为什么两种情况会给人带来不同的感觉，让人做出不同的回答呢？对于绝大多数人来说，失去一件东西时的痛苦程度比得到同样一件东西所经历的高兴程度要大。对于一个理性的人来说，对"得失"的态度反映了一种理性的悖论。由于人们倾向于对"失"表现出更大的敏感性，往往在做决定时会因为不能及时换位思考而做出错误的选择。

一家商店正在清仓大甩卖，其中一套餐具有 8 个菜碟、8 个汤碗和 8 个点心碗，共 24 件，每件都完好无损。同时有一套餐具，共 40 件，其中有 24 件和前面那套

的种类大小完全相同，也完好无损，除此之外，还有8个杯子和8个茶托，不过两个杯子和7个茶托已经破损了。第二套餐具比第一套多出了6个好的杯子和1个好的茶托，但人们愿意支付的钱反而少了。

一套餐具的件数再多，即使只有一件破损，人们就会认为整套餐具都是次品，理应价廉；件数少，但全部完好，就成为合格品，当然应当高价。

在生活中，人们由于有限理性而对"得失"的判断屡屡失误，成了"理性的傻瓜"。

工人体育场将上演一场由众多明星参加的演唱会，票价很高，需要800元，这是你梦寐以求的演唱会，机会不容错过，因此很早就买到了演唱会的门票。演唱会的晚上，你正兴冲冲地准备出门，却发现门票没了。要想参加这场音乐会，必须重新掏一次腰包，那么你会再买一次门票吗？假设另一种情况，同样是这场演唱会，票价也是800元。但是这次你没有提前买票，你打算到了工人体育场后再买。刚要从家里出发的时候，你发现买票的800元弄丢了。这个时候，你还会再花800元去买这场演唱会的门票吗？

与在第一种情况下选择再买演唱会门票的人相比，在第二种情况下选择仍旧购买演唱会门票的人绝对不会少。同样是损失了800元，为什么两种情况下会有截然不同的选择呢？其实对于一个理性人来说，他们的理性是有限的，在他们心里，对每一枚硬币并不是一视同仁的，而是视它们来自何方、去往何处而采取不同的态度。这其实是一种非理性的思考。

前景理论告诉我们，在面临获得与失去时，一定要以理性的视角去认识和分析风险，从而做出正确的选择。

## 把握好风险尺度，别错失良机

有一年，但维尔地区经济萧条，不少工厂和商店纷纷倒闭，被迫贱价抛售自己堆积如山的存货，价钱低到 1 美元可以买到 100 双袜子。

那时，约翰·甘布士还是一家纺织厂的小技师。他马上把自己积蓄的钱用于收购低价货物，人们见到他这股傻劲，都公然嘲笑他是个蠢材。

约翰·甘布士对别人的嘲笑漠然置之，依旧收购各工厂和商店抛售的货物，并租了很大的货仓来存货。

他妻子劝他说，不要买这些别人廉价抛售的东西，因为他们历年积蓄下来的钱数量有限，而且是准备用做子女学费的，如果此举血本无归，那么后果不堪设想。

对于妻子忧心忡忡的劝告，甘布士安慰她道："3 个月以后，我们就可以靠这些廉价货物发大财了。"

过了 10 多天，那些工厂即使贱价抛售也找不到买主了，便把所有存货用车运走烧掉，以此稳定市场上的物价。

他妻子看到别人已经在焚烧货物，不由得焦急万分，抱怨起甘布士。对于妻子的抱怨，甘布士一言不发。

终于，美国政府采取了紧急行动，稳定了但维尔地区的物价，并且大力支持那里的厂商复业。

这时，但维尔地区因焚烧的货物过多，存货欠缺，物价一天天飞涨。约翰·甘布士马上把自己库存的大量货物抛售出去，一来赚了一大笔钱，二来使市场物价得以稳定，不致暴涨不断。

在他决定抛售货物时，他妻子又劝告他暂时不要把货物出售，因为物价还在一天一天飞涨。

他平静地说："是抛售的时候了，再拖延一段时间，就会追悔莫及。"

果然，甘布士的存货刚刚售完，物价便跌了下来。他的妻子对他的远见钦佩不已。

后来，甘布士用这笔赚来的钱开设了 5 家百货商店，成为全美举足轻重的商业巨子。

事实上，冒险具有一定的危险性，抓住机遇也是件很不容易的事情，并不是每个人想做就能做到。正因为如此，冒险才显得那么重要，冒险也才有冒险的价值。但冒险的目的并不是为了找刺激，当你的机会来临，要及时脱身这种"危险游戏"。我们应有冒险精神，但是不要盲目冒险，才能真正抓住风险中的商机，圆自己的财富之梦。

# 棘轮效应：
# 由俭入奢易，由奢入俭难

## 由俭入奢易，由奢入俭难

商朝时，纣王登位之初，天下人都认为在这位英明的国君治理下，商朝的江山坚如磐石。有一天，纣王命人用象牙做了一双筷子，十分高兴地使用这双象牙筷子就餐。他的叔叔箕子见了，劝他收藏起来，而纣王却满不在乎，满朝文武大臣也不以为意，认为这本来是一件很平常的小事。箕子为此忧心忡忡，有的大臣问他原因，箕子回答："纣王用象牙做筷子，就不会用土制的瓦罐盛汤装饭，肯定要改用犀牛角做成的杯子和美玉制成的饭碗，有了象牙筷、犀牛杯和美玉碗，难道还会用它来吃粗茶淡饭和豆子煮的汤吗？大王的餐桌从此顿顿都要摆上美酒佳肴了。吃的是美酒佳肴，穿的自然要绫罗绸缎，住的就要求富丽堂皇，还要大兴土木筑起楼台亭阁以便取乐了。对于这样的后果我觉得不寒而栗。"仅仅5年时间，箕子的预言果然应验了，商纣王恣意骄奢，商朝灭亡了。

在这则故事中，箕子对纣王使用象牙筷子的评价，就反映了现代经济学消费效应——棘轮效应。

棘轮效应，又称制轮作用，是指人的消费习惯形成之后具有不可逆性，即易于向上调整，而难于向下调整，尤其是在短期内消费是不可逆的，其习惯效应较大。这种习惯效应使消费取决于相对收入，即相对于自己过去的高峰收入。实际上棘轮效应可以用宋代政治家和文学家司马光的一句名言概括："由俭入奢易，由奢入俭难。"

在子女教育方面，因为深知消费的不可逆性，所以明智的家长注重防止棘轮效应。如今，一些成功的企业家虽然十分富有，仍对自己的子女要求严格，从来不给孩子过多的零用钱，甚至在寒暑假期间要求孩子外出打工。他们这么做的目的并非是为了让孩子多赚钱，而是为了教育他们要懂得每分钱都来之不易，懂得俭朴与自立。这一点在比尔·盖茨身上体现得十分明显。

微软公司的创始人比尔·盖茨是世界上赫赫有名的富豪，个人资产总额达 460 亿美元。但是他在接受媒体采访时却说，要把自己的巨额遗产返还给社会，用于慈善事业，只给 3 个女儿几百万美元。比尔·盖茨没有自己的私人司机，公务旅行不坐飞机头等舱而坐经济舱，衣着也不讲究什么名牌。更让人不可思议的是，他对打折商品感兴趣，不愿为泊车多花几美元。

有一次，比尔·盖茨和一位朋友同车前往希尔顿饭店开会，由于去晚了，以致找不到停车位。朋友建议把车停在饭店的贵客车位，盖茨不同意。他的朋友说"车费我来付"，盖茨还是不同意。原因很简单，贵客车位要多付 12 美元停车费，盖茨认为那是"超值收费"。

棘轮效应是出于人的一种本性，人生而有欲，"饥而欲食，寒而欲暖"，这是人与生俱来的欲望。人有了欲望就会千方百计地寻求满足。但是，消费要结合自身情况，不要养成奢侈的消费习惯。哪怕只是几元钱甚至几分钱，也要让其发挥出最大的效益，养成良好的消费习惯。

## 聚沙成塔，滴水成河——存钱是一种习惯

梁家芝是一个电视台的普通文字记者，她每月的月薪是 35000 元台币，扣掉各种开销，她一点点地积攒，在不到 4 年的时间存了 70 万元台币，圆了自己出国读硕士的梦想。

刚刚参加工作的梁家芝，遇到了大多数新人都会遇到的工作瓶颈，总是觉得

无力突破。为了自己的前途，她觉得需要进一步学习和进修，可是又不想向父母或银行借钱，因此，她就萌生出了要靠储蓄积攒出这笔费用的想法。

每天，她的食宿都非常节省，也从来不买光鲜亮丽的名牌服饰。她觉得与其把钱花掉，还不如握在手中。只要一有零钱，她就积攒起来。于是，她账户上的钱越来越多，她也离自己的梦想越来越近。

有一天，当她的朋友跟她开玩笑说："家芝，你存了多少钱了啊？是不是成了小富婆啦？"她才注意到，自己已经存够了出国留学的钱。

很多人都有留学的梦想，但是他们可能因为种种理由而凑不到钱，从而不得不放弃。看了梁家芝的故事，你还会觉得留学是件难事么？尽管是一点点地积累，一分分地节俭，可她还是存够了钱，圆了自己的梦想。

在开始存钱前，你也许会说："我知道我应该为将来存些钱。但每个月末，我都余不下多少工资。那么我该怎样开始呢？"这里给你的建议是，每月初在你试图花钱以前，存一些钱到储蓄账户里。

存钱纯粹是习惯的问题。人经由习惯的法则，塑造了自己的个性。任何行为在重复做过多次之后，就会变成一种习惯，人的意志也只不过是从我们的日常习惯中成长出来的一种推动力量。

一种习惯一旦在脑中形成之后，就会自动驱使一个人采取行动。在存钱方面，你不必一开始就存很多钱，即使一周存100元或200元也比不存强，因为它是养成存钱习惯的方法之一。其实要养成存钱的习惯，并不像想象中的那么难。每晚把所有你从饭店、超市和其他地方得来的零钱放入储蓄罐，几个星期后，你就会为你所有的可以存入储蓄账户的钱而感到惊讶。

养成储蓄的习惯，并不表示限制你的理财能力。正好相反，你在养成了这种习惯后，不仅把你所赚的钱有系统地保存下来，也增强了你的观察力、自信心、想象力、进取心及领导才能，真正增强你的理财能力。

# 配套效应：
# 有一种"和谐"叫"配套"

## 为什么商品总是配套组合

18世纪，欧洲掀起了一场轰轰烈烈的启蒙运动，法国人丹尼·狄德罗是这场运动的代表人物之一。他才华横溢，不但编撰了欧洲第一部《百科全书》，还在文学、艺术、哲学等诸多领域做出了卓越贡献，是当时赫赫有名的思想家。

有一天，一位朋友送给狄德罗一件质地精良、做工考究、图案高雅的酒红色长袍，狄德罗非常喜欢。于是，他马上将旧的长袍丢弃了，穿上了新长袍。可是不久之后，他就产生了烦恼。因为当他穿着华贵的长袍在书房里踱来踱去时，越

都得换新的
不然不配我的新长袍

发觉得那张自己用了好久的办公桌破旧不堪，而且风格也不对。于是，狄德罗叫来了仆人，让他去市场上买一张与新长袍相搭配的新办公桌。当办公桌买来之后，狄德罗又神气十足地在书房踱步了。可是他马上发现了新的问题：挂在书房墙上的花毯针脚粗得吓人，与新的办公桌不配套！

狄德罗马上打发仆人买来了新挂毯。可是，没过多久，他又发现椅子、雕像、书架、闹钟等摆设都显得与挂上新挂毯后的房间不协调，需要更换。慢慢的，旧物件都被换掉了，狄德罗得到了一个富丽堂皇的书房。

这时，这位哲人突然发现"自己居然被一件长袍胁迫了"，更换了那么多他原本无意更换的东西。于是，狄德罗十分后悔自己丢弃了旧长袍。他还把这种感觉写成了一篇文章，题目就叫《丢掉旧长袍之后的烦恼》。

200年之后，1988年，美国人格兰特·麦克莱肯读了这篇文章，感慨颇多。他认为这一个案例具有典型意义，集中揭示了消费品之间的协调统一的文化现象，借用狄德罗的名义，将这一类现象概括为"狄德罗效应"，也称配套效应。

1998年，美国哈佛大学的一位女经济学家朱丽叶·施罗尔出版了《过度消费的美国人》一书，在这本畅销书中她对这种新睡袍导致新书房的攀升消费模式进行了详细分析。此后，配套效应引起了越来越多人的关注，而且被运用到了社会生活的各个方面。

在人们的观念里，高雅的长袍是富贵的象征，应该与高档的家具、华贵的地毯、豪华的住宅相配套，否则就会使主人感到"很不舒服"。

配套效应在生活中可谓屡见不鲜。在服饰消费中，人们会重视帽子、围巾、上衣、裤子、袜子、鞋子、首饰、手表等物品之间在色彩、款式上的相互搭配；在装修时，人们会注重家具、灯具、厨具、地板、电器、艺术品和整体风格之间的和谐统一。这些都是为了实现"配套"，达到一种和谐。

生产厂家和商场可谓最善于利用这种配套效应了。配套效应的核心并不在于那件新长袍的风格样式，而在于它所象征的一种生活方式，后面的一切都是为了这种生活方式的完整而设计的。所以，厂家和商家往往会想方设法，利用这一效应来推销自己的商品。他们会告诉你这些商品是如何与你的气质相配，如何符合你的档次等等。总之，它们都是你不能不拥有的"狄德罗商品"。比方说，劳力士手表和宝马汽车都宣称自己是成功和地位的标志，所以如果你拥有了一块劳力士手表，那么你就应该考虑以宝马代步，这样才不会失掉自己的"面子"。

很多人都有这样的经历：在外出购物时明明只想买一样东西，结果却买回了一大堆。出门时只想买一件衬衫，但买下衬衫之后，又觉得跟裤子不配套，于是又去买了一条新裤子。穿上裤子，又觉得皮鞋的式样不般配，又去买双皮鞋。回到家才发现，原本只想花几十块钱，最后却花了好几百。

又比方说，买了一套三室两厅的新住宅之后，自然要好好装修一番。首先是铺上大理石或木地板，再安装像样的吊灯；四壁豪华之后，自然还想配上一些高档家具。一旦住上了这样的高档住宅，出入时显然不能再穿旧衣烂衫，必定要穿"拿得出手"的衣服与鞋袜。如此这般下去，所有这一切，都是为了跟这套房子配套。

其实，我们应该警惕这种预料之外的开支。很多人还没有到月末，就发现这个月已经大大超支，原因是买了许多不在计划之中的"狄德罗商品"。

## 钱要花得是时候

配套效应给人们一种启示：对于那些非必需的东西尽量不要购买。因为如果你接受了一件，那么外界的和心理的压力会使你不断地接受更多非必需的东西。

当今市场经济社会里，金钱已成为最宝贵的资源之一，所以我们一定要在最需要的时候消费，一定要将金钱用在最该用的地方。

有一次，张娟和几个朋友到另一个朋友家去做客，那位朋友的母亲为她们做了许多美味菜肴，但是都没有给她们留下深刻的印象，只有最后一道汤菜给她们留下了非常美好的记忆，她们感觉味道异常鲜美。第二天张娟仍然想着那道汤的好味道，并且专门去请教。但是，她严格地按照朋友母亲传授的技艺和程序去操作，汤做好了之后，端上桌子品尝的时候，却感觉淡而无味。后来她不服输，又做了一次，这一次她吸取了前一次的经验，多放了一些盐，但是端上桌后，竟然没有一个人不说咸。

她真是被搞得莫名其妙了，只好又去谦虚地请教，朋友母亲当时说的一席话令她茅塞顿开。

原来上汤的时间是非常有讲究的，如果汤是在最开始上来的，由于人们体内盐的浓度不高，这时候的汤就要适当咸一点，这样舌头的味蕾才能够充分地感觉到盐的味道；如果汤是在最后上来的，人们已经吃了很多菜，体内盐的浓度已经比较高，这时候即使汤中一点盐不放，人们仍然能感觉到盐的存在，感觉汤的味道很鲜美。

张娟呢？正好相反，第一次上汤的时候就记得要少放盐，但是却忽略了上汤的时间；第二次只想着要最后上汤，但是又将盐放得多了。

我们花钱最忌讳的就是掌握不好时机和数量。什么时候必须花钱，什么时候不该花钱；什么时候多花一点，什么时候少花一点。这就如我们喝汤的时候放盐一样，什么时候应该放盐，什么时候不能放盐，什么时候要多放盐，什么时候要少放盐都得讲究一番，因为这是非常关键的，搞不好一顿饭就毁在了这点"盐"上。

我们日常生活中，金钱的消费就像掌握好盐的多少一样，该花的时候一定要花，不该花的钱一分也不能花。钱花的如果是时候，往往会起到事半功倍的效果；钱花的如果不是时候，可能就是事倍功半的效果。

生活中花钱的地方实在是太多了，所以我们就要对日常的花销进行排队，分出轻重缓急，然后根据自己的财力进行合理安排，把好钢都用在刀刃上。这样我们的生活就会像一道异常味美的佳肴，让我们的金钱就像汤中的盐一样，适时地、适量地分散在生活这道美味中。

# 长尾理论：
# 今天的"冷门"将是明天的"热门"

## 今日小需求，成就明日大产业

Rhapsody 是一个记录音乐商，他将每个月的统计数据记录下来，并绘成图，结果发现该公司和其他任何唱片店一样，都有相同的符合"幂指数"形式的需求曲线——一条由左上陡降至右下的倾斜曲线。左边的短头部分，表示人们对排行榜前列的曲目有巨大的需求；右边的长尾部分，表示的是不太流行的曲目；短头代表传统的大规模生产，长尾代表新兴的小批量定制。最有趣的事情是深入挖掘排名在 4 万名以后的歌曲，而这个数字正是普通唱片店的流动库存量（最终会被销售出去的唱片的数量）。

Rhapsody 同时发现，尽管沃尔玛的那些排名 4 万名以后的唱片的销量几乎为 0，但在网上，这部分需求源源不断。不仅位于排行榜前 10 万的每个曲目每个月都至少会被点播一次，而且前 20 万、30 万、40 万的曲子也是这样。只要 Rhapsody 在它的歌曲库中增加曲子，就会有听众点播这些新歌曲。尽管每个月只有少数几个人点播它们，而且还分布在世界上不同的国家，但因为在网络世界经营 40 万首曲子的成本，与经营 4 万首曲子的成本相差无几，所以把得自 4 万首曲子以外的利润加起来，就会赢得一个世界。

这就是当前风靡全球的长尾理论。

长尾理论是由美国人克里斯·安德森提出的。他认为，由于成本和效率的因素，过去人们只能关注重要的人或重要的事，如果用正态分布曲线来描绘这些人或事，人们只能关注曲线的"头部"，而将处于曲线"尾部"、需要更多的精力和成本才能关注

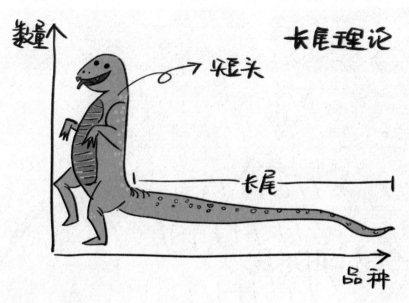

到的大多数人或事忽略。

简单地说，所谓长尾理论是指，当商品存储流通展示的场地、渠道足够宽广，商品生产成本急剧下降以至于数人就可以进行生产，并且商品的销售成本急剧降低时，以前类似需求极低的产品，几乎只要有人卖，就会有人买，我们只要抓住了这个长尾，便可以将自己的成功最大化。例如，某著名网站是世界上最大的网络广告商，它没有一个大客户，收入完全来自被其他广告商忽略的中小企业。

## 发挥"长尾"效益，站在少数人群里

如果你留意，便会发现在销售产品时，厂商关注的是"VIP"客户，无暇顾及在人数上居于大多数的普通消费者。在网络时代，由于关注的成本大大降低，人们有可能以很低的成本关注正态分布曲线的"尾部"，关注"尾部"产生的总体效益甚至会超过"头部"。

安德森指出，网络时代是关注"长尾"、发挥"长尾"效益的时代。长尾理论描述了这样一个新的时代：一个小数乘以一个非常大的数字等于一个大数，许许多多小市场聚合在一起就成了一个大市场。

要使长尾理论更有效，应该尽量增大尾巴，也就是降低门槛，制造更多的小额消费者。不同于传统商业的拿大单、传统互联网企业的会员费，互联网营销应该把注意力放在把蛋糕做大上，通过鼓励用户尝试，将众多可以忽略不计的零散流量，汇集成巨大的商业价值。

在对目标客户的选择上，阿里巴巴总裁马云独辟蹊径，事实证明，马云发现了真正的"宝藏"。

马云与中小网站有不解之缘，据说这与他自己的亲身经历有关。当年，竞争对手想要把淘宝网扼杀在"摇篮"中，于是同各大门户网站都签了排他性协议，导致几乎没有一个稍具规模的网站愿意展示有关淘宝网的广告。无奈之下，马云团队找到了中小网站，最终让多数的中小网站都挂上了淘宝网的广告。此后，淘宝网红了，成为中国首屈一指的C2C商业网站。马云因此对中小网站充满感激，试图挖掘更多与之合作的机会，结果让他找到了重要的商机。

在中国所有的网站中，中小网站在数量上所占比重远远超过大型门户网站，尽管前者单个的流量不如后者，但它的总体流量却相当庞大。而且，中小网站由于过去一直缺乏把自己的流量变现的能力，因此，其广告位的收费比较低，这恰好符合中小企业广告主的需求。过去，一个网络广告如果想要制造声势，只能投放在门户网站上，高昂的收费令中小企业很难承受。

以中小企业为目标客户的阿里巴巴获得了成功，这其实就是马云利用"长尾理论"所获得的成绩。在日常经济生活中，有一些颇有趣味的商业现象也可以用长尾理论来解释。如在亚马逊网上书店的销售中，畅销书的销量并没有占据所谓的80%，而非畅销书却由于数量上的积少成多，而占据了销量的一半以上。

但是，在实际经营过程中，"长尾理论"并不一定能取得良好的成效。因此，在运用长尾理论为自己服务时，不能抱太高的期望。

# 小数法则：
# 以"小"见"大"需理性

## 小数法则的决策不理性

盲人摸象的故事可谓家喻户晓，四个盲人根据自己片面的理解就断定了大象的样子。现实生活中的"盲人"也不少。常常看到很多人热心地根据自己的经历来告诫别人："所有男人都是信不过的！""这个世界没有爱情""真心付出永远没有回报""这个世界没有值得爱的女人""真爱只有一次"……这些言论未免过于极端，也正是小数法则的作用效果。

所谓小数法则，指人类行为本身并不总是理性的，在有些情况下，我们总是会不由自主地以自己的视角或已知的少数例子作为衡量标准，并以此来推测和下结论，导致思维出现系统性偏见，采取并不理性的行为。

例如，有的人投资一次股票就惨遭失败，于是便轻易地做出很绝对的定论——股票碰不得，股票都是亏钱的。这样不仅会影响个人对事物的判断能力，而且这种在"小数法则"影响下所产生的想法也会给他们以后的人生投资带来困扰。如果不尝试着从一段失败的投资中总结经验并尽快走出来，那么他的投资梦想恐怕真的只能是梦想了。

每个人已知的领域有所不同，便会对同一事物持有不同的看法，造成决策和判断上的差别。在盲人摸象的过程中，每个人都以偏概全，根据自己所了解的一小部分来对整个大象的形象妄加评论，最终导致了"差之毫厘，谬以千里"的结果。这就是"小数法则"。

其实，小数法则除了在生活中有体现之外，更广泛地运用还是在经济领域。比如，股民发现某支稳定的股票突然在一夜之间就暴涨了许多个点，也没有进行事实的确认或考察，就断定这家公司在进行改组，会有大的发展势头，便一下子买进了许多，几乎把自己在股市中的所有投资都放到了这家公司上。岂不知，几天之后，股价又大跌，原来是有人故意在股市上做手脚。结果，所有的钱都打了水漂。又如，普通的消费者极容易受舆论导向的影响，当听到有人说某种食品能抵抗某种传染病的时候，就会大批量地从超市中买回家囤积，即使价格大涨也毫不在乎，而且还会觉得很有成就感。但是不久之后才发现，之前听说的都只是谣言。再如，厂家的生产产量是要根据市场需求来安排的。某生产商在1月份的产品销售量是50万件，就推断全年的销售量会达到600万件。于是，就按照预算开始生产，但是到了年底，却发现，仓库里还积压了好多货。原来，1月份是该产品的需求旺季，过了那几个月，就不会有那么高的销售量了。生产商根据1月份预计全年的方法显然失算了。这些都是有失偏颇的，片面地根据某一现象而枉下决策，将会与事实出现很大的反差。

在概率论中，有一个与小数法则相对应的大数定律，通俗地说，就是统计的样本越大，最后统计出的数据越接近真实结果。例如，统计一个城镇的人民的平均生活水平，抽查了5户，年平均收入是1万元，马上下结论说该城镇的生活水平很高，是不科学严谨的。因为可能那个城镇每户的年平均收入只有5000元钱，只是碰巧抽查的那几户是生活条件比较好的。

众所周知，"有的男人信不过"和"所有男人都信不过"是两个完全不同性质的结论；"这个世界不是每个女人都值得爱"和"这个世界没有值得爱的女人"也是完全不同的命题。

但为什么那么多人会犯如此低级的逻辑错误呢？原因在于大数定律在一般人身上

是失效的，他们运用的是小数法则，即根据自己的亲身经历或者知道的少数例子来推测及下结论。例如，在一位长期合作的客户那里拿到一次质量不高的货物，就认为所有的货物都不可靠；在某个城市做生意赔本了，就认为那个城市不适合生意的扩展；看到同行业的其他企业都遇到生产销售的瓶颈，就认为自己的公司也会遇到同样的问题；作对了一次决定，就立即作其他决定，开始任由其他人发表意见，而不在乎其正确与否……这样的人是不受人尊敬的，因为他们是弱者，让小数法则控制了他们的思想，甚至摧毁了他们的人生。所以，在生活中，要尽量摆脱小数法则对自己的影响，做一个生活的强者和明智的决策者。

## 不要因"小"失"大"

有的人会因为要攒足积分来兑换一些价值不高的小礼品，而去大量地购物消费；有的人会因为省几块钱，而打车去某个商店买东西，等等。这些不明智的事情，偏偏有的人在当时就是意识不到。赌博的人也大多有这种"小数法则"的心理，所以，在赌徒身上，经常会看到"越赌越输，越输越赌"的恶性循环。

一名赌徒在打赌硬币是正面朝上或是背面朝上。如果硬币正面朝上或朝下确实是随机的话，那么该名打赌者在任何一次压注时赢的概率都是 0.5。假设这个人接连赌了5 次，每次他都赌硬币正面朝上，而每次结果却都是背面朝上。现在他要赌第 6 次了，他该赌正面朝上还是背面朝上呢？或者说这时硬币正面朝上的概率大还是背面朝上的

概率大呢？显然，投掷硬币时连续 5 次背面朝上是很不寻常的，这样的事件发生的概率非常低，赌徒注意到了这一点，所以，在下一次压注时，他加大了赌注，依然赌了正面向上，在硬币连续 5 次背面朝上后，他愈发相信硬币将正面向上了。结果很不幸，这位打赌者又一次输了。打赌者的错误就在于对概率规律的应用，一枚硬币应该有一半的时候正面朝上，但这个规律只有在次数非常多的时候才可能成立。对于很少的尝试次数而言，这些规律不适用。那名赌徒所忽略的是，每次硬币投掷都与之前的那些次没有任何关系，每次硬币投掷出现正反面的概率都是 0.5。其实，赌徒对于第 6 次的尝试不会比前面的 5 次更有把握。正面朝上的概率依然没变。

其实，人生也像一场长久的赌局，每个人都必须在这赌场中认真地玩这个赌博的游戏，用自己的付出，博明天的获得。赌局中，人的期望是能在最大程度上利用赌博的规则，作出最佳的决策，也就是通过规则引导自身所得的增加。但不是每个人都能在赌局中获得令自己满意的收获，输了怎么办？难道像大多数赌徒那样继续错下去吗？

当然不是，掷硬币这类的事件是有一定规律在支撑的，而规律是客观存在的，不以人的意志为转移。但是生活却和掷硬币有本质的区别，生活是可以由自己支配，自己掌控的。每个人在参与人生这场赌局的同时，自己也在掌控着这场赌局。得意的时候要谨慎，防止乐极生悲；失意的时候也不必沮丧，要相信柳暗花明。而且，无论是得意还是失意，都不会是长久保持的状态。所以，不要因为一件不顺心的事情就抱怨自己命运不济，也许好运就会在下一秒来临；也不要因为一时的幸运而认为自己就是幸运儿，也许周围就有可怕的陷阱。

第七章

>>> 信息决定成败

# 格雷欣法则：
# 劣币驱逐良币与信息不对称

## 劣币驱逐良币

金属货币作为主货币有较长的历史。由于直接使用金属做货币有不便之处，于是人们将金属铸造成便于携带和交易、也便于计算的"钱"。人们铸造的金属货币有了一个"面值"，或称为名义价值。这一变化，使得铸币内在的某种金属含量（如黄金含量）产生了与面值不同的可能性，如面值1克黄金的铸币，实际含金量可能并不是1克，人们可以加入一些低价值的金属混合铸制，但它仍然作为1克黄金进入流通领域。

16世纪的英国商业贸易已经很发达，玛丽女王时代铸制了一些成色不足（即

价值不足）的铸币投入流通中。当时在英国很受王室看重的金融家兼商人托马斯·格雷欣发现，当面值相同而实际价值不同的铸币同时进入流通时，人们会将足值的货币贮藏起来，或是熔化或是流通到国外，最后回到英国偿付贸易和流通的，则是那些不足值的"劣币"，英国因此遭受巨大损失。鉴于此，格雷欣对伊丽莎白一世建议，恢复英国铸币的足够成色，以恢复英国女王的信誉和英国商人的信誉，以免良币在贸易中受到不足价值铸币的"驱逐"。

这就是劣币驱逐良币效应，产生这种现象的根源在于当事人的信息不对称。因为如果交易双方对货币的成色或者真伪都十分了解，劣币持有者就很难将手中的劣币花出去，即使能够用出去也只能按照劣币的"实际"而非"法定"价值与对方进行交易。

"劣币驱逐良币"的现象在市场上是普遍存在的。在信息不对称的前提下，因为卖方比买方掌握更多的信息，从而会产生柠檬市场效应。柠檬市场效应是指在信息不对称的情况下，往往好的商品遭受淘汰，而劣等品会逐渐占领市场，从而取代好的商品，导致市场中都是劣等品。本来按常规，降低商品的价格，该商品的需求量就会增加；提高商品的价格，该商品的供给量就会增加。但是，由于信息的不完全性和机会主义行为，有时候，降低商品的价格，消费者也不会做出增加购买的选择，提高价格，生产者也不会增加供给的现象。"二手车市场模型"可以形象地解释这种现象。

假设有一个二手车市场，买车人和卖车人对汽车质量信息的掌握是不对称的。买家只能通过车的外观、介绍和简单的现场试验来验证汽车质量的信息，很难准确判断出车的质量好坏。因此，对于买家来说，在买下二手车之前，他并不知道哪辆汽车是质量好的，他只知道市场上汽车的平均质量。当然，买家知道市场里面的好车至少要卖6万元，坏车最低要卖2万元。那么，买家在不知道车的质量的前提下，愿意出多少钱购买他所选的车呢？买家只愿意根据平均质量出价，也就是4万元。但是，那些质量很好的二手车卖主就不愿意了，他们的汽车将会撤出这个二手车市场，市场上只留下车辆质量低的卖家。如此反复，二手车市场上的好车将会越来越少，最终陷入瓦解。

传统的市场竞争机制得出来的结论是"优胜劣汰"，可是，在信息不对称的情况下，市场的运行可能是无效率的，并且会导致"劣币驱逐良币"的恶果。产品的质量与价格有关，较高的价格导致较高的质量，较低的价格导致较低的质量。"劣币驱逐良币"使得市场上出现价格决定质量的现象，因为买者无法掌握产品质量的真实信息，这就出现了低价格导致低质量的现象。

明代四川有 3 个商人，都在市场上卖药。其中一人专门进优质药材，按照进价确定卖出价，不虚报价格，更不过多地取得赢利。另外一人进货的药材有优质的也有劣质的，售价的高低根据买者的需求程度来定。还有一人不进优质品，只求多，卖的价钱也便宜。于是人们争着到专卖劣质药的那家买药，他店铺的门槛每个月都要换一次，过了一年他就非常富裕了。那个兼顾优质品和次品的药商，前往他家买药的稍微少些，但过了两年也富裕了。而那个专门进优质品的药商，不到一年时间就穷得吃了早饭就没有晚饭了。

在这个故事中，卖优质药材的反倒穷得揭不开锅，卖劣质药材的反倒很快致富，这和柠檬市场上的"劣币驱逐良币"现象十分相似。

其实我们可以发现，格雷欣法则无处不在。比如人才市场，由于信息不对称，雇主愿意开出的是较低的工资，这根本不能满足精英人才的需要。信贷市场也有格雷欣法则发挥作用，信息不对称使贷款人只好确定一个较高的利率，结果好企业退避三舍，资金困难甚至不想还贷的企业却蜂拥而至。认识了格雷欣法则，在很多时候可以使我们避免"劣币驱逐良币"带来的危害。

# 啤酒效应：
# 信号在传递过程中被无限放大或缩小

## 不对称信息会扭曲供应链内部的需求信息

麻省理工学院的斯特曼教授做了一个著名的实验——啤酒销售流通实验。假设制造一件成品要经过7个流程，需要7层上游厂商提供原材料和配件。如果第一个月，客户向公司下的订单是100件，为了防止缺货风险，保证安全库存，公司会要求上游厂家提供105件。

然后，公司的上游厂商为了保险，会要求他的上游厂家提供110件，以此类推，到了最上游的第七层厂商时，他所提供的数量可能达到200件之多。

10个月下来，随着时间与上下游的累计效应，这个数字会与实际需求相差很远，导致最后一层厂商损失惨重，可能受伤100倍。

"啤酒效应"暴露了供应链中信息传递的问题。不对称的信息往往会扭曲供应链内部的需求信息，而且不同阶段对需求状况有着截然不同的估计，如果不能及时详细地掌握供应链的供求状况，其结果便是导致供应链失调。可怕的市场"泡沫"，往往便是"啤酒效应"所导致的最终结果。

"啤酒效应"不仅仅是啤酒行业的现象，也是经济流通领域一种具有普遍意义的现象。"啤酒效应"产生的原因在于信息传递过程中出现了偏差。

春秋时宋国有一个姓丁的人家家里没有水井，需要抽出一个人专门到很远的地方打水洗涤。于是丁家下定决心打一眼井。井打好后，丁家人非常高兴，逢人便说："我们打井节省了一个人的劳动力。"人们辗转相传，越传越走样，传到最后竟然成了"丁氏打井打出了一个人"。于是，宋国的人都在议论这件事，宋国的国君也听说了这件事。宋君派人去丁家问这件事。丁氏答道："是节省了一个人的劳动力，并非打井打到了一个人！"

打井挖出一个人，显得荒诞不经，却有很多人相信。信息在传递的过程中，往往会发生偏差，以致产生以讹传讹的情况，这就要求人们必须加以辨别考察。

有信息传递就会有谬误，产生这种谬误有可能是因为传递链过长，因此要充分利用现代信息技术，减少信息传递的中间环节。此外，也可能是有些人在信息传递过程中制造虚假信息，传播谣言。因此要建立一套避免信息失真的保障制度，对那些虚假信息的制造者给予相应的处罚。

## 信息传递中的失真性

流浪狗波波在一棵树下小憩了一会儿，醒来后，发现身边围聚着一帮大爷大妈，他们仔细地盯着波波，眼都不眨一下。

"这是一只萨摩犬，绝对是。"一个很像学者的老头，发表了意见。

"他们又在讨论我的品种。"波波虽然无奈，但碍于重重人墙，它无法冲出去，只得听这些大爷大妈们争论。

一个大妈发表不同意见："不对不对，这条狗和我家的土狗很像，我猜它应该是一条普通的狗，顶多是条杂交狗。"

众人争论不休，过了许久才散开，波波方能昏头昏脑地离开。但事情还没有结束，一路上不断有人围观它。

两个妇女在讨论："这不是那条有着萨摩犬血统的狗吗？长得真不错。"

波波赶紧躲到另一端，没想到，有几个人也指着它说："就是它，就是它，那条萨摩犬，真好，能值大价钱呢。"

到走出这片生活区时，波波所听到的最后版本已经是："今天早上，本社区发现了一条富豪家遗失的名贵犬，能值很多钱，把它抓住，富豪一定有重谢。"

波波惊出一身冷汗，它偷偷摸摸地从街角溜走，生怕人们把它捉去换钱。其实自己根本就是一条普通的狗，只不过在人们的口口相传中，变成了一条名牌狗，这真是让它哭笑不得的误会。

其实，在我们的生活中类似的事并不在少数，这就是信息在传递过程中的失真。一个人说街上有老虎，人们不信；两个人说街上有老虎，人们开始有点相信；当三个人都说街上有老虎时，人们肯定会相信了，这就是"三人成虎"。在信息传递的过程中，往往存在失真的可能性。

比如，现在以车代步成为越来越多人的选择。市中心的拥堵生活，令都市里的人们不堪重负，他们便选择在郊区买房，享受清新空气和自然魅力，但工作地点不可能变更，所以，汽车的重要性就变得不言而喻了。

但现在的汽车更新换代极快，堪比电脑、相机这些电子数码产品，所以，买二手车便成为人们的首选。二手车市场里应有尽有，不比正规汽车店里的差，价格便宜，只要能挑中一辆性能不错、价格适中的二手车，便算是赚到了。

如何才能选中一辆让人心满意足的二手车呢？普通人对于车的了解有限，他们便将希望放到了专家身上。

但专家是否就真的有权威？没人可以确定。二手车的性能、价格种种因素都会令买车的人做出错误的判断，专家的许多建议很多时候只是纸上谈兵，而买车需要实际的考察和认真的审视，这是专家无法给予的，只能靠自己判断。

就好像故事中人们对待波波的态度一样，那些真专家、伪专家一渲染，人们便开始相信一些虚假的信息。买车时，正是因为信息的不对称，买二手车的人为了尽量降低风险，便使劲压低价格，所以，即便是一辆崭新的车开到二手车市场，也会大打折扣。

可见，信息失真，受损失的不仅仅是买方，卖方也不会占到便宜。随着经济学研究的深入发展，特别是社会信息化进程的加快，人们认识到，信息传递的失真会带来额外的成本，因此我们必须认识到降低或避免信息失真成本的重要性。

# 蝴蝶效应：
# 用"微小"信息成就高营业额

## 营销要抓住引发风暴的信息"蝴蝶"

1972 年，美国气象学家爱德华·罗伦兹在华盛顿的美国科学发展学会上发表了一篇演说，大意为一只亚马孙河流域热带雨林中的蝴蝶，偶尔扇动几下翅膀，两周后，可能在美国得克萨斯州引起一场龙卷风。因为蝴蝶翅膀的扇动，导致其身边的空气系统发生变化，引起微弱气流的产生；而微弱气流的产生，又会引起它四周空气或其他系统产生相应的变化，由此引起连锁反应，最终导致天气系统的巨大变化。

故事中的规律，在销售活动中同样存在。曾经，人们一直认为，营销者的水平层次越高，就越需要抓大放小，要把精力放在做大事和要事上，不做琐屑的杂务，以高效利用时间。然而，蝴蝶效应却告诉我们小事情一样可以导致大后果，小变化可能会引起大变化。就市场营销而言，若能合理利用蝴蝶效应，往往会起到"四两拨千斤"的作用。

据《第一财经日报》报道，2009年5月，三星电子与百思买在中国正式签订了协同补货（CPFR）协议。

根据该协议，三星电子与百思买在供应链上共同管理采购预测与库存，共享客户信息，而三星的市场部将通过汇总的销售信息分析出大致的研发方向，如用户在最近半年或者一个季度喜欢什么样的手机等。

到目前为止，三星电子已经与北美和欧洲的38家零售流通渠道进行CPFR合作。从2004年合作开始至今，三星电子销售额增长400%，物流库存减少64%，预测订单的正确率提高至93%，提前备货周期从2005年的11周缩减至2008年的4周。未来，中国的零售商也会成为三星信息链上重要的信息提供者。

在三星看来，如果高速信息流最后不能汇总到设计和专利上，那么这些信息并没有被充分利用。外部的信息获取要配合内部的积极"做功"。

信息反馈的高速战略使三星公司从缩短产品周期中获益。另外，三星还实行B2B和B2C两个市场并行策略，不仅生产成品还生产成品的部件，加上市场信息反馈的配合，这使得三星实现了产品多样化、大规模化和成本领导权。

三星还成立了中国经济研究院，分析的内容包含从家电到房地产，再到中国宏观经济。阅读该研究院的报告，读者就可以发现，三星搜集了大量第三方数据，从调研机构易观国际，到中国经济统计数据，数据量庞大。

在三星内部人士看来，这种分析对三星内部很有帮助，如中国的房地产情况就对家电销售有影响，而经济的涨落也涉及高端手机消费者的心理。三星中国研究院还可对外出售报告产生收入。

故事中，三星巧妙利用了信息的"蝴蝶效应"，使自己的营销越做越成功。

营销界名人熊兴平在《蝴蝶效应与市场营销——寻找引发销售风暴的那只蝴蝶》中曾指出要引起一场销售的龙卷风，关键是寻找到在临界点附近那只扇动翅膀的蝴蝶。

第一，让产品成为蝴蝶。利用消费者购买行为的非线性，通过逐渐累积比竞争对手领先1%的优势（微弱优势），在正反馈的自我增加机制作用下，到达终点时便会领先 100%，最终打败势均力敌的对手。

第二，让消费者成为蝴蝶。利用口碑营销的病毒式传播原理，找到一位消费者意见领袖（如种植大户、科技示范户），让他成为引发产品销售龙卷风的那只蝴蝶。

第三，让经销商成为蝴蝶。对经销商采取表扬与批评交替结合的办法，通过奖惩激励，逐步把经销商引入到混沌理论的蝴蝶模型中，最后让经销商"化蝶"引发风暴。

第四，让员工成为蝴蝶。企业员工在不同的条件下会产生天壤之别的销售业绩，若加以引导和激励，企业将呈现积极向上的竞争气氛，员工也可能成为销售竞赛中的那些蝴蝶。

第五，让企业自己成为蝴蝶。企业营销战略是既定战略（领导制定、自上而下）与随机战略（市场引导、自下而上）相结合的混沌战略，企业自己也能进入到混沌模型中而成为那只蝴蝶，如果反馈不当，就可能在一夜之间轰然倒闭；反之，企业就可能成为一夜之间崛起的黑马。

总之，营销中要充分抓住能够引发销售风暴的那只"蝴蝶"。

## 【定律链接】单双号限行的"蝴蝶效应"

某一天，家住北京的董明一反常态起了个大早，因为今天他要挤公交上班。这对习惯于开车上班的他来说颇有些新鲜，但没有办法，自从单双号限行开始实施以后，董明的汽车便只能轮班休息了。这些并不重要，重要的是，他作为北京市民，应积极响应政府的单双号限行政策。

在北京举办奥运会期间，政府决定单双号限行，即从 2008 年 7 月 20 日起，北京正式开始实行为期 2 个月的限行政策。试行之后，北京又正式开始实行汽车的限行措施，之后，不少省市也纷纷效仿北京的做法，希望通过单双号限行来改善交通拥堵状况。但是，效果似乎并没有预期的好，到了上下班的高峰期，堵车的情况依旧如故。

董明也发现了这点，他本以为乘

坐公交车只需半个小时就可以到达单位，但没有料到，在一条路上堵了40分钟，公交车依然没有前行的意思，这让董明心急如焚。眼看上班的时间就要到了，他还在半路上，下也下不去车，走也走不了。

为什么限行之后，依然堵得厉害呢？董明的苦恼也是许多人的苦恼。他听到车上几个人在讨论堵车的事情。

"我这个月都是第二回迟到了，每次都是在这条路上堵着下不去。"一个年轻小伙子抱怨道。

一个老大爷不急不慌地说："急啥，过了高峰期就能走动了。"

"那我们也都迟到了，这个月的奖金又没了。"小伙子沮丧地说。

董明忍不住插嘴道："以前开车堵，现在限行了，我们坐公交车也这么堵车，真不知道以后是不是该跑步去上班。"

老大爷笑着说："其实，单双号限行只是一时限制了汽车的数量，短期内人们有可能会看到汽车流量减少，但时间长了，反而会刺激汽车的消费和使用。"

看到董明一脸迷茫，老大爷接着说："举个例子，之前车辆增加，是因社会的进步和人们收入的增加。倘若长期实行单双号限行，随着人们收入的不断增多，有车族完全可以再买第二辆车，这样，遇到限行也不必担心会影响开车出门。即便是现在，很多家庭也拥有两辆车，但一般只开一辆。结果一限行，两辆换着开，限行对他们并没有影响。看来，限行政策还是没能解决问题。"

车辆限行，却无法缓解堵车状况，这令许多市民头疼不已。现在有车一族越来越多，据有关数据统计，截至2008年年底，北京市机动车保有量已突破350万辆，平时有大约30%～40%的车闲置而没有使用，而限行之后，这个库存被充分挖掘，反而使出行车辆增加。所以说，限行不仅对交通改善的作用有限，从另一方面来说，限行还不利于提高汽车的使用率。

根据经济学的理论，某样产品在需求一定的情况下，应当是使用率越高越好。同理，汽车也应如此，否则就是社会资源的浪费。

单双号限行政策阻碍了汽车的使用。而且短期的社会成效不能改变和降低整个社会总的用车需求，只会降低每一辆车的使用效率。

从经济学的角度来看，单双号限行这种措施并没有预想中那么完美。北京市后来又出台了限号政策，在一定程度上改善了拥堵的问题。日后，还会有更科学的办法出台，提高道路和车辆的使用效率。

# 囚徒困境：
# 信息不足，决策就会迷惘

## 信息不足，"囚徒"陷入理性的迷宫

在某城市郊区有个足球场，有一次足球场上举行一个重要的比赛，大家都想去看。到足球场有好几条路，其中有一条是最近的。王波选择了走最近的这条路，但发现其他人也都选择走这条路，于是这条路非常堵塞。因此在路上所花的时间远远多于自己的预期。好不容易来到了足球场，精彩的比赛让人大开眼界，可惜前排有人站起来，影响了自己的观看效果。王波也选择站起来，这样他能看得清晰一些，他后排的人也只好选择站起来看。最后的结果是所有人都在站着看比赛。

王波无疑是个理性人，但是大家都是理性人的时候，却没有出现理性的结局。从个体来看，他所做出的选择或决策无疑是理性的，但人人都基于同样的考虑做出相同的选择或决策时，就会发生"理性合成谬误"。

1950年，担任斯坦福大学客座教授的数学家图克，为了更形象地说明个体理性，用2个犯罪嫌疑人的故事构造了一个博弈模型，即囚徒困境模型。

警方在一宗盗窃杀人案的侦破过程中，抓到两个犯罪嫌疑人。但是，他们都矢口否认曾杀过人，辩称是先发现富翁被杀，然后顺手牵羊偷了点东西。警察缺乏足够的证据指证他们所犯下的罪行，如果罪犯中至少一人供认罪行，就能确认罪名成立。

于是警方将两人隔离，以防止他们串供或结成攻守同盟，分别跟他们讲清了他们的处境和面临的选择。如果他们两人中有一人认罪，则坦白者会被立即释放

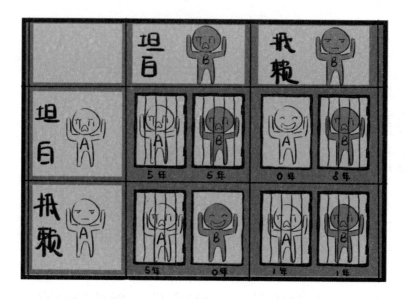

而另一人将判 8 年徒刑；如果两人都坦白认罪，他们将被各判 5 年监禁；若两人都拒不认罪，因警察手上缺乏证据，他们会被处以较轻的偷盗罪，各判 1 年徒刑。

那么，两个罪犯会怎样选择？

囚徒到底应该选择哪一项策略，才能将自己个人的刑期缩至最短？两名囚徒由于隔绝监禁，并不知道对方选择，也不相信对方不会背叛自己。

那么在困境中任何一名理性囚徒都会作出如此选择：

若对方选择抵赖，自己选择坦白，会让自己获释，所以会选择坦白。

若对方选择坦白，自己也要坦白，才能得到较低的刑期，所以还是选择坦白。

二人面对的情况一样，所以二人的理性思考都会得出相同的结论——选择坦白。坦白是两种策略之中的支配性策略。因此，这场博弈中唯一可能达到的均衡，就是双方都背叛对方，结果二人都服刑 5 年。这就是博弈论中经典的囚徒困境，可用下表表示。

|  | 坦白 | 抵赖 |
|---|---|---|
| 坦白 | −5，−5 | −8，−0 |
| 抵赖 | 0，−8 | −1，−1 |

囚徒困境是博弈论的非零和博弈中具有代表性的例子，反映个人最佳选择并非团体最佳选择。虽然囚徒困境本身属于模型性质，但现实中的价格竞争、环境保护等方面，

频繁出现类似情况。

囚徒困境假定每个参与者都是利己的，即都寻求最大的自身利益，而不关心另一参与者的利益。参与者某一策略所得利益，如果在任何情况下都比其他策略要低的话，此策略称为"严格劣势"，理性的参与者绝不会选择。另外，没有任何其他力量干预个人决策，参与者可完全按照自己的意愿选择策略。

以全体利益而言，如果两个参与者都合作保持沉默，两人都是判刑 1 年，总体利益更高，结果也比两人都背叛对方、判刑 5 年的情况好。但根据以上假设，两人均为理性个人，且只追求个人利益，均衡状况会是两个囚徒都选择背叛，结果二人判决均比合作严重，总体利益较合作低。这就是困境所在。

囚徒困境的主旨为，虽然囚徒们彼此合作，坚不吐实，可为全体带来最佳利益，但在信息不明的情况下，出卖同伙可为自己带来利益，但是却违反了最佳共同利益。

这种困境反映了个人理性与集体理性之间的矛盾，对每个人而言都是理性的选择，能得到最优的结果，但对于整个集体来说却是非理性的，最终导致对集体中每个人都不利的结果。

每个人想到的都首先是自己的利益，进行的都是有利于自己的选择决策，但最后的结果是大家都没有从中获得好处。以一个足球队而言，当球员在赛场所想的只是自己的风采，或是自己的位置，或者是在俱乐部的前途的时候，这支球队就不会有希望了。

为避免出现"囚徒困境"，任何一个集体都应该加强内部沟通，避免出现信息不对称的状况。只有这样，才能实现集体和内部成员利益的最大化。

## 增产困境：农业增产不增收

广西南宁市西乡塘区的坛洛镇，是广西的香蕉主产地之一，有着中国香蕉之乡的美称。由于天气转暖，村民们纷纷将自家种植的香蕉运往镇里的香蕉交易市场，寻找买家。

"你这个是收购的？"

"是的。"

"多少钱一串？"

"7 元钱。"

"这一串大概有多少斤？"

"大概有 60 多斤。"

"相当于多少钱一斤？"

"一角多。"

香蕉进入成熟期以后，收获和卖出的时间很短，一旦卖不出去，香蕉的外皮爆裂以后，就无法销售了。他们现在低价收购的大量香蕉都是进入成熟期蕉农没有卖得出去的香蕉。

已经进入成熟期的香蕉价格低得惊人，处在最佳销售期的香蕉在 2008 年一般每斤的价格在 8 角钱左右，现在只能卖 4 角，扣除中间人每斤 2 分钱的提成，蕉农真正卖出的价格只有 3 角 8 分钱。

卢校珠是南宁西乡塘区坛洛镇的香蕉种植户，2008 年因为香蕉的价格好，夫妇俩拿出全部家当投入 8 万多元，种植了 30 多亩的香蕉。由于投入的增加以及有着多年的香蕉种植经验，2009 年家里的香蕉喜获丰收。往年（每棵树）30 ~ 40 斤一串，现在（每棵树）60 ~ 70 斤一串，差不多增产一倍。

为了使香蕉能够在收割的时节快速从田里运出，卖个好价钱，卢校珠夫妇不久前还专门花费了 3.4 万元，买了辆小货车。因为他们对于 2009 年的收入有着更多的期盼。30 多亩（香蕉），大概估计能赚个 8 ~ 10 万元左右。

正当卢校珠夫妻俩沉浸在丰收的喜悦中时，2009 年 9 月，卢校珠从稀少的香蕉收购商的数量上，看到了 2009 年香蕉行情出现的危机。

"价格低是对我们最大的打击，辛苦多少年，投资都投下去了，现在都收不回来，打击这样大，承受不了。"

在卢校珠种植的香蕉园里，已经成熟的香蕉成片地倒在地里，因为没有经销商来收购，地上的香蕉已经没人打理。

"（这片地）等于放弃了，早就放弃了，都没心情管了，心情不好怎么管。"对于 2009 年种植香蕉出现的这种行情，卢校珠夫妇显得非常痛心，也非常地无奈。"心里很难受，香蕉卖不出去，2009 年都亏本了，明年就没有投资了。"

卢校珠夫妇算了一笔账，一亩地种植香蕉 120 株，他们租地花费了 750 元，树苗 84 元，肥料 1360 元，水电农药费用 240 元，防寒袋、绳索 120 元，也就是说种植一亩香蕉的成本一般在 2500 多元左右，但因为香蕉价格过低，卢校珠一家 2009 年预计要亏损 7 万多元。

广西 2009 年香蕉大丰收，但蕉农们非但没增收，反倒损失惨重。因为数十万吨的香蕉卖不出去，价格跌到了地板价，甚至只能眼睁睁地看着香蕉烂在地里。这样的情形的确很反常。

"谷贱伤农"是囚徒困境的一个经典问题，在丰收的年份，农民的收入反而减少了。当粮食大幅增产后，农民为了卖掉手中的粮食，只能竞相降价。由于粮食需求缺少弹性，只有在农民大幅降低粮价后才能将手中的粮食卖出，这就意味着，在粮食丰收时往往粮价要大幅下跌。如果粮价下跌的百分比超过粮食增产的百分比，就会出现增产不增收甚至减收的状况。所以一些聪明的农民在博弈时，往往会选择人无我有，人有我优，人优我转的策略。

# 名人效应：
## 借名人信息扩大商品知名度

## 站在名人肩膀上，更容易扩大影响力

因为"体操王子"李宁的非凡成就，以李宁命名的服装也成了名牌；企业纷纷请名人代言，明星的身价因此暴涨；名人头上的光环是一笔无形的财富，具有巨大的吸引力；名人的力量是无穷的，否则就不会有"东施效颦"的典故了。

在意大利的一个小镇上，一栋看起来不起眼的二层楼住宅，下面有个毫不起眼的阳台，一扇毫不起眼的木门，旁边有一个毫不起眼的钟亭，却常常挤满了慕名而来的游客。每个人都要在阳台上摄影留念，年轻的恋人们还不忘在留言簿上写下海誓山盟，因为这是莎士比亚笔下经典爱情故事女主角朱丽叶原型的家。

这则故事反映了一种特殊的社会效应，一种能使原本的默默无闻变成众所周知，使不起眼变成全球闻名的神奇效应——名人效应。

从某种程度上讲，名人效应是一种

非常有利用价值的社会效应，名人是人们心目中的偶像，名人效应就是因为名人本身有着一呼百应的影响力。

名人效应在社会中的应用是很普遍的。首先在广告方面，一打开电视机，铺天盖地的广告迎面而来，几乎大部分的广告都在利用名人效应，因为观众对名人的喜欢、信任甚至模仿，能够转化为对产品的喜欢和购买，这有利于商品的销售。在电影和电视剧市场，名人效应也是广泛存在的，借助名人的影响力提高影片的知名度，同时利用名人的个人魅力提升影片的观赏性，这些都是名人效应的应用。

许多企事业单位以及商场、酒店、学校、娱乐场所，大都愿意请政府官员或名人雅士题写名称；一些商品的宣传资料上，常常可以见到政界高级官员的题词和接见董事长、总裁的照片，就是因为人们更容易买名人的账。

还有许多人初次见面，总爱向对方夸耀自己认识某某大人物，一提到那些官居要职的人，即便攀不上亲戚，也一定要说成是自己的熟人或"朋友"，或"朋友的朋友"。这些人无非是想借名人的光环笼罩自己，扩大自己的影响力。

## 借用名人光环，实现商品销售

20 世纪 30 年代初，美国有两位大学生打赌，他们寄出了一封不写收信地址，只写"居里夫人收"的信，看它能否寄到居里夫人手里。结果，这封信真的寄到了居里夫人手里。试想，如果换了一个普通人，信可能寄得到吗？

一封信如果只署上普通人的姓名，那肯定是石沉大海，但署上了居里夫人的名字，就能够准确无误地送达，因为几乎每个人都知道居里夫人。巧借名人效应，能够使我们事半功倍地达到目标。

在社会生活的许多领域，名人效应都是行之有效的。在商品销售中，利用人们对名人的仰慕心理更是十分重要的。翻开众多销售成功的案例，名人效应屡试不爽。现在，许多体育用品厂商利用世界级著名运动员大做广告，通过赞助比赛、提供比赛服装和用品的形式让著名运动员为其产品扩大影响力，这样的销售方式已经风行于全世界。

常见的利用名人效应销售商品的方法有以下几种：

（1）在书店里请名作家与顾客见面，对所购书籍签名留念，一般促销效果都比较好。消费者买书是为了收藏自己所喜爱作家的作品，而作家签名的书籍无疑更有纪念价值。

（2）在商场中请名演员献艺，可以吸引大量顾客，生意自然兴旺。大多数人都有凑热闹的心理，请著名演员献艺，既可以使顾客看到喜欢的演员，又能在商场引起轰动效应，增加客流量。

（3）在商品及包装上请名人写字作画。如布娃娃在美国原售价每个 20 美元，而"椰菜娃娃"设计者亲手签名的布娃娃售价曾高达 300 美元，这种"椰菜娃娃"在美国曾一度供不应求。但是邀请名人签字也不宜过多过滥，有的书法家到处为店铺题名，这无疑会在某种程度上失去名人签字的吸引力。

（4）请有关领导到商场，可吸引大批群众进店。领导的权威性无疑是巨大的，在很多百姓心里，领导认可的东西必定是货真价实的东西。

（5）在广告中邀请名人宣讲或表演，效果特别好。名人一般都具有较高的知名度，或者还有相当的美誉度，以及特定的人格魅力等，他们参与广告活动特别是直接代言产品，与其他广告形式相比，更具有吸引力、感染力、说服力、可信度，有助于引发受众的注意、兴趣和购买欲。

在选择名人进行宣传的时候，不能盲目追求大牌明星，一定要选择与宣传内容相符的明星，因为名人的类型与所带来的效应有着莫大的关联。譬如，让一位歌星为某所学校作代言，可能起初会有不少人慕名而去，但时间一长，名人效应就会慢慢淡去。如果由一位在教育界非常有名气的学者来为学校做宣传，带来的名人效应可能会长久存在。

# 沉锚效应：
# 成败就在于第一印象

## 信息影响，先入为主

《汉书·息夫躬传》云："唯陛下观览古今，反复参考，无以先入之语为主。""先入为主"是自古就有的一种心理作用，人们在交流中，先听进去的话或先获得的印象往往在头脑中占有主导地位，以后再遇到不同的意见时，就不容易接受。这不是因为首先获得的印象有多重要，而是因为人们的思维已经"沉了底"。

关于这方面，在经济学领域有这样一个著名的假设案例：

一个穷人为了维持生计，要把一幅字画卖给一个收藏家。穷人认为这幅字画至少值20000元，而收藏家是从另一个角度考虑，他认为这幅字画最多值30000元。从这个角度看，如果能顺利成交，那么字画的成交价格会在20000～30000元之间。如果把这个交易的过程简化为由收藏家开价，而穷人选择成交或还价，如果收藏家同意穷人的还价，交易顺利结束；如果收藏家不接受，交易也结束了，买卖没有做成。

这是一个很简单的讨价还价问题，在这个讨价还价的过程中，由于收藏家认为字画最多值30000元，因此，只要穷人的还价不超过30000元，收藏家就会选择接受还价条件。此时，穷人的第一要价就很重要，如果收藏家开价25000元，穷人要价28000元，没有超过30000元，收藏家就有可能接受。同样，如果穷人知足常乐，当收藏家出价25000元时，穷人认为在其底线20000元以上，也可能以此价格成交。

其实，无论是穷人还是收藏家，只要对方首先开出价格，他都会根据对方的价格来定价，这就是受"沉锚效应"的影响。

所谓"沉锚效应"，指的是人们在对某人某事做出判断时，易受第一印象或第一信息支配，第一信息就像沉入海底的锚一样把人们的思想固定在某处。具体到讨价还价过程中，就是某方的第一报价或要价会将对方的思维固定在某一处，进而让对方根据这一信息做出相应的决策。这个过程其实就是一场博弈，如果收藏家懂得博弈论，他会改变策略要么后出价，要么是先出价，但是不允许穷人讨价还价。如果穷人不答应，收藏家就坚决不再继续谈判，也不会购买穷人的字画。这个时候，只要收藏家的出价略高于20000元，穷人就一定会将字画卖给收藏家。因为20000元已经超出了穷人的心理价位，一旦不成交，就一分钱也拿不到，只能继续受冻挨饿。

关于这种"沉锚效应"，许多销售商深知其妙。当顾客是一个精明的家庭主妇时，他们会先报价，准备着对方来压价；当顾客是个毛手毛脚的小伙子时，他们大部分会先问对方"给多少"，因为对方有可能会报出一个比自己期望值还要高的价格，如果先报价的话，就失去了这个机会。

除了报价还价，"沉锚效应"还普遍存在于生活的其他方面，第一印象和先入为主就是它在社会生活中最常见的表现形式。求职时，给面试官的第一印象很重要，往往会决定这轮面试的通过与否；谈朋友时，许多女孩在与男孩初次见面后，由于对对方有着不满意的第一印象，便不愿再交往下去。先入为主，也有很多例子，比如美国的开国总统华盛顿就是应用"先入为主"手段的高手。

一天，邻居盗走了华盛顿的马，华盛顿也知道马是被谁偷走的，于是，华盛顿就带着警察来到那个偷他马的邻居的农场，并且找到了自己的马。可是，邻居死也不肯承认这匹马是华盛顿的。华盛顿灵机一动，就用双手将马的眼睛捂住说："如果这马是你的，你一定知道它的哪只眼睛是瞎的。""右眼。"邻居回答。华盛顿把手从右眼移开，马的右眼一点问题也没有。"啊，我弄错了，是左眼。"邻居纠正道。华盛顿又把左手也移开，马的左眼也没什么毛病。

邻居还想为自己申辩，警察却说："什么也不要说了，这还不能证明这马不是你的吗？"

华盛顿利用那句"它的哪只眼睛是瞎的"的暗示，致使邻居认定"马有一只眼睛是瞎的"。他成功地给邻居设置了这个"沉锚"陷阱，使其露出了破绽，邻居的辩解也就不攻自破了。

在生活中，我们同样也可以运用这种沉锚效应获得事半功倍的效果。当孩子一个劲儿闹着要吃巧克力时，如果用强制的手段拒绝，他肯定哭得更厉害。如果在拒绝巧克力的同时，又问他："你是想吃香蕉还是苹果？"孩子就可能顺着这个引导重新做出选择。

在生活中，我们要避开"沉锚"陷阱。不要以貌取人，不要草率地凭着第一感觉去作决策，不要习惯用过去去预测将来，头脑中留有深刻记忆的事件同样会成为"沉锚"，使我们的思维离开正道而偏向陷阱方向。"沉锚"是把"双刃剑"，使用它的时候，我们要学会趋利避害，才能做到游刃有余。

## 弄清"沉锚效应"，别将自己囿于窄巷

"沉锚效应"实际上是一种思维定式，遇事不由自主地将认识"锚"在第一信息上，这是一种常见而有害的现象，中国人用成语"先入为主"来表示这个意思。考虑一个问题时，大脑会对得到的第一个信息给予特别的重视，第一印象或数据就像沉入海底的锚一样，把思维固定在了某一处。第一信息打下的烙印的确深刻，如不辩证地看待，它就像一只无形的巨手，强有力地影响着我们的思维走向。

萧伯纳曾经说，经济学是一门最大限度创造生活的艺术。在很多情况下，这种创造的基础就是建立在报价基础上的讨价还价，或者说，讨价还价本身是创造生活艺术的一种具体方法。在商品交易中，我们完全可以运用"沉锚效应"获得事半功倍的效果。

有一个优秀的推销员，当他见到顾客时很少直接问："你想出什么价？"他会不动声色地说："我知道您是个行家，经验丰富，根本不会出20元的价钱，但您也不可能以15元的价钱买到。"这句话似乎是随口说出，实际上是在利用先报价的先发优势，无形之间就把讨价还价的范围限制在15～20元。

很明显，先报价占据了一定的优势，有一定的好处。但是它泄露了一些情报，对方听了以后，可以把心中隐而不报的价格与之相比较，然后进行调整，合适就拍板成交，不合适就利用各种手段进行杀价，此时，后报价者又有了一种后发优势。

一般情况下，如果你准备比较充分，而且知己知彼，就一定要争取先报价；如果你不是谈判高手，而对方是高手，那么你就要沉住气，不要先报价，要从对方的报价

中获取信息，及时修正自己的想法。如果你的谈判对手是个外行，那么，不管你是内行还是外行，你都要争取先报价，力争牵制、诱导对方。

有时谈判双方出于各自的打算，都不会先报价。这时，对于各方来说，就有必要采取"激将法"让对方先报价。譬如当你与对方绕来绕去都不肯先报价时，你不妨突然说一句："噢！我知道，你一定是想付30元！"对方就有可能争辩："你凭什么这样说？我只愿付20元。"他这么一辩解，就等于报出了价，你就可以在这个价格上讨价还价了。

博弈理论已经证明，当谈判的多阶段博弈是单数阶段时，先开价者具有先发优势；是双数阶段时，后开价者具有后发优势。因此，先报价和后报价都有利弊之处，谈判中是选择先声夺人还是后发制人，要根据不同的情况灵活处理。

某条街上，有两家卖粥的小店，我们不妨叫它们甲店和乙店。两家小店无论是地理位置、客流量，还是粥的质量、服务水平都差不多。而且从表面看来，两家的生意也一样红火。然而，每天晚上结算的时候，甲店总是比乙店要多出一两百元钱。为什么这样呢？差别只在于服务小姐的一句话。

细心的人发现，当客人走进乙店时，服务小姐热情招待，盛好粥后会问客人："请问您加不加鸡蛋？"客人说加，于是小姐就给客人加了一个鸡蛋。每进来一个，服务小姐都要问一句："加不加鸡蛋？"有说加的，也有说不加的，各占一半。

而当客人走进甲店时，服务小姐同样会热情招呼，同样会礼貌地询问，但是她们的询问不是"您加不加鸡蛋"，而是"请问您是加一个鸡蛋还是两个鸡蛋"，

面对这样的询问，爱吃鸡蛋的客人就要求加两个，不爱吃的就要求加一个，也有要求不加的，但是很少。因此，一天下来，甲店总会比乙店多卖很多鸡蛋，营业收入和利润自然就多一些。

顾客在乙店中，是选择"加还是不加"；在甲店中，是选择"加一个还是加两个"。第一信息的不同，消费者作出的决策就不同。

可见，在从事广告、宣传、推销等活动的时候，更应该注重传达给市场、传达给顾客的第一信息，并且利用准确、鲜明和有创意的信息来吸引顾客，达到商品大卖的目标。

# 逆向选择：
# 非对称信息下的次优决策

## 信息太少，逆向选择

在生活中，有些人常常会因虚假广告上当受骗，蒙受损失，这便是由逆向选择造成的。下面我们就从"减肥广告"这个具体案例中了解究竟什么是逆向选择，以及逆向选择是怎样做出的。

减肥广告随处可见，什么"一个半月能减48斤""快速减肥""签约减肥""不反弹不松弛"……单从这些字眼来看，那些渴望瘦下来的人士无疑会心动。再加上那些华丽的包装、煽情的语言，还有一些不为人知的噱头，更让人心驰神往。但是，等你尝试之后就会发现，根本不是那么回事。

商家正是利用消费者对减肥原理、减肥器械、无效退款等不了解或了解不深的情况，故意隐瞒一些真实信息，将买卖双方置于信息不对称的情境下，以此诱惑消费者做出对他们并非最有利的逆向选择，损害了消费者的利益。

因为虚假广告上当，从表面看是因为受害者目光不够准确，一时冲动花钱当了冤大头，但是以信息经济学的眼光看，则是由于受害者掌握的信息不够充分，只能根据手头仅有的信息做出选择。消费者总是希望买到质优价廉的商品，但是现实生活中常常出现等到真正使用时才发现质量糟糕的状况，这就是因为他当初购买该商品时掌握的信息少，处于劣势，不能发现真相。

在日常生活中，逆向选择的案例还有很多。逆向选择在招聘中也是经常发生的现象，很多人找不到合适的工作，而单位又慨叹招不到合适的人才。这一反差正是逆向选择在起作用。很多企业总是发愁，一个个求职者的简历五花八门，好不容易筛选出一份简历来，面试过关了，等到工作时，那人却没有实际能力，给企业造成浪费和损失。尤其是高层次人才，讲起话来滔滔不绝，使听者觉得他见多识广，经验也好像非常丰富，可是一旦开始工作，总是漏洞百出。这是因为招聘方与应聘方的信息不对称所致，招聘方并不了解应聘方的全部信息而产生了逆向选择。

爱情里的逆向选择表现为好女子总是嫁了比较差的男子，有句俗话"好汉无好妻，懒汉娶个花枝女"，说的就是这个意思。在大学校园里，我们也经常慨叹，一对对恋人是那么的不协调。这种结果就是逆向选择造成的。但每个人在选择自己的另一半时可不是这样，我们总是希望找到理想中的好对象，也总是喜欢把自己的优势表现得完美，以引起好女子或好男子的青睐。通常我们看到的征婚广告，都是这么介绍自己的："年轻美貌，身体健康，爱好广泛，对爱情执着，对缘分珍惜。"

爱情本身也是一场交易，男女双方各取所需的一场交易。在当代的信息社会里，如何才能实现一宗公平的交易呢？首先需要双方的诚信，需要双方都拥有足够的共同信息，互通有无，彼此了解。在信息大爆炸时代，假信息实在太多了，只有所获的信息是真实而可靠的，买卖双方的最终决策才可能是最好的"抉择"。

但是很多情况下，卖方知道的信息内容，买方不一定知道，而买方的价格底线，卖方也不知道。甚至，卖方有时候为牟取暴利，故意隐瞒某种对自己不利的信息，由于信息不对称，买方无法排除干扰，以致做出逆向选择，利益受到损害。在爱情婚姻市场上，当你是卖家的时候，你一定会刻意隐瞒一些对自己不利的信息，只把那些最出彩的精华部分提供给对方。因为爱情的市场经济也是契约经济，契约经济讲究合同关系，所谓合同就是结婚证，以领取结婚证的时间为界限，在这之前，所有的爱情都会存在"逆向选择"的问题。

可以说，只要有市场，只要进行交易，就可能出现逆向选择。出现逆向选择的根本原因在于信息不对称,即买方和卖方所掌握的信息不一样。最佳也是最终的解决办法,就是尽量使交易双方信息对称,信息传递、沟通得愈充分,愈有利于做出最正确的决策。

## 找出隐匿信息,摆脱逆向选择旋涡

在这个飞速发展的信息时代,无论怎样强调信息对于博弈的重要性应该都不为过。现实的博弈中,除去信息因素外,大家赢的机会均等,谁能提前抓住有利的信息,谁就能稳操胜券。这就是经典的信息博弈理论。

事实上,我们很多时候都会产生一种"不识庐山真面目,只缘身在此山中"的尴尬。也就是说,如果某一方所知道的信息并不为对方所知晓,就会产生信息不对称;而信息不对称所造成的逆向选择,又使我们失去很多本来属于我们的东西。所以,要想摆脱逆向选择的困境,我们必须最大限度地挖掘隐匿信息,做到知己知彼。

A集团公司的业务蒸蒸日上,但是最近老总却陷入了烦恼中。公司准备投资一项新的业务,已经通过论证准备上马了,但是几位高层在事业部总经理的人选上产生了很大的分歧。一派认为应该选择公司内部的得力干将小王,而另一派主张选用从外部招聘的熟悉该业务的小李,大家各执己见,谁也不能说服对方,最后还是需要老总来拍板。那么,究竟哪一种选择更好呢?

就经验而言,小王显然经验要丰富得多,小李到此工作属于空降,而小王更具有本土优势,对业务也十分熟悉。但人事这一块,应该还是外聘较好吧,因为老总觉得自己公司活力不足,应该补充些新鲜血液。最终老总拍板,决定用外聘的小李。

于是小李正式走马上任。他的优势很明显,美国著名高校的MBA,完全的洋式经营理念;而小王不过中专毕业,是从底层一步步熬上来的。老总对小李寄予厚望,小李也很努力,开始认真地对公司的人力资源进行诊断,并煞有介事地挑出了一堆毛病。老总一看,心里开始担忧,这些毛病要整改完成,自己公司将会垮掉！

时间一久，小李只知道挑毛病，却没有对公司进行任何实际操作，弄得公司人人自危，怨声载道。老总一看，这样不行，于是迫不得已又把小李辞退了，而此时的小王却因为没有得到老板的重视，已经跳槽去别的单位了。A集团花费了大量的时间、精力和金钱，最终不但没有给公司带来效益，反而使公司陷入了危机。

A集团所碰到的就是典型的逆向选择。正是因为彼此的信息是不对称的，老板不知道小李的实际操作能力，只看到了小李的海外镀金背景，结果弄得自己很狼狈。要解决这种逆向选择问题，其实老板应该给小王和小李每人一段试用期，在试用期内了解他们的隐匿信息，即实际的工作能力，从而判断谁更适合总经理的职位。

在当今社会，谁充分掌握了隐匿信息，谁就掌握了整个世界，如果信息闭塞，那么你就会陷入逆向选择的困境。

隐匿信息在逆向选择中起着关键作用，如果你能及时掌握全面的信息，就能防止逆向选择的发生。即使在逆向选择表现得最为突出的保险领域，信息的优势是一样可以帮助人们尽量避免逆向选择。如果你事先了解了投保人的情况，知道他之所以投保是因为出事的概率比较大，你就可以要求他增加保费或加上其他的附加条款以减少自己的损失，而找出这些隐匿信息的途径也只有一个——实地调查。

# 沃尔森法则：
# 能得到多少，取决于你知道多少

## 信息的优劣和多寡决定你的胜算

信息对于博弈的重要性怎么强调都不为过。

以前有个做古董生意的人，他发现一个人用珍贵的茶碟做猫食碗，于是假装很喜爱这只猫，要从主人手里买下。古董商出了很高的价钱买了猫。之后，古董商装作不在意地说："这个碟子它已经用惯了，就一块儿送给我吧。"猫主人不干了："你知道用这个碟子，我已经卖出多少只猫了？"

古董商万万没想到，猫主人不但知道，而且利用了他"认为对方不知道"的错误大赚了一笔。由于信息的寡劣所造成的劣势，几乎是每个人都要面临的困境。谁都不能先知先觉，那么怎么办？为了避免这样的困境，我们应该在行动之前，尽可能掌握有关信息。人类的知识、经验等，都是你将来用得着的"信息库"。

有了信息，行动就不会盲目，这一点不仅在投资领域成立，在商业争斗、军事战争、政治角逐中也一样有效。

《孙子兵法》云："知己知彼，百战不殆。"这说明掌握足够的信息对战斗的好处是很大的。在生活的"游戏"中，掌握更多的信息也是有好处的。比如，你要恋爱，你得明白他（她）有何爱好，然后才能对症下药、投其所好，才不至于吃闭门羹。猜拳行令，如果你知道对方将出什么，那你绝对能赢。

有史以来，人们从来没有像现在这样深刻地意识到信息对于生活的重要影响。信息实际上就是你博弈的筹码，我们并不一定知道未来将会面对什么问题，但是你掌握的信息越多，正确决策的可能就越大。在人生博弈的平台上，你掌握的信息的优劣和多寡，决定了你的胜算。

## 你知道多少决定你得到多少

美国南北战争时期，市场上猪肉价格非常高。商人亚默尔观察这种现象很久了，他通过自己收集的信息认定，这种现象不会持续太久。因为只要战争停止，猪肉的价格就一定会降下来。从此，他更加关注战事的发展，准备抓住重要信息，大赚一笔。一天，他在报纸上看到了这样一个信息：李将军的大本营出现了缺少食物的现象。通过分析，他认为，战争快要结束了，战争结束就说明他发财的机会来了。亚默尔立刻与东部的市场签订了一个大胆的销售合同，将自己的猪肉低价销售，不过可能要迟几天交货。按照当时的行情，他的猪肉价格实在是太便宜了。销售商们没有放过这一机会，都积极进货。不出亚默尔的预料，不久后，战争果然就结束了。市场上的猪肉价格一下子就跌了下来。这时亚默尔的猪肉早就卖光了，在这次买卖中，他共赚了100多万美元！

在知识经济时代，要在变幻莫测的市场竞争中立于不败之地。你就必须准确快速地获悉各种情报市场有什么新动向，竞争对手有什么新举措。在获得了这些情报后，果敢迅速地采取行动，这样你不成功都难。信息与情报的商业价值在于，它们直接影响到企业的命运，是企业成功的关键因素。所以，美国企业家沃尔森提出了沃尔森法则，强调信息的重要性。

市场竞争的优胜者往往就是那些处于信息前沿的人。在同样的条件下，获取信息更快更多的人，就会优先抢得商机。有人说市场经济就是信息经济，其精髓就在于此。从某种意义上说，关注信息就是关注金钱，信息已经成为一种不可忽视的资源，在商海中搏击，学会收集信息，这样才能抓住有效信息，从而成为赢家。

现在，随着网络的普及，我们正走入信息经济时代，但有几个人能像亚默尔那样，找到对自己有效的信息？如今，人们追求的已经不是信息的全面性，而是信息的有效性。

越来越多的信息充斥着电脑的荧屏，人们绝不能困在对全面信息的无限追求中，那将浪费过多的时间和成本，只要能收取到对市场影响最本质的有效信息，就足够了。有则"九方皋相马"的故事或许能给我们以启示。

秦穆公对伯乐说："你的年纪大了，你能给我推荐相马的人吗？"伯乐说："我有个朋友叫九方皋，这个人对于马的识别能力，不在我之下，请您召见他。"穆公召见了九方皋，派他去寻找千里马。三个月以后九方皋返回，报告说："已经找到了，在沙丘那个地方。"穆公问："是什么样的马？"九方皋回答说："是黄色的母马。"

穆公派人去取马，却是纯黑色的公马。穆公很不高兴，召见伯乐，对他说："你推荐的人连马的颜色和雌雄都不能识别，又怎么能识别千里马呢？"伯乐长叹一声，说："九方皋所看见的是内在的素质，发现它的精髓而忽略其他方面，注意力集中在它的内在而忽略它的外表，关注他所应该关注的，不去注意他所不该注意的，像九方皋这样的相马方法，是比千里马还要珍贵的。"马取来了，果然是千里马。

这则故事就是成语"牝牡骊黄"的出处，说明只有透过现象看本质，才能提取有效信息，才能发现真正有价值的东西。在生活中面对同样的信息，不同的人可能做出不同的解读，从而做出不同的决策，这种差别来源于对有效信息的提取不同。

我们生活在信息社会中，要不断提升自己提取有效信息的能力。有句话说得好："世界上从来不缺少美，而是缺少发现美的眼睛。"运用到经济生活中也是同样的道理——生活对大家都是平等的，也从来不缺少成功机会，我们需要有一双敏锐的慧眼，发掘有效信息。

信息与情报给企业带来巨大利益的同时，也给许多企业敲响了警钟。信息，既能带来滚滚财富，同样，信息的外泄也会让企业遭到致命的打击。

沃尔森认为，具备了一流的人才与技术只说明企业具备了生产一流产品的能力，这种能力如果没有灵活、高效、及时地把握市场前沿信息的信息系统作为保障，也会化为乌有。同时，沃尔森认为，信息与情报关乎企业的方方面面，企业不但要注重内部信息，而且更要重视外部信息；不但要注意搜集、把握信息，而且要做好信息保密工作。

# 信息处理定律：
# 不会处理信息就不会生存

## 信息时代，信息等于机会

你有没有意识到，我们正生活在信息风暴中？

现代社会是一种靠信息生存的时代，在人们的交往过程中，拥有信息的数量多少成为机会和财富的象征。人们总是把眼光盯在瞬息万变的社会中，世界正在成为一个巨大的信息交流场。1988 年，一根光纤电缆能同时传送 3000 个电子信息，1996 年则能传送 150 万个电子信息，2000 年能传送 1000 万个电子信息。一个商业信息也许能够创造一笔不小的财富。只要我们意识到信息的价值，就会通过各种信息的载体去获取更多的信息。

现在生活中布满了信息，承载信息的媒体也种类繁多。过去的媒体主要是书籍、报刊，后来有了广播电视，再后来计算机普及，直到现在，手机也成了信息的主要传播渠道。

逛商场时，满眼看到的是各种各样的商业信息。某商场返券打折，酬惠新老顾客；某公司推出新一款高性能产品；某样商品的价格发生了怎样的变化；某厂家的产品正在为打入市场而进行营销策划；卖什么商品能赚钱；哪支股票呈"牛市"，哪支股票呈"熊市"，哪个公司即将上市；哪些国外企业要开拓中国市场，中国哪家企业迈出了国门，走向了世界⋯⋯

在休闲时，你可以接触到数不胜数的生活信息。如国家对盐、糖等生活必需品的价格做了哪些调整；装修房子需要注意室内空气的监察和检测；小区周围又开了几家超市；今年冬天的取暖费是否会有涨幅；出去旅游应做好哪些准备，应该在什么时段选择哪些景点；城市交通线路做了哪些改换⋯⋯

找工作时，你又会遇到许许多多的就业信息。哪些公司招聘哪些职位，具体要求怎样，公司发展如何，待遇如何等等。

这些信息都是与我们息息相关的，可以说，你的周遭正在发生新一轮的信息革命。无论是个人，还是国家，都不能忽视信息革命所带来的深刻变化。

信息革命的步伐从其产生的那天开始，就没有停止过。21世纪，人们津津乐道的一个词语"知识经济"，就本质而言，正起源于信息革命。现在，知识成为经济增长的基础，是否善于学习成为评价人才的标准，能否掌握有用的信息成为个人成就的关键，人类社会正在面临一场惊天动地的历史性变革。

当今社会，信息已经成为竞争中的关键因素。如果能够敏锐地发掘信息、加工利用信息，则可以在竞争中争得一席立足之地。但是，在信息时代没有常胜将军，往往就在你为成功而沾沾自喜的一刹那，一条关键的信息溜过去了，也许你会因此而丧失许多机会，失去在竞争中的主动性。

正因为这种信息传递的加速，使得生活中处处都充满了机会，只要做一个有心人，善于把握事物中的一切细节，掌握最有效最准确的信息并为己所用，就能为自己创造财富。

我们应当时刻保持冷静和敏感，在纷繁芜杂的世界里捕捉那些对我们至关重要的信息，只有这样才能时刻领先别人一步，成为一名善于把握信息的能人。

## 让有效信息为我所用

古语云："月晕而风，础润而雨。"其意思就是月亮周围出现光环，那就预示将有大风刮来；础（即柱子）下面的石墩子返潮了，则预示着天要下雨。这是古代人们利用自然现象来预测天气，从而为挡风防雨做准备。

把这句话用在对机遇的把握上，就是告诫我们要善于利用各种信息，从中捕捉机会，从而为成功做好准备。先知"础润"而迅即"张伞"，把握和充分利用机遇，就能有效地改变人生，把潜在的效益变成现实的效益。

1995 年，只身到美国留学的王颖，踏入异乡时身上只有 200 美元，举目无亲。她曾在美国人家里做保姆，在中国餐馆里端盘子。在不到 4 年时间里，她已创立了自己的公司，经营上千万美元的进出口贸易。她的成功，也是得益于信息效应。一次偶然的机遇，她在美国的一个商店里发现一种新的商品——韩国产的手工缝制提包。这种提包，在美国要 30 美元一个，而在中国，在王颖的记忆中，原料几乎不需要多少钱！她决定做手工缝制提包生意，当即通过传真同中国工艺品进出口公司联系，向美国进口公司卖出了 50 个货柜的款式新颖、质量优良的手工提包。短短几年，韩国的手工提包几乎不见踪影了。

王颖正是凭借着对信息的敏感性，把握了这次商机。实际上，获取信息并不像我们想象中那般复杂。用你的眼睛、耳朵和一张嘴巴就能够得到重要信息。

你的朋友、你的竞争对手，报纸、杂志、广播电视都会提供大量信息随时随地提供给你参考；食堂、教室、商场、咖啡屋都能成为信息的源泉。实际生活中处处充满着信息，善于观察生活的人，总能找到成功的机遇。也就是说，只要对信息的敏感性强，就能捕捉到有用的信息。

对信息的敏感性来源于善思考、善联系、善挖掘，透过信息的面纱来感知隐含着的对自己有用的内容。好比在荒原上寻宝，宝不可能明摆在你的面前，要通过表面的异常表现传达出的信息，判断宝可能就在下面，然后把宝挖出来。如果非要等到眼睛直接看到宝才弯腰去捡，那么大量的信息就会从你身边溜过，而机遇也将与你无缘。

有时，你会发现某一条信息对你来说用处不大或毫无用处，但你千万不要将它丢掉，因为也许将这条信息与其他信息匹配起来，会为你打开新思路，你会意识到自己得到的信息量还不够多，这就需要你去广泛地收集信息。不要认为收集信息是一项枯燥的工作，其实你是在积累一个个机会。这就像一个人学习知识一样，刚开始他不可能是一个非常优秀的学者，只能逐步地积累，即使那种非常有天赋的人，也要从积累开始。

当一个人的知识积累到一定程度之后，他就会有不同寻常的理解力，于是就可以透过现象抓住本质性的东西。信息其实就是平时积累的材料。通过你不断的积累，再与生活两相对照，你就会发现哪些材料是有价值的，哪些是毫无用处的，这样你就可以披沙拣金。信息就成了你的资源，信息的收集就是生产资料的组织，所以收集好信息，就成了成功路上关键的一步。

收集信息要遵循下列步骤：

第一步，必须认准你的奋斗方向，以明了自己究竟需要哪方面的信息。一般来讲，你的人生目标和你努力的方向，将帮助你决定自己所需的知识和信息。

第二步的要求就是，你知道能从哪些途径获取可靠的信息，其中比较重要的有以下几点：

（1）本人的经验和所受的教育。

（2）与别人合作，与他人交往时可能得到的经验和教训。

（3）向社会开放的大专院校。

（4）公共图书馆。

（5）各类新闻报刊。

（6）专业培训。

（7）网络。

……

各行各业的成功人士，从不停止获取与他们的主要目标、事业或职业有关的专门知识和相关信息。普通人通常对包含开发价值的信息熟视无睹的原因，就在于缺少捕捉信息的意识和紧迫感，而且缺乏整理所获信息的意识。所以，你必须树立多方收集信息的意识，使自己成为捕捉信息和机遇的有心人。正如俗话所说："说者无心，听者有意。"只要你每天都有意识地去收集信息，就好比树起了全天候的"雷达天线"，就能在大量的新闻报道、广告、聊天中发现闪光的金子和难得的机遇。

我们要养成收集信息的习惯，只有掌握了充足的信息，才能够从信息中找到机遇，并做出正确的判断，才能够有更长远的发展。

你会从各种渠道得到各种各样的信息，这些信息中，有的足以决定你的成败，有的是可以促进你获得成功的；有的却是负面信息，它不但不会对你的工作产生促进作用，还会产生阻碍作用；更有些信息本身就是假信息，它会带你走上弯路甚至歧途。我们掌握了这许许多多的信息后，首先，要去伪存真，剔除虚假信息对自己的干扰；其次，要对真实的信息进行筛选，选出对自己实现目标有利的因素，去除那些阻碍因素；最后，就是要利用筛选出来的有用的信息和自己的认识、判断力采取有效的行动，来达到目标。

收集与积累信息只是一个准备过程，有些信息也许你从来都不会用上，有些信息的出现绝对是一次性的，此后出现的信息也不会与以前的完全一样，那为什么还要去收集与整理信息并建立信息库呢？其实，这是个思维训练的过程，你要学会从所收集的信息中挑选出最有价值的，并努力去应用它。只有当你经过无数事实的检验之后，你才会获得一种特别的经验，那时你就会牢牢抓住那一点点提供成功机会的信息。

我们可以做这样的练习，即仔细、认真地阅读报纸，把自以为重要的信息剪下来，进行前后对比，并对信息进行考察、筛选，看哪些信息现在就可以利用，哪些信息以后可能会有用，然后对信息进行加工处理，寻找并引出结论。读报纸、杂志，以多读多看、分析比较为好。

我们在平时就应该注意进行对信息收集和筛选的训练。生活中多观察、多思考，看哪些信息是真实的，哪些信息是我们可以利用的，哪些信息是可以为自己带来效益的。熟练地驾驭信息，你就能够发现更多的机会，获得更好的发展。

一条信息的价值如何，关键看对自己有多大的作用。如果你对纷繁复杂的信息进行有效的整理和加工，自己的感知系统就有了选择性、方向性，就可以在众多的一般性信息中敏锐地发现别人看不到的机遇，这样你就能在有限时间内掌握更多有价值的信息，找到更多的发展机遇。

然而，在你的工作开始之前，你还没有具体的设想时，面对复杂的信息，你又不能放弃，那怎么办呢？这就需要整理了，可以用简单、方便折封袋档案整理法，将你收集到的信息按照关键字的音序排列起来，将记事便条、报告用纸、小册子、稿纸、收据、报纸剪条等放入档案袋，即可建立你自己的信息管理系统。在你有空闲时间的时候，把这些信息拿出来看看，它们分别是关于什么样的主题，然后把相关主题的信息摆在一起，并串成一"小札"，完成许多"小札"之后，再进一步思考这些小札之间的关系，将逻辑相联者集中在一起。一旦根据逻辑关系归纳出许多小札后，即把它们固定在一起，并附上标题纸片。这样你就可以对这些信息进行使用了。待信息收集、筛选、整理以后，我们还需要对其进行加工，让其为己所用。加工可以使信息更全面、更系统、实用性更高，加工可以揭示出隐含的深层信息，使你更熟练地驾驭它们。信息加工是发现机遇、把握机遇的方法，是现代人应具备的重要能力。

# 冰山理论：
# 实际存在的很多，而我们可见的太少

## 眼睛看到的远远小于看不到的

两个天使在旅途中到一个富有的家庭借宿。这家人对他们并不友好，拒绝让他们在舒适的卧室过夜，而是在冰冷的地下室给他们找了一个角落。当他们铺床时，老天使发现墙上有一个洞，就顺手把它修补好了。小天使问他为什么这样做，老天使答道："有些事并不像它看上去那样。我从墙洞看到墙里面堆满了金块。因为主人被贪欲迷惑，不愿意别人分享他的财富，所以，我把墙洞补上了。"

我们不是老天使，我们不可能像他一样能看透事情的本质。受各种因素的影响，我们认识世界的能力是有限的，甚至有时候我们所看到的世界并不一定是最真实的世界。我们不可能洞悉一切事物，实际上我们眼睛看到的远远小于看不到的。冰山理论就是向我们昭示，我们生活在一个信息不完全的世界中。

在生活中，随处可见信息不完全的情形。比如，你加倍努力干好工作，老板理应多付你工资，但因为他对你的努力程度只是有个模糊概念，所以你的业绩奖金只

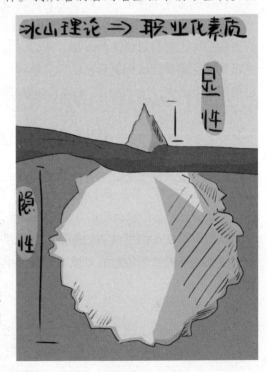

是你薪水的一小部分。只有老板能完全看清楚你的能力与努力，他才可以将你的薪水与表现挂钩。

如果我们把一个员工的全部才能看作一座冰山，浮在水面上的是他所拥有的资质、知识、行为和技能，这些就是员工的显性素质，可以通过各种学历证书、职业证书来证明，或者通过专业考试来验证；而潜在水面之下的东西，包括职业道德、职业意识和职业态度，我们称之为隐性素质。显性素质和隐性素质的总和就构成了一个员工所具备的全部职业素质。

冰山理论可以用来解释职场中的很多问题。比如：

为什么有经验的"海归"大受欢迎？

为什么有外企背景的人找工作相对容易很多？

为什么有些人学历低收入却很高？

为什么有些人总是能够得到赏识和重用？

为什么许多企业明确表示不招聘应届毕业生？

为什么经验丰富的你，专业很好，求职却屡受打击？

为什么你总是得不到提升，也得不到高薪？

为什么你做事，老板总不满意？

职业化素质有大部分潜伏在水底，就如同冰山有 7/8 存在于水底一样，正是这 7/8 的隐性素质支撑了一个员工的显性素质。显性的因素就像浮于海面上的冰山一角，事实上是非常有限的；冰山水底的隐性因素包括员工的职业意识、职业道德和职业态度，在更深层次上影响着员工的发展。所以，我们应该在注重培养显性素质的同时，培养自己的隐性素质，特别是自己的职业精神、学习能力、团队意识等，并将这些融入自己的职业生涯中，让"冰山"的支持更加牢固。

# 广泛收集信息，取其精华

鲁迅的"拿来主义"是有选择地、是为我所用地拿，在这个信息泛滥的时代，聪明的"拿来主义者"都是善于收集信息的高手。他们在收集信息的时候，去除无效信息，保留有效信息，是信息让他们在成功的路上走得更顺畅。

我们不要坐在那里被动地等待别人提供信息。当你确实需要资讯时，必须要主动地去搜集，养成收集信息的习惯。如何养成高效收集信息的习惯呢？应当从以下几方面着手：

1. 要主动出击

优秀的人应当主动去"关心"信息，因为这是搜集信息的一个好方法。例如，在大街上，当你听到消防车喇叭声大作时，你会问："哪里失火了？哪里出现了紧急情况吗？"只有主动询问，你才能立刻了解到哪里出现了事故。当看到街头上围了一大群人，你要走上前挤进去，才能看得见那里发生了什么事。因为，要掌握一件事情的真相，光有好奇心是不够的，还要尽可能地亲身经历或亲眼所见。要搜集资讯，就必须主动出击，抢先获取第一手资料。当然，我们还应当培养自己判断信息价值的能力，这样，才能在浩如烟海的信息世界里找到对自己有用的信息。

2. 建立个人信息网络

建立个人信息网络的重要性在于，当你想要哪一类资讯时，立刻可以找到能提供这方面信息的人；当你想得到最具权威性的资料时，马上有人为你提供最为科学的建议。怎样来建立你的信息资讯网呢？可以先以你的知交良朋、同一母校的校友、同时进入公司的同事、上各类培训班时认识的学员、同行业里认识的朋友为基础，逐渐扩大你的信息网络。若善加利用，这个网将是你一生中最为宝贵的财富之一。

3. 要善于"套"情报

用对信息的保密程度来划分，人不外乎两类：缄默型和主动传播型。当知道一项内部资讯时，主动传播型的人，不用你去问，他都会跑来告诉你整个事情的始末，并且会添油加醋；而缄默型，会三缄其口，不随意传话。

对缄默型的人，你要想办法从他们的嘴里"套"出话来，你不能开门见山，要旁敲侧击。对主动传播型，无论他给你说什么，你都要很有兴趣地听完，不要对自认为有价值的就认真听，觉得没用的就提不起精神。否则，以后他就不会再告诉你什么东西了。

4. 不要随便传播所得情报

一般来说，对方信任你，才会告诉你内部参考、内幕消息和独家机密，而且他们往往会叮嘱你"千万不要告诉别人"。如果你把这些事情随便告诉了其他人，一旦传到了当初告诉你的那个人耳中，以后你再也不能从他那里得到什么有价值的信息了。

5. 学会适当透露情报给别人

光是别人给你提供信息情报，你却不给别人透露一些他想要的信息，这样的关系是不可能长久的。你必须提供令对方满意的情报，别人才会给你需要的信息。

# 买车的冰山理论

如今有车一族已经是数不胜数。

以经济车为例，虽然汽车降价让人难以抑制购车欲望，但牌照费、停车费、税费、保险费、养路费、保养费、年检费、汽油费、配件费等等，这些才是冰山的全貌！在经济车的整个生命周期内，28%的成本发生在购买初期，72%的成本为使用成本和税费，即经济车的使用成本远远超出价格。成熟的用户应当意识到经济车"冰山"隐藏在水下的巨大部分。假设一辆8万元的经济车，购置税0.7万元，使用12年按照每年1.2万元计算共14.4万元，另外9万元包牌一次付出的资金，投资收益按照4%计算，12年共减少投资收益4.3万元。这样就很清楚了8万元的车价，使用成本、税费和减少投资收益共19.4万元，这还不包括一些地方性收费和拍牌费。冰山看上去很美丽，但如果走近却发现冰山也是陡峭嶙峋，如果没有统筹和预期，买得起车却养不起，汽车看上去还是那么美吗？

# 沸腾效应：
# 临门一脚至关重要

## 成功与失败仅一步之遥

神仙传授酿酒之法给两个凡人，叫他们选端午那天收割的稻子，与冰雪初融时高山流泉的水珠调和，注入千年紫砂土铸成的陶瓮中，再用初夏第一张看见朝阳的新荷封严，密闭七七四十九天，直到鸡叫三遍后方可启封。

这两个人历尽了千辛万苦，总算找齐了所有的材料，把酒调和好并密封，然后潜心等待那启封的时刻。

终于等到第四十九天了。两人整夜都不敢休息片刻，急切地等着鸡鸣的声

音。远远地传来了第一遍鸡鸣，过了很久，依稀响起了第二遍，第三遍鸡鸣到底什么时候才会来？其中一个人再也忍不住了，他迫不及待地打开了陶瓷，却惊呆了——里面是一汪水，像醋一样酸，又像中药一般苦，他失望地把它洒在了地上。

而另外一个人，虽然欲望如同一把野火般在他心里熊熊地燃烧，让他按捺不住想要伸手，但他还是咬着牙，坚持到了第三遍鸡鸣后才打开陶瓷，一股清香扑鼻而来，他终于喝到了甘醇的美酒。

表面上看，两人酿酒的手法并没有区别，仅仅是在时间上差了那么一点点，不过是一遍鸡鸣而已。然而，正是这一点点的时间，却起了决定性的作用，直接决定着它是美酒还是酸水。

这个故事和我们生活中的烧水原理如出一辙。水温升到99℃，还不是开水，其价值有限；若再添一把火，在99℃的基础上再升高1℃，就会使水沸腾，并产生大量水蒸气来开动机器，从而获得巨大的效益。水的"沸腾效应"说明的是，成功也许就是努力坚持到最后一刻的韧劲，而失败也许就是自身的惰性使然，一步之遥的缺失造就了伟大与平庸的差距。

在我们生活与工作的方方面面，都可以看到和烧水一样道理的"沸腾效应"。职场面试在最后一关被PK出局，多年爱情马拉松却止于步入婚姻殿堂之前……无不是差那最后的1℃就修成正果，然而，却终究前功尽弃。中国那句老话"行百里者半九十"，为"沸腾效应"作了最好的注解。

## 行走股市，卖出要抓关键时机

不难看出，沸腾效应告诉我们，烧水的过程中，最后那1℃至关重要。在当今火热的股市中，卖股票亦是同样的道理——要抓住关键时机。

股市中流传着这样一句话：会买是徒弟，会卖是师傅。要保住胜利果实，应该选准卖出的关键时机。股神巴菲特就有一种气魄，该出货的时候绝不含糊。

1987年10月18日清晨，美国财政部长在全国电视节目中一语惊人，他宣称如果联邦德国不降低利率以刺激经济扩展，美国将考虑让美元继续下跌。

结果，就在第二天，华尔街掀起了一场震惊西方世界的风暴。纽约股票交易所的道琼斯工业平均指数狂跌508点，6个半小时之内，5000亿美元的财富烟消云散！

第三天，美国各类报纸上，那黑压压的通栏标题压得人喘不过气来：《10月大

屠杀》《血染华尔街》《黑色星期一》《道琼斯大崩溃》《风暴横扫股市！》……华
尔街笼罩在阴霾之中。

这时，巴菲特在投资人疯狂抛售持股的时候开始出动了，他以极低的价格买
进他中意的股票，并以一个理想的价位吃进 10 多亿美元的"可口可乐"股票。不
久，股票上涨了，巴菲特见机抛售手中的股票，大赚特赚了一笔。巴菲特总是能
够在关键时刻把握住机会卖出他的股票。

事实上，任何一种成功的投资策略，都要明确把握"抛出时机"。

有不少投资者，在证券分析上很有一套，对大势的判断、个股的选择，都有自己
独到的见解，也很准确。但是，他们的投资成绩却往往并不能尽如人意，其中很大的
一个原因就是，他们卖出的时机几乎总是错的。要么就是过早地抛出，没有能够取得
随后的丰厚利润；要么就是迟迟不肯抛，以至于最后又回到买入点，甚至被套牢。

其实，这种情况是很普遍的。任何一名投资者反思一下，都可能会有一些诸如此
类的经历。因此，怎样才能够把握住较佳的抛售时机，无疑是每个投资者都非常想掌
握的技巧。

股市的走势是波浪式前进的，正如大海的波浪有波谷和波峰一样，大市和个股
的走势也有底部和顶部之分。当大市和个股在一段时间里有较大升幅时，就算没有
政策的干预或其他重大利空，技术上的调整也是必要的。通常而言，升幅越大，其

调整的幅度也就越大。当大市和个股上升到顶部时，及时抛出股票，就可以避免大市和个股见顶回调的风险；而当大市和个股调整比较充分之后入市，风险也就降低了。所以，在营业厅很冷清时买进，投资者可轻松自如地挑选便宜的好货；而当营业厅挤得水泄不通时，虽然牛气冲天，市场一片看好，人们争相买进，但你一定要果断出手，不仅可以卖个好价钱，而且还可以避免高处不胜寒的风险。

投资者可以学习巴菲特卖出股票的策略，不管在牛市还是熊市中，让自己的个股获利更丰厚。投资者到了卖出的时机或者符合卖出的条件时就要坚决卖出，不求卖得多高明多有艺术，但要卖得正确，卖得及时。以下是一些比较实用的卖出方法，供投资者参考。

（1）跌市初期，如果个股股价下跌得不深、套牢尚不深的时候，应该立即斩仓卖出。这种时候考验的是投资者能否当机立断，是否具有果断的心理素质。只有及时果断地卖出，才能防止损失进一步扩大。

（2）如果股价已经经历了一轮快速下跌，这时再恐慌地杀跌止损，所起的作用就有限了。快速下跌后的股市极易出现反弹行情，可以把握好股价运行的节奏，趁大盘反弹时卖出。

（3）在大势持续疲软的市场上，见异常走势时坚决卖出，如果所持有的个股出现异常走势，意味着该股未来可能有较大的跌幅。例如在尾盘异常拉高的个股，要果断卖出，越是采用尾盘拉高的动作，越是说明主力资金已经到了无力护盘的地步。

（4）当股市下跌到达某一阶段性底部时，可以采用补仓卖出法，因为这时股价离自己的买价相去甚远，如果强行卖出，损失往往会较大。可适当补仓以降低成本，等待行情回暖时再逢高卖出。

需要注意的是，每种方法都有其不完善之处，使用时不可过于机械。另外，在最高点卖出只是奢望，故不应对利润过于计较，以免破坏平和的心态。在市场上，如果过于苛求，到头来会只剩一个"悔"字——悔没买，悔没卖，悔卖早了，悔仓位轻了……所以，在投资上留一点余地，便少一分后悔，才有可能小钱常赚。

# 霍布森选择效应：
# 让人无可奈何的"假选择"

## 选来选去还是它

1631 年，英国剑桥商人霍布森从事马匹生意，他说，所有人买我的马或者租我的马，价格绝对便宜，并且你们可以随便挑选。霍布森的马圈很大，马匹很多，然而马圈只有一个小门。高头大马出不去，能出来的都是瘦马、小马，来买马的人左挑右选，不是瘦马，就是小马。可以看出，这种选择是在有限的空间里进行的有限的选择，无论你如何思考、评估与甄别，最终得到的还是一匹劣马。后来，管理学家西蒙把这种没有选择余地的所谓"选择"讥讽为"霍布森选择"。

对于个人决策来说，如果陷入"霍布森选择"的困境，就不可能发挥自己的创造性。道理很简单，任何好与坏、优与劣，都是在对比选择中产生的，只有拟定出一定数量和质量的方案对比选择、判断才有可能做到合理选择；只有对许多可供对比选择的方案进行研究，并能够在对其了解的基础上进行判断，才算得上判断。因此，没有选择余地的"选择"，就等于无法判断，就等于扼杀创造。一个企业家在挑选部门经理时，往往只局限于在自己的圈子里挑选人才，选来选去，再怎么公平、公正和自由，也只是在小范围内进行挑选，很容易出现"霍布森选择"的局面，甚至出现"矬子里面拔将军"的惨淡状况。"当看上去只有一条路可走时，这条路往往是错误的。"毫无疑问，只有一种备选方案就无所谓择优，没有了择优，决策也就失去了意义。

实际上，"霍布森选择"一直在我们的生活中存在着。从理论上说你总是有许许多多的选择，但因某些限制的存在，缩小了你选择的范围，事实上只提供了唯一的选择项。20 世纪著名的汽车大王亨利·福特曾经说，你可以订白色的、红色的、蓝色的、黄色的、黑色的，什么颜色的汽车都可以，但是我生产出来的汽车只有黑色的。固执的福特再一次践行了"霍布森选择"。《庄子·齐物论》中有个"朝三暮四"的故事。

宋国有一个很喜欢饲养猴子的人，名叫狙公。他家养了一大群猴子，时间长了，他能理解猴子的意思，猴子也懂得他的心意。狙公宁可减少全家的食用，也要满足猴子的要求。然而，家里越来越穷困了，狙公必须减少猴子所吃栗子的数量。但狙公又怕猴子不顺从自己，就先欺骗猴子说："给你们的栗子，早上3个，晚上4个，够吃了吗？"猴子一听，都站了起来，十分恼怒。过了一会儿，狙公又说："给你们的栗子，早上4个，晚上3个，这该够吃了吧？"猴子一听，一个个都趴在地上，非常高兴。

在这个故事里，无论是"朝三暮四"还是"朝四暮三"，栗子的总量并没有变化，实际上对于猴子们而言，这种选择就是"霍布森选择"。生活中，我们也往往会遇到类似的陷阱，我们经常听到"自由选择"，实际上，这种自由总是或多或少受到限制和约束，这使得选择的范围大大缩小。

举一个简单的例子，对于一个"自由"的大学生来说，他毕业后可以工作，可以攻读研究生，可以出国留学，还可以成为自由职业者。但是，实际上并不是这么回事，因为囊中羞涩，出国留学是不可能的；因为英语基础差，通过考研英语分数线的可能性很低，这无疑又使考研成为了弃选项；因为家里强烈反对他做自由职业者，于是他不得不放弃这种选择……这就是残酷的现实给选择套上的枷锁，因此他必须在毕业后找寻一份正式的工作。

在商业竞争不发达的社会，"霍布森选择"很多见，比如多年前昂贵的电话初装费，因为没有其他便捷实惠的通讯方式，你根本没有选择的权利。现在的商品经济中，生产资料日益丰富，在面临多种选择时，人们往往会因选择而迷茫。走进超市面对各种品牌的同类商品往往使人有点无从下手，不知道自己该选择哪个，很担心自己会选中了质量差的产品。谁能保证自己的选择就一定是正确的呢？如果由于种种限制只有一种商品可供选择，人们对该商品的认知已经很清晰，不再有这些担心，人们至少可以选择买或不买。如果只有一种选择，可以节省选择的机会成本。由此看来，"霍布森选择"并不是一无是处。

当然，绝大多数人还是希望拥有更多的选择机会，更多的选择机会总是令人身心愉悦。因此，我们理应利用自己的智慧，洞悉并拒绝所谓的霍布森选择，为自己创造尽可能多的选择机会。

## 所罗门王的智慧：信息甄别机制

《圣经》中曾获得上帝赐予智慧、荣耀、财富和美德的所罗门王，是犹太民族历史上最伟大的君王，也是世界上最传奇的君王之一。他用智慧征服了国人的心，留下了许多脍炙人口的故事，"智断亲子案"便是众多智慧故事中的一个。

两个妇女争夺一个孩子，都说孩子是自己的，当地官员无法判断，只好将妇女带到所罗门那里。所罗门稍想了一下，就对手下人说，既然无法判定谁是孩子的母亲，那就用剑将孩子劈成两半，每人各得一半。

这时，其中一个妇女大哭起来，向所罗门请求，她不要孩子了，只求不要伤害孩子，另一个妇女却无动于衷。所罗门哈哈一笑，对那个官员说："现在你该知道，谁是那个孩子真正的母亲了吧！任何一个母亲都不会让别人伤害自己的孩子的。"

可见，我们不但要发出一些影响对方决策的信号，还要尽量获取对方的信息，并对这些信息进行筛选和鉴别。

在"智断亲子案"的故事中，所罗门并没有把这件事看作一个直截了当的、非此即彼的选择，而是深入地思考这个问题，通过恐吓性的试探，提取到了情感和内心深处的信息。而有的信息不需挖掘，事件本身就一直向人们传达着信息。但这样的信息

307

往往真假难辨，就需要对信息进行甄别。当然，凭常识判断，有的可以一下子看出信息的真假，比如市场上许多良品的商誉都是花不小的代价建立的，有的甚至经过几十年才塑造了一个品牌，因而消费者对它们也格外信赖。相反，如果建立商誉的成本很小，大家都能建立"商誉"，结果等于谁也没建立商誉，消费者也不领情。比如，在大街上，我们看惯了"跳楼价""自杀价""清仓还债，价格特优"等招牌，这也是商誉，但谁相信它是真的呢？还有的信息足以以假乱真，这种情况就需要仔细甄别以选出真正的有利信息，就要像所罗门那样挖掘深层次的信息帮助判断。

信息的甄别需要通过特定的方法，这种方法在博弈论中被称为"机制设计"，即设计一套博弈规则，令对方作出选择，通过他们的选择来推演出他们的真实意图。商场上，虚虚实实的信息需要一双能洞悉一切的慧眼，来甄别其真假。不仅是在商场中，实际生活的其他各个领域中所涉及的信息甄别，与所罗门王所遇到的情形相比，都可能复杂几百几千倍，但是它们的核心是一样的，也要设计出有效的信息甄别机制，通过对手一系列外在的表现，对其所要采取的策略有一个更为深入的预见，从而辨别出其真实的想法。

## 【定律链接】空城计，玩的就是信息不对称

春秋时期，楚国的宰相公子元，为讨好已故哥哥楚文王的妻子文夫人，于公元前666年，亲自率兵车六百乘，浩浩荡荡攻打郑国。

国力较弱的郑国危在旦夕，群臣慌乱，有的主张纳款请和，有的主张拼一死战，有的主张固守待援。这几种主张都难解国之危难。上卿叔詹说："请和与决战都非上策，固守待援倒是可取的方案。郑国和齐国订有盟约，而今有难，齐国会出兵相助。只是空谈固守，恐怕也难守住。公子元伐郑，实际上是想邀功图名讨好文夫人。他一定急于求成，又特别害怕失败。我有一计，可退楚军。"郑国按叔詹的计策，在城内作了安排，命令士兵全部埋伏起来，不让敌人看见一兵一卒，令店铺照常开门，百姓往来如常，不准露一丝慌乱之色，大开城门，放下吊桥，摆出完全不设防的样子。

楚军先锋到达郑国都城城下，见此情景，心想莫非城中有了埋伏，诱我中计？不敢妄动，唯有等待公子元的到来。公子元来到之后也觉得好生奇怪，率众将到城外高地眺望，见城中确实空虚，但又隐隐约约看到了郑国的旌旗甲士。公子元认为其中有诈，不可贸然进攻，应先进城探听虚实，于是按兵不动。

这时，齐国接到郑国的求援信，已联合鲁宋两国发兵救郑。公子元闻报，知道三国兵到，楚军定不能胜，好在也打了几个胜仗，还是赶快撤退为妙。他害怕撤退时郑国军队会出城追击，于是下令全军连夜撤走，人衔枚，马裹蹄，不出一

点声响，所有营寨都不拆走，旌旗照旧飘扬。第二天清晨，叔詹登城一望，说道："楚军已经撤走。"众人见敌营旌旗招展，不信已经撤军。叔詹说："如果营中有人，怎会有那样多的飞鸟盘旋上下呢？他也用空城计欺骗了我们，急忙撤兵了。"

当获悉楚国大军来袭时，郑国有两种可供选择的策略，那"弃城"和"守城"。所谓的"纳款请和"便相当于"弃城"，而在"守城"选择中还存在着两种措施："决战"和"固守待援"。然而，以郑国的国力要抵抗楚国的进攻，是注定会失败的。那么，到底应该如何让公子元退兵呢？郑国采用了上卿叔詹"固守待援"同时又能保住郑国的"空城计"。

在郑国与楚国的这场博弈中，信息是最关键的环节。试想一下，如果公子元掌握了这场博弈中郑国一方的信息的话，那么公子元的"占优策略"必然是"攻城"。因为无论郑国"弃城"还是"守城"，"攻城"都是公子元所能采取的最优策略。也就是说，结局只可能有两种：一种是公子元"攻城"，郑国"弃城"而逃；另一种是公子元"攻城"，郑国拼死"守城"。无论如何，都会是公子元大获全胜。

但是，这毕竟只是一种假设而已，郑国与楚国之间的这次博弈，是一场"不完全信息博弈"。郑国方面显然是占据信息优势的一方，他们知道双方在各个策略组合下的可能结果，而楚国却不知道这些结果。在楚国看来，郑国"守城"是因为城中有伏兵，自己一旦攻城必将大败，因而这场博弈的结果因信息的不对称，出现了与实力对比不协调的结局，不是楚国大胜、郑国大败，而是楚国大败、郑国大胜。

幸而，公子元也并非愚笨之人，他也同样利用一场"空城计"顺利地离开了得到齐、鲁、宋三国援助的郑国。

# 传播扭曲效应：
# 信息传播的链条越长，信息越失真

## 信息越传越"扭曲"

在一节小学的听说课上，老师带领学生们做了这样一个传话游戏：以 10 个同学为一组，一排人站好，戴上隔音耳机，从左至右传达一段话，只有正在进行交流的两个人才能取下耳机，其他人都只能通过前一位的转达才能知道话语的内容。哪一组最后说出的话与原文最相近，就胜出。老师将比赛规则公布完毕之后，就将传话的句子告诉了每组的第一位同学。开始后，第一个人说的是"给我来一份紫菜蛋花汤"。结果，第十个同学那说出来的却是"我要一颗子弹，不要蛋花汤"。顿时，全班捧腹大笑。

这虽然是课堂上为了活跃气氛，让大家放松的一个小游戏，却反映出我们需要重视的一个传播规律，即信息在传播的过程中会失真，不能轻易听信谣言。

一个人听到别人说的话之后，在向其他人转述的时候，往往不能完全理解讲话人的用意，而是加进了自己主观上的一些理解和想法。如果两个人之间存在利益上的对立时，他往往会在可操作的范围内，将原话进行一定程度的修改，使其符合自己的利益取向或者立场。特别是当一个人不熟悉说话人或者说话人用对方不理解的方式表达自己想法的时候，信息的失真性就越大。这样看来，讲话人表面上看是把自己的想法表达出来了，但是，实际上，别人是否真正领会了自己的意思或者领会了多少，都不是讲话人所能控制的，极有可能到了信息接受者那里，已经不再是"原版"的了。

那么，传播扭曲效应出现的原因是什么呢？

第一，口头传播中的不准确性。在人们平时的交际中，大多使用口语。但是口头语言是稍纵即逝的，无法像书面语一样，以纸质或电子的形式保存下来，因此口语的传播更多的是要靠接受者去理解。这就免不了会影响口头传播的准确性。

第二，传播的感情色彩。传播者喜欢一个人，就会在说话的过程中添加对其有益的信息，或者夸大已经存在的对其有益的信息。若讨厌一个人，则有意夸张对他有害的信息。

第三，人性中的共性。有很多人喜欢夸张，爱传播耸人听闻的消息，寻求刺激。在传播中，夸张的表情与语言更能刺激别人，以达到自我宣泄与自我实现。

第四，人们往往喜欢把不确切的东西，无从查证的信息，加上个人的想象，以增强其可信度。三人成市虎，便是这个道理。

在了解了这个效应之后，我们就要尽量不受小道消息、被扭曲的消息的干扰，避免受传播扭曲效应的左右。俗话说得好："谣言止于智者。"要学会分析判断问题，始终保持清醒的头脑，于人于己，都是一件幸事。

## 巧用传播扭曲效应做营销

虽然，传播扭曲定律大都是将事实夸大了，但是，并非所有的传播扭曲现象都有坏处而没有好处。有时候，经过扭曲的信息反而会产生意想不到的效果。因此，传播扭曲定律被应用在营销领域。

例如，某种品牌的服装，在刚进入市场的时候，为了能吸引消费者的眼球，选择了一位当红明星做代言人。在最初的推广阶段就会吸引到一大批消费者，并且会随之带来很多的潜在消费者。市场的供求关系出现供不应求的现象，消费者就会向卖家反映，卖家就会向供应商反映，层层传递，最终的信息都会反馈给厂家。厂家在获取到这样的信息之后，肯定就会扩大生产。而在后续的生产过程中，该产品代言人的影响力继续扩大。他不仅出了新的专辑，而且还做了很多公益事业，加上这位代言人本身出道的时间就很长。结果，代言人的影响群体从原来的年轻人扩展到中年人，甚至老年人，他成为了大众心中的偶像，这就会带动该服装品牌的销量继续上升，而销量提升的同时，生产厂家得到这样的信息反馈，就会考虑丰富服装的种类、样式等等。比如，以前只做服装，现在就可以考虑做鞋帽、手提包、饰品、纪念品等等；以前针对的消费群体是青年人，现在就可以考虑中年人、老年人的穿衣风格而设计新的款式。在服装上，也可以增添多种款式，适合多种工作环境的人，从而形成该品牌的完整的产业链条。

名人效应

或许，该品牌的服装在最初面向消费者群体的时候，跟大多数服装一样，并没有让大家觉得有什么特别之处，其本身的价值也很普通。但是，由于信息在消费过程中的传播，导致大家对该服装的需求的增大，口碑的相传，最终成就了一个品牌的市场地位。这无疑是传播扭曲现象所发挥出的独有的积极作用。

第八章

>>> 管理学原理

# 二八法则：
# 抓住起主宰作用的"关键"

## 无所不在的二八法则

理查德·科克在牛津大学读书时，学长告诉他千万不要上课，"要尽可能做得快，没有必要把一本书从头到尾全部读完，除非你是为了享受读书本身的乐趣。在你读书时，应该领悟这本书的精髓，这比读完整本书有价值得多。"这位学长想表达的意思实际上是一本书80％的价值，在20％的页数中就已经阐明了，所以只要看完整部书的20％就可以了。

理查德·科克很喜欢这种学习方法，而且一直将其沿用下去。牛津并没有一个连续的评分系统，课程结束时的期末考试就足以裁定一个学生在学校的成绩。他发现，如果分析过去的考试试题，会发现把所学到与课程有关的知识的20％，甚至更少，准备充分，就有把握回答好试卷中80％的题目。这就是为什么专精于一小部分内容的学生，可以给主考人留下深刻的印象，而那些什么都知道一点，但没有一门精通的学生却考不出好成绩。这项心得让他不用披星戴月、终日辛苦地学习，但依然取得了很好的成绩。

理查德·科克到壳牌石油公司工作后，在可怕的炼油厂内服务。他很快就意识到，像他这种既年轻又没有什么经验的人，最好的工作也许是咨询业。所以，他去了费城，并且比较轻松地获取了Wharton工商管理的硕士学位，随后加盟了一家顶尖的美国咨询公司，第一个月，他领到的薪水是在壳牌石油公司的4倍。

就在这里，理查德·科克发现了许多运用二八法则的实例。咨询行业80％的成长，几乎全部来自专业人员不到20％的公司，而80％的快速升职也只有在小公司里才有——有没有才能根本不是主要的问题。

当理查德·科克离开第一家咨询公司，跳槽到第二家的时候，他惊奇地发现，新同事比以前公司的同事更有效率。

怎么会出现这样的现象呢？新同事并没有更卖力地工作，但他们充分利用了二八法则，他们明白，80％的利润是由20％的客户带来的，这条规律对大部分公司来说都行之有效。这样一个规律意味着两个重大信息：关注大客户和长期客户。大客户所给的任务大，这表示你更有机会运用更年轻的咨询人员；长期客户的关系造就了依赖性，因为如果他们要换另外一家咨询公司，就会增加成本，而且长期客户通常不在意价钱问题。

对大部分的咨询公司而言，争取新客户是重点工作，但在他的新公司里，尽可能与现有的大客户维持长久关系才是明智之举。

不久后，理查德·科克确信，对于咨询师和他们的客户来说，努力和报酬之间也没有什么关系，即使有也是微不足道的。聪明人应该看重结果，而不是一味地努力；应该依照一些解释真理的见解做事，而不是像头老黄牛单纯地低头向前。相反，仅仅凭着脑子聪明和做事努力，不见得就能取得顶尖的成就。

二八法则无论是对企业家、商人还是电脑爱好者、技术工程师和其他任何人，意义都十分重大。这条法则能促进企业提高效率，增加收益；能帮助个人和企业以最短的时间获得更多的利润；能让每个人的生活更有效率、更快乐；它还是企业降低服务成本、提升服务质量的关键。

# 二八法则的运用

微软的创始人比尔·盖茨曾开玩笑似的说，谁要是挖走了微软最重要的约占20%的几十名员工，微软可能就完了。这里，盖茨告诉了我们一个秘密：一个企业持续成长的前提，就是留住关键性人才，因为关键人才是一个企业最重要的战略资源，是企业价值的主要创造者。

留住你的关键人才，因为关键人才的流失有时对一个企业来讲是致命的。

因此，在任何时候，你都要和他们保持良好的沟通，这种沟通不仅是物质上的，更是心理上的，让他们觉得自己在公司具有举足轻重的地位。如果他们感觉到老板对自己的赏识，他心中会升华出一种责任感，从而愿意与公司共进退。

一家西方知名公司的首席执行官刚刚实行了一项革命性的举措——部门经理每季度提交关于那些有影响力、需要加以肯定的职员的报告。这位首席执行官亲自与他们联系，感谢他们的贡献，并就公司如何提高效率向他们征求意见。通过这一举措，这位首席执行官不仅有效留住了关键性的人才，还得到了他们对公司的持续发展提供的大量建议。

另外，要仔细分析关键人才在什么情况下业绩最佳，在那段时间内，他们是如何工作的。因为即使是一个关键人才，他的业绩也不是每个季度、每个月都一样。根据二八法则，找出他们创造了80%的业绩的20%的工作时间，来分析他们在那段时间内创造佳绩的原因。

你也许会问，对表现差的那80%的销售员该怎么办？

其实这些问题你不必考虑，你要训练的是那些你打算长久留在身旁的人，若训练随时准备让他们走人的员工，才真是徒劳无功。

让关键人才来训练你打算留下来的人员，经过一个阶段之后，在受训人员中淘汰掉表现较差的一部分，只保留表现最好的20%，把80%的训练计划和精力放在他们身上，力争他们也成为公司的关键人才。这样，长江后浪推前浪，整个公司的业绩也就上升了。

一位著名的管理学者说："成功的人若分析自己成功的原因，就会发现二八法则在自己成功的道路上发挥了巨大的作用。80%的成长、获利和发展，来自20%的客人。公司至少应知道这20%是谁，才可能清楚看到未来成长的前景。"

1998年，在梅格·惠特曼出任eBay（易趣网）公司首席执行官5个星期之后，她主持了一次为期2天的会议，讨论收缩销售战线的问题，并再次检查用户数据。如果了解eBay公司每个卖家的交易量（当然这由eBay公司负责），你就可以很容易地列出双栏表格。第一栏按照递减顺序，也就是按照交易量从最大到最小的顺序将客户排列下来。第二栏进行交易量累计（例如第一栏中，第一名客户的交易量为5万美元，第二名客户的交易量为4万美元，那么，在第二栏中，对应第一名客户的交易量累计将会是5万美元，而对应第二名客户的交易量累计则为9万美元）。现在，看看第二栏，我们可以找到累计销售额占eBay公司总销售额80%的客户，从中我们可以知道eBay公司销售的集中程度怎样。

经过2天的整理和排列，惠特曼和她的团队发现，eBay公司20%的用户，占据了公司总销售量的80%。这个消息并非听听而已，它提醒大家，针对这20%客户的决策对于eBay公司的发展和收益非常关键。当eBay公司的管理者追踪这20%核心用户的身份时，他们发现这些人大都是收藏家。因此，惠特曼和她的团队决定不再像其他网站那样，通过在大众媒体上做广告去吸引客户，转而在收藏家更容易关注的玩偶收藏家、玛丽·贝丝的无檐小便帽世界等收藏专业媒体和收藏家交易展上加大宣传力度，这一决策成为eBay成功的关键。

　　将注意力集中在核心用户身上，促成了 eBay 公司大销售商计划的诞生。该计划旨在通过提升核心客户的表现，从而带动 eBay 公司自身有更好的表现。该计划向三类大销售商提供了特权和认可，他们分别是铜牌用户，每月销售 2000 美元；银牌用户，每月销售 10000 美元；金牌用户，每月销售 25000 美元。只要大销售商获得了买家的好评，eBay 公司就会在这个销售商的名字旁边加注一个专用徽标，并给他们提供额外的客户支持。比如，金牌销售商可以拥有 24 小时客户支持的热线电话。

　　由此可见，在公司管理中，要运用二八法则来调整管理的策略，就要首先清楚掌握公司在哪些方面是赢利的，哪些方面是亏损的，只有对局势有了全面的了解，才能对症下药，制定出有利于公司发展的策略。如果脑袋里是一笔糊涂账，就无从谈起二八法则的运用，而那些琐碎、无用的事情将继续占据你的时间和精力。所以首要的任务是对公司做一次全面的分析，细心检查公司里的每个细微环节，理出那些能够带来利润的部分，从而制定出一套有利于公司成长的策略。

　　你要找出公司里什么部门业绩平平，什么部门创造了较高利润，又有哪些部门带来了严重的赤字。通过分析比较，你就会发现哪些因素在公司中起到举足轻重的作用，而另一些则在公司中的作用微不足道。

　　在企业经营中，少数的人创造了大多数的价值，获利 80％ 的项目只占企业全部项目的 20％。因此，你应该学会时刻注重那关键的少数，提醒自己把主要的时间和精力放在那关键的少数上，而不是用在获利较少的多数上，泛泛地做无用功。

# 分粥规则：
# 利己并不妨碍公平

## 分粥的难题

有一个很古老的故事：

有7个小矮人在一起共同生活，其中每个人都没有什么凶险祸害之心，但不免有自利的心理，他们每天要分食一锅粥，但没有称量用具。

大家发挥了聪明才智，试验了各种不同的方法，主要方法如下：

方法一是拟定一人负责分粥事宜。很快大家就发现这个人为自己分的粥最多，于是换了人，结果总是主持分粥的人碗里的粥最多。大家得出结论：权力导致腐败，绝对的权力导致绝对腐败。

方法二是大家轮流主持分粥，每人一天。虽然看起来平等了，但是每个人在一周中只有自己分粥那天吃得饱且有剩余，其余六天都饥饿难耐。结论：资源浪费。

方法三是选举一位品德尚属上

乘的人。开始还能维持基本公平，但不久他就开始为自己和溜须拍马的人多分。结论：毕竟是人不是神。

方法四是选举一个分粥委员会和一个监督委员会，形成监督和制约。公平基本做到了，可是由于监督委员会经常提出多种议案，分粥委员会又据理力争，等粥分完，早就凉了。结论：类似的情况政府机构比比皆是。

方法五是每人轮流值日分粥，分粥的人最后一个领粥。结果，每次七只碗里的粥都一样多。

这就是分粥的难题。要让分粥工作既有效率又公平，确实不是一件容易的事情。所幸的是，7个小矮人通过实践，最终实现了效率与公平的共赢。

所谓"分粥规则"，是政治哲学家罗尔斯在其著作《正义论》中提出的。在这个颇有趣味的小故事背后，揭示的是社会财富的分配问题。罗尔斯把社会财富比作一锅粥，这锅粥当然不是敞开的"大锅饭"，所以罗尔斯假设7个小矮人共同分粥——这7个小矮人，实际上代表的就是政治经济学体制下的广大人民；而以上小矮人进行的不同的实验，代表的自然就是不同的政治经济体制。

在没有精确计量手段的情况下，无论选择谁来分，都会有利己嫌疑。经过多方博弈后，解决的方法就是第五种——分粥者最后喝粥，等所有人把粥领走了，"分粥者"喝剩下的那份。因为让分粥者最后领粥，就给分粥者提出了一个最起码的要求——每碗粥都要分得很均匀，否则最少的那碗肯定是自己的。只有分得合理，自己才不至于吃亏。因此，"分粥者"即使只为自己着想，结果也是公正、公平的。

# 犯人船理论：
# 制度比人治更有效

## 没有规矩，不成方圆

18世纪，英国政府为了开发新占领的殖民地——澳大利亚，决定将已经判刑的囚犯运往此地。从英国到澳大利亚的船运工作由私人船主承包，政府支付长途运输费用。据英国历史学家查理·巴特森写的《犯人船》记载，1790～1792年，私人船主运送犯人到澳大利亚的26艘船共4082人，死亡498人，死亡率很高。其中有一艘名为"海神号"的船，424个犯人中死了158人。英国政府不仅经济上损失巨大，而且在道义上受到社会的强烈谴责。

对此，英国政府实施了一种新制度以解决问题。政府不再按上船时运送的囚犯人数支付船主费用，而是按下船时实际到达澳大利亚的囚犯人数付费。新制度立竿见影。据《犯人船》记载，1793 年，3 艘新制度下航行的船到达澳大利亚后，422 名罪犯只有 1 人死于途中。此后，英国政府对这些制度继续改进，如果罪犯健康良好还给船主发奖金。这样，运往澳大利亚罪犯的死亡率明显有所下降。

如果从我们熟悉的一般思维方式上寻找解决以上犯人死亡问题的方法，一般可以列举出两种，对船主进行道德说教，寄希望于私人船主良心发现，为囚犯创造更好的生活条件，或者政府进行干预，使用行政手段强迫私人船主改进运输方法。但以上两种做法都有实施难度，同时效果也许甚微。然而，新的制度却既可以顺应船主们牟利的需求，也使得犯人平安到达目的地。

这就是制度的作用。所谓制度，就是约束人们行为的各种规矩。"没有规矩，不成方圆。"制度在维护经济秩序方面起着重要作用。一个好的制度一方面可以避免人们在经济生活中的盲目性，形成统一的管理和流程，例如财务制度的建立，使得公司内部资金使用十分规范，人们只需按照相应的规定行事即可；另一方面，制度能规避机会主义行为。

## 制度的最大受益者是遵循制度的人

合理的制度确实可以对不规范的行为起到良好的约束与引导作用。阿里巴巴集团创办的支付宝，在电子商务一度遭受信用质疑的时刻横空出世，化繁为简，填补了中国金融业在电子商务领域的空白，让每一个消费者都可以放心地进行网上交易。支付宝取得成功的原因就在于取得了消费者的信任，而它之所以能够取得信任，就在于通过严格的制度，规范了网上交易的程序，买主和卖主的权益都得到了最大程度的保障。

可见，无论是公司的制度，还是国家的制度，跟我们每一个人都有紧密的关系。往往一个新制度的产生，会给社会带来不可估量的影响。虽然"犯人船理论"最初是源自于对犯人的约束，但最终，每一个守规矩的人，都是制度最大的受益者。

# 公平理论：
# 绝对公平是乌托邦

## 绝对的公平根本不存在

一个人不仅关心自己所得所失本身，而且还关心与别人所得所失的关系。他们是以相对付出和相对报酬全面衡量自己的得失，如果得失比例和他人相比大致相当时，就会心理平静，认为公平合理，从而心情舒畅；比别人高则令其兴奋，这是最有效的激励，但有时过高会带来心虚，不安全感激增；低于别人时同样会令其产生不安全感，心理不平静，甚至满腹怨气，工作不努力、消极怠工。因此分配合理性常是激发人在组织中的工作动机的因素和动力。

早在 1965 年，美国心理学家约翰·斯塔希·亚当斯就已提出"公平理论"，员工的受激励程度来源于对自己和参照对象的报酬和投入的比例的主观比较感觉。该理论认为，人能否受到激励，不但由他们得到了什么而定，还要由他们所得与别人所得是否公平而定。

下面，一起来看古代《百喻经》里的一个"二子分财"的例子：

古印度有这样的习俗，父母死后要为子女留下财产，而子女之间要平分财产。有一位富商，晚年得了重病，知道自己快要死了，于是便告诉他的儿子们要平分财产。两个儿子遵照他的遗言，在他死后，提出各种平分财产的方案，可是无论哪个方案，兄弟二人都不能同时满意。

就在他们为平分遗产发愁的时候，有一个愚蠢的老人来他们家做客，见此状况，便对两兄弟说："我教你们分财物的办法，一定能分得公平，就是把所有的东西都破开成两份。怎么分呢？衣裳从中间撕开，盘子、瓶子从中间敲开，盆子、

缸子从中间打开，钱也锯开，这样一切都是一人一半。"兄弟二人听到这位愚人的建议，顿然醒悟，总算找到平分遗产的方法了。但当他们按这样的方法分完遗产，才发现所有的东西都不能用了……

绝对的公平是不存在的。如果完全都按照数量上的平等来分，就会出现这种形而上学的笑话。所以，效率和公平要兼顾。

公平与否的判定受到个人的知识、修养的影响，再加上社会文化的差异，以及评判公平的标准、绩效的评定的不同等，在不同的社会中，人们对公平的观念也是不同的。但是，面对不公平待遇时，为了消除不安，人们选择的反应行为却大致相同，或者通过自我解释达到自我安慰，主观上造成一种公平的假象；或者更换比较对象，以获得主观上的公平；或者采取一定行为，改变自己或他人的得失状况；或者发泄怨气，制造矛盾；或者选择暂时忍耐或逃避。

## 寻找公平与效率之间的完美平衡点

在经济学上，公平与效率是个永久的话题，很多人认为两者不可兼得，要么牺牲效率，获得相对的更加公平；要么牺牲公平，去追求更大的效率。事实就是这样，最公平的方案不一定就是最有效的。

两个孩子得到一个橙子，但是在分配的问题上，两人并不能统一。两个人吵

来吵去，最终达成了一致意见，由一个孩子负责切橙子，而另一个孩子选橙子。最后，这两个孩子按照商定的办法各自取得了一半橙子，高高兴兴地拿回家去了。其中一个孩子把半个橙子拿到家，把橙子皮剥掉扔进了垃圾桶，把果肉放到果汁机里榨果汁喝；另一个孩子回到家把果肉挖掉扔进了垃圾桶，把橙子皮留下来磨碎了，混在面粉里烤蛋糕吃。

两个"聪明"的孩子想到了一个公平的方法来分橙子：如果切橙子的孩子不能将橙子尽量分成均等两半，那么另一个孩子肯定会先选择较大的那一块，所以这就迫使他要进行均匀的分配，否则吃亏的就是自己。这似乎是一个"完美"的公平方案，结果双方也都很满意。然而，他们各自得到的东西却未能物尽其用，这个公平的方案并没有让双方的资源利用效率达到最优。

如果将橙子果肉掏出，全部给需要榨果汁的小孩，把橙皮全部留给需要橙皮烤蛋糕的小孩，这样就避免了果肉和果皮的浪费，达到了资源利用的最大化。但对两个小孩来说，这样的方案，他们会觉得不公平而拒绝接受。许多公司为了避免员工的不公平心理对工作效率造成影响，都对员工工资采取保密措施，使员工相互不了解彼此的收支比率，从而无法进行比较。这种做法有些类似于"纸里包火"。其实，若想要规避不公平心理的负面效应，不但要公开大家的付出与所得，还需要建立合理的工作激励机制，以及公正的奖罚制度，并铁面无私地严格执行下去。

然而事实上，要提高效率，难免就会存在不平等。要实现平等，则往往要以牺牲效率为代价。世上没有绝对的公平，公平永远是相对的。所以对于我们个人来说，不要刻意去为点滴的不公而大动干戈，也不要为过于追求效率而无视施加于大家头上的不平等。一个优秀的团体，总能做到效率与公平的兼顾，并知道何时需要注重公平，何时需更注重效率。同样，一个聪明的人在处理事务时，也总会在公平与效率之间找到完美的平衡点。

# 鲇鱼效应：
# 让外来"鲇鱼"助你越游越快

## 鲇鱼效应就是一种负激励

挪威人喜欢吃沙丁鱼，尤其是活鱼，市场上活沙丁鱼的价格要比死鱼高许多，所以渔民总是千方百计地想让沙丁鱼活着回到渔港。虽然经过种种努力，可绝大部分沙丁鱼还是在中途因窒息而死亡。但有一条渔船总能让大部分沙丁鱼活着。船长严格保守着秘密，直到船长去世，谜底才揭开，原来是船长在装满沙丁鱼的鱼槽里放进了一条鲇鱼。鲇鱼进入鱼槽后，由于环境陌生，便四处游动，沙丁鱼见了十分紧张，左冲右突，四处躲避，加速游动。这样一来，一条条沙丁鱼欢蹦乱跳地回到了渔港。

这就是著名的"鲇鱼效应"，即采取一种手段或措施，刺激一些企业活跃起来，投入市场中积极参与竞争，从而激活市场中的同行业企业。其实质是一种负激励，是激活员工队伍的奥秘。

比如，一个企业内部人员长期固定，就会缺乏活力与新鲜感，从而容易产生惰性，影响企业的生产效率。对企业而言，将"鲇鱼"加进来，会制造一些紧张气氛。当员工们看见自己周围多了些"职业杀手"时，便会有种紧迫感，觉得自己应该要加快步伐，否则就会被挤掉。这样一来，企业就又能焕发出旺盛的活力了。

同样，如果一个人长期待在一种工作环境中反复从事着同样的工作，很容易滋生厌倦、疲惰等负面情绪，从而导致工作绩效明显降低，长此以往，就掉入了职业倦怠的旋涡之中。"鲇鱼"的加入，会使人产生竞争感，从而促进自己的职业能力成长和保持对工作的热情，这样也就容易获得职业发展的成功。

要知道，适度的压力有利于保持良好的状态，有助于挖掘人们的潜能，从而提高个人的工作效率。例如，运动员每临近比赛时，一定要将自己调整到能感觉到适度的压力，让自己兴奋的最佳竞技状态。相反，如果不紧张、没压力感，则不利于出成绩。可见，适度的压力对挖掘自身的内在潜力资源是有正面意义的。

有一位经验丰富的老船长，当他的货轮卸货后在浩瀚的大海上返航时，突然遭遇到了巨大的风暴。年轻的水手们惊慌失措，老船长果断地命令水手们立刻打开货舱，往里面灌水。"船长是不是疯了，往船舱里灌水只会增加船的压力，使船下沉，这不是自寻死路吗？"

船长望着这群稚嫩的水手们说："百万吨的巨轮很少有被打翻的，被打翻的常常是船身轻的小船。船在负重的时候是最安全的，空船时则是最危险的。在船的承载能力范围之内，适当的负重可以抵挡暴风骤雨的侵袭。"

水手们按照船长的吩咐去做，随着货舱里的水位越升越高，随着船一寸一寸地下沉，依旧猛烈的狂风巨浪对船的威胁却一点一点地减少，货轮渐渐平稳下来。

这就是"压力效应"。那些得过且过、没有一点压力的人，就像是风暴中没有载货的船，人生的任何一场狂风巨浪都能将其覆灭。而那些时刻认识到"鲇鱼效应"的存在，在生活中适当存有压力，善于保持工作激情的人，是不会轻易被风浪击倒的，反而时

给船"灌水"

刻走在追求成功的道路上。

适度的压力是必要的，但若压力过度的话，不仅不会消除厌倦慵懒的情绪，反而会激发无助、绝望等更为负面的情绪，从而使自己的状况恶化，这就好比将许多鲇鱼放入了沙丁鱼鱼槽中。鲇鱼是食鱼动物，正因为这种特性，加入一条鲇鱼会给沙丁鱼带来压力，从而发生"鲇鱼效应"；然而如果放入大量鲇鱼，这不但不能给沙丁鱼带来游动的动力，反而给它们带来灾难。

对于企业中的个人来说，"鲇鱼"要么是位奖罚分明、雷厉风行的领导，要么是位表现突出、实力强劲的同事，还有可能是位积极向上、富有活力的下属。这些"鲇鱼"的适当存在，都能让其他员工产生向前奋进的动力。久而久之，我们会慢慢发觉，我们也变成了周围人眼中的"鲇鱼"，大家都处在一个良性循环的竞争中。

在当今这个日新月异的社会中，原地不动就意味着退步。若不想落后于他人，那就给自己找条"鲇鱼"吧，保持着适度的压力，并将压力化为动力，我们就会越游越快。

## 引入"鲇鱼"员工

本田汽车公司的创始人本田宗一郎就曾面临这样一个问题：公司里东游西荡的员工太多，严重影响企业的效率，可是全把他们开除也不现实，一方面会受到工会方面的压力，另一方面企业也会蒙受损失。这让他左右为难。他的得力助手、副总裁宫泽就给他讲了沙丁鱼的故事。

鲇鱼效应

本田听完故事，豁然开朗，连声称赞这是个好办法。于是，本田马上着手进行人事方面的改革。经过周密的计划和努力，终于把松和公司的销售部副经理、年仅 35 岁的武太郎挖了过来。武太郎接任本田公司销售部经理后，首先制定了本田公司的营销法则，对原有市场进行分类研究，制订了开拓新市场的详细计划和明确的奖惩办法，并把销售部的组织结构进行了调整，使其符合现代市场的要求。上任一段时间后，武太郎凭着自己丰富的市场营销经验和过人的学识，以及惊人的毅力和工作热情，受到了销售部全体员工的好评，员工的工作热情被极大地调动起来，活力大为增强。公司的销售出现了转机，月销售额直线上升，公司在欧美及亚洲市场的知名度不断提高。

无疑，本田是"鲇鱼效应"的获益者。从那以后，本田公司每年都重点从外部"中途聘用"一些精干利索、思维敏捷的 30 岁左右的生力军，有时甚至聘请常务董事一级的"大鲇鱼"，这样一来，公司上下的"沙丁鱼"都有了触电式的警觉。

第九章

>>> 经营学法则

# 破窗效应：
# 千里之堤，溃于蚁穴

## 从"小奸小恶"谈企业管理

环境具有强烈的暗示性和诱导性，不要轻易去打破任何一扇窗户，一旦一个缺口被打开，即使看上去微不足道，如果不及时制止，其恶劣影响就会滋生、蔓延，这就是所谓的破窗效应。

事实上，这一效应在企业管理中具有重要的借鉴意义。对待企业中随时可能发生的一些"小奸小恶"的态度，特别是对于触犯企业核心价值观念的一些"小奸小恶"的处理态度，是非常重要的。

美国有一家以极少炒员工著称的公司。

一天，资深熟手车工杰瑞为了赶在中午休息之前完成2/3的零件，在切割台上工作了一会儿之后，就把切割刀前的防护挡板卸下来放在一旁，没有防护挡板收取加工零件会更方便、更快捷一点。大约过了一个多小时，杰瑞的举动被无意间走进车间巡视的主管逮了个正着。主管大发雷霆，除了监督杰瑞立即将防护板装上之外，还站在那里控制不住地大声训斥了半天，并声称要作废杰瑞一整天的工作量。到此，杰瑞以为结束了，没想到，第二天一上班，便有人通知杰瑞去见老板。在杰瑞受过好多次鼓励和表彰的总裁室里，杰瑞接到了要将他辞退的处罚通知。总裁说："身为老员工，你应该比任何人都明白安全对于公司意味着什么。你今天少完成几个零件，少实现利润，公司可以换个人换个时间把它们补回来，可你一旦发生事故失去健康乃至生命，那是公司永远都补偿不起的……"

离开公司那天，杰瑞流泪了，工作的几年间，杰瑞有过风光，也有过不尽如人意的地方，但公司从没有人对他说不行。可这一次不同，杰瑞知道，他这次碰到的是公司灵魂的东西。

此外，"破窗理论"还有一种比较直观的体现。在日本，有一种被称作"红牌作战"的质量管理活动：第一，清理。清楚地区分要与不要的东西，找出需要改善的事物。第二，整顿。将不要的东西贴上"红牌"。"红牌作战"的目的是，借助这一活动，让工作场所整齐清洁，塑造舒适的工作环境，久而久之，大家都遵守规则，认真工作。许多人认为，这样做太简单，芝麻小事，没什么意义。但是，一个企业产品质量是否有保障的一个重要标志，就是生产现场是否整洁。

作为一位出色的管理者，我们应当认识到破窗理论在企业中的重要作用。

对员工中发生的"小奸小恶"行为，要给予充分的重视，加重处罚力度，严肃公司法纪，这样才能防止有人效仿这种行为，积重难返。特别是对违犯公司核心理念的行为要严肃查处，绝不姑息养奸。

要鼓励、奖励"补窗"行为。不以"破窗"为理由而同流合污，反以"补窗"为善举而亡羊补牢，这体现了员工高尚的道德情操和自觉的成本意识。公司要提倡这种善举，通过表扬、奖励措施使之发扬光大。

自己要以身作则，不做"破窗"的第一人。自觉遵守公司规章制度，按程序办事，不做"旁路"程序的事。因为工作程序的制定一般都反映了对员工的约束机制，考虑了成本效益因素。违反程序，其结果往往是造成无序，破坏约束机制，增加成本，有害于公司，也有害于自己。

养成工作遵守程序的习惯，并使其成为个人的道德水平的体现。同时，不以"别人不按程序，我为什么不能"为理由放纵自己，而是坚定立场，反对违反公司规定、浪费公司资源和社会资源的行为。

# 危机时代，要学会"预防性管理"

美国学者菲特普曾对财富500强企业的高层人士进行过一次调查，高达80%的被访者认为，现代企业不可避免地要面临危机，就如人不可避免地要面临死亡，14%的人则承认自己曾面临严重危机的考验。

一般说来，企业危机是指在企业内部矛盾、企业与社会环境的矛盾激化后，企业已不能按照原来的轨道继续运行下去的紧急状态，表现为失控、失范和无序。

如今，日益激烈的竞争，充满变数的非直线性发展的外部力量的变化，彻底打破了经验主义者理想的思维方式，如果仅仅依靠并沿袭往日成功的经验来经营企业，将会在不知不觉中铸成危机。局部的、组织的甚或个人的行为，均可能演化为企业的威胁。危机一旦降临，企业可能面临的主要后果有：利润降低；市场份额减少，失去市场甚至导致破产；商业信誉被破坏，形象、声誉严重受损等。

在实际工作中，有一种叫"预防性管理"的思想，认为要想避免管理中不想要的结果出现，就要在事情发生前，采取一些具体的行动。所以，当危机即将来到时，在还未出现"破窗"现象时，我们就要首先做好预防准备。以下两点可以作为我们的参考：

第一，树立危机意识。从主观上来看，没有人希望危机出现，俗话说"天有不测风云，人有旦夕祸福"，无论是天灾还是人祸，危机都有可能发生。尽管天灾无法避免，但如有应急措施，可将损失降到最低限度或限制在最小范围；而人祸是可以避免的，关键

取决于企业管理者是否重视对人祸的预防，是否有较强的危机意识。所谓树立危机意识，就是在危机发生前，对危机的普遍性有足够的认识，面对危机毫不畏惧，积极主动地迎战危机，充分发挥人的主动性和创造性。

第二，做好危机的预控。危机预控是在对危机进行识别、分析和评价之后，在危机产生之前，运用科学有效的理论及方法，来防止危机损失的产生、增加收益的经济活动。企业可采取回避、分散、抑制、转嫁等有效措施的有机结合，通过互相配合、互相补充，达到预防和控制危机的目的，在自我发展的同时稳定整个社会的经济秩序。

中国有句古话，"人无远虑，必有近忧"，作为企业更当以此为鉴。既然有些"破窗"不可避免，企业就应时时绷紧"破窗"这根弦。只有未雨绸缪防范"破窗"，才能修补"破窗"于旦夕之间。平时多一些"破窗"意识，多制定几套对付各种可能出现的"破窗"之策略，"破窗"来临时就会镇定从容得多，相对于没有"破窗"意识和未制定"破窗"策略的企业而言，本身就已经为自己赢得了时间差。

# 帕金森定律：
# 组织机构的死敌

## 组织机构也会患上帕金森症

众所周知，医学界有一种病叫帕金森综合征，病人的主要症状表现为四肢颤动、肌肉僵直和身体运动的迟缓。其实，一个组织机构，如果领导不善，也会患上帕金森症，从而导致机构臃肿、人浮于事。

一个不称职的领导者，可能有 3 条出路：

一是申请退职，把位子让给能干的人；

二是让一位能干的人来协助自己工作；

三是聘用两个水平比自己更低的人当助手。

第一条路是万万走不得的，因为那样会丧失许多权力；第二条路也不能走，因为那个能干的人会成为自己的对手；看来只有第三条路可以走了。

于是，两个平庸的助手分担了他的工作，减轻了他的负担。由于助手的平庸，不会对他的权力构成威胁，所以这名领导者从此也就可以高枕无忧了。

两个助手既然无能，他们只能上行下效，再为自己找两个更加无能的助手。

如此类推，就形成了一个机构臃肿、人浮于事、相互扯皮、效率低下的领导体系。

这就是英国历史学家帕金森在其《官场病》(又名《帕金森定律》) 中所提出的帕金森定律。

在《帕金森定律》一书中，帕金森还总结了组织机构的可怕顽症：

1. 工作越少，下属越多

有一则寓言，说的是需要一个人判断航空照片，长官命令一个二等兵去担任这份工作。两天后，他开始抱怨了，说照片那么多，他需要两名助手协助；而且为了对助手有指挥权，他自己应该升为一等兵。他的长官非常体谅人，答应了他的要求。之后不久，他的下属依样学样也需要助手。于是，在3年内，他拥有了一个85人的小组，而且自己也步步高升，成为中校。然而，他自己从来就没有判断过一张航空照片，因为他忙于搞行政事务去了。

2. 姗姗来迟，匆匆离去

鸡尾酒会是现代任何会议所不能缺少的一个玩意儿。帕金森定律告诉你如何识辨酒会上的重要人物。这些人总是在他们认为对自己最有利的时间才姗姗入场。他们不愿意在人不多的时候入场，也不愿意在其他要人离开后入场。此外，在一个酒会上，要人们会不约而同地走到某一个部位集合，主要的目的是让大家看到自己也出席了。这个目的达到后，这些要人就会争先恐后地溜之大吉。

3. 三流上司，四流下属

在任何一个地方，我们都会发现这样一种机构：高层人员感到无聊乏味，中层人员忙于钩心斗角，低层人员则觉得灰心丧气和没有动力。他们都懒得主动办事，所以毫无绩效可言。在仔细考虑这种可悲的情景后，他们在潜意识里抱着"永远保持第三流"的座右铭。

例如，"我们太过努力是错误的，我们不能与高层比；我们在基层做有意义的工作，配合集体的需要，我们应该问心无愧"。或者"我们不自吹是第一流的。有些人真是无聊，喜欢争强好胜，喜欢自夸他们的工作表现，好像他们是领导一样"。

这些看法说明了什么呢？他们在潜意识里只求低水准，甚至更低的水准也未尝不可。从第二流主管发给第三流职员的指示，只要求最低的目标。他们不要求较高的水准，因为一个有效的组织不是这种主管的能力所能控制的。如此一来，他们构建了一个三流上司、四流下属的组织。

## 解决帕金森定律症结：公平、公正、公开

不难看出，是权力的危机感产生了可怕的机构人员膨胀的帕金森现象。正如恩格斯所言："自从阶级社会产生以来，人的恶劣的情欲、贪欲和权欲就成为历史发展的杠杆。"

人作为社会性和动物性的复合体，因利而为，是很正常的行为。假设他的既有利益受到威胁，那么本能会告诉他，一定不能丧失这个既得利益。一个既得权力的拥有者，假如存在着权力危机，便不会轻易让出自己的权力，也不会轻易地给自己树立一个对手。因此，他会选择两个不如自己的人作为助手，这种行为，无可厚非。

帕金森在书中举过这样一个例子：

假设有一个私营企业主，公司的产权全部属于企业主所有。随着企业规模的不断扩大，企业主在管理上感到力不从心了，他需要有人来协助他。于是企业主在各种媒体上刊登了征聘广告，应征的人络绎不绝。假设其中有一个非常优秀的

人才，这个私营企业主会不会聘任他呢？

这个老板可能会想，公司的土地是我的，所有产权都是我的，这就意味着这个人来我这里是"无产阶级"，他纯粹是为我打工，干得好我可以继续留他，给他很高的待遇，干得不好我可以辞退他，无论他如何出色和卖力地工作，他都不可能坐我的位置，老板永远是我。

一番盘算以后，这个高智商、高素质、高能力的人才就被留下来，老板对之大胆使用，可以说是完全不受帕金森定律的影响。这是一个拥有绝对权力的人的做法。接着，这个企业继续发展，业务范围扩大了，新的问题层出不穷，当初的优秀人才现在也有些力不从心，也需要助手协助他。于是他也在各种媒体上刊登征聘广告，同样会有各种人才络绎不绝地涌来。

假设最后要在两个人中选择：一个是某名牌大学的公共管理专业刚刚毕业的研究生，写了很多的文章，理论功底极为深厚，实践经验却非常匮乏；另一个人则颇有实干家的手腕和魄力，拥有先进的管理观念和操作经验。老板拿不定主意，叫他选择，这时候他就盘算开了，最后，他多半会选择那个刚出校门的研究生——因为这让他感到安全。

由此可见，要想解决"帕金森定律"的症结，就必须要建造一个公平、公正、公开的用人机制，不受人为因素的干扰，不要将用人权力放在一个被招聘者的直接上司手里。同时，实现这一用人机制，需要遵循三条原则：一是公平竞争，任人唯贤；二是职适其能，人尽其才；三是合理流动，动态管理。

# 酒与污水定律：
# 莫让"害群之马"影响团队发展

## 不容忽视的"害群之马"

一次管理培训课堂上，当着所有学员的面，讲师把一匙酒倒进一桶污水中，然后问大家："这桶水如何？"大家异口同声地答道："这是污水。"接着，讲师又把一匙污水倒进一桶酒中，问大家："这桶水如何？"大家毫不犹豫地回答说："这仍然是一桶污水。"

这就是著名的"酒与污水定律"。它告诉我们，一个正直能干的人进入一个混乱的部门可能会被吞没，而一个无德无才者能很快将一个高效的部门变成一盘散沙。组织系统往往是脆弱的，是建立在相互理解、妥协和容忍的基础上的，它很容易被侵害、被毒化。破坏者能力非凡的另一个重要原因在于，破坏总比建设容易。

在金融危机期间，一家香港公司为了节省资源，选定了一个时间安排所有工人到内地工厂上班。公司规定，每天早上8：30全体员工统一在罗湖关口集合，然后大家一起乘车去内地工厂。

起初，大家都很准时，按照规定时间集合、乘车、上班。但有一天，公司加入了一位新员工，他的时间观念很弱，几乎每天都不能按时到罗湖关口的集合地点，领导一问他，他不是说过关人多，就是说下雨堵车，每次都有诸多借口。领导考虑到他是新员工，每次都只是随口警告两句，并没有实质性的惩罚。大家都目睹了那个习惯迟到的员工并没有受到公司的什么惩罚，于是，有些平日从没有迟到过的工人也慢慢加入了迟到的行列。

结果，公司的业绩不断下滑，最终被淹没在疯狂的金融风暴里。

与之类似，几乎在任何组织里，都存在几个难以管理的人物，他们存在的目的似乎就是为了把事情搞糟。他们到处搬弄是非，传播流言，破坏组织内部的和谐。最糟糕的是，他们像果箱里的烂苹果，如果你不及时处理，它会迅速传染，把果箱里其他的苹果也弄烂，"烂苹果"的可怕之处在于它那惊人的破坏力。

客观而言，企业就是个人的集合体，企业的整体效率取决于其内部每个人的行为，这就要求这个集合体内的每个人都能发挥最大效能，以保持团队的整体步调一致，动作协调。只有这样，才能顺利扬起企业的奋进之帆。

唐代李益有首《百马饮一泉》的诗，讲了一个小故事：有一百匹马都在泉边喝水，其中一匹马偏要跑到上游或泉水源头喝水，而且它不是在岸边喝，而是下到了水里搅和。于是，在下游的其他马只能喝浑浊的水。这样的马，也就是我们常说"害群之马"，与前面所讲的组织中的"污水"是一个道理。

正如一个能工巧匠花费时日精心制作的陶瓷器，一头驴子一秒钟就能把它毁坏掉一样。长此以往，即使拥有再多的能工巧匠，也不会有多少像样的工作成果。延伸到一个组织里，一旦存在这样一头具有破坏性的驴子，即使拥有再多的专家良才，也不会做出多少非凡业绩。

所以，对于一个领导者来说，想要让团队生存，并不断良性发展下去，千万不可小觑或忽视那些蕴藏着无尽危害性的"害群之马"。

## 及时解雇，对付害群之马的不二之选

虽然我们都知道害群之马对一个组织的危害性极大，破坏组织内部的和谐，阻止企业的发展。然而，在现实中，组织往往又不可避免地出现一些害群之马。

既然如此，那我们该如何应对这些总是出现的害群之马呢？

大卫·阿姆斯特朗是阿姆斯特朗国际公司的副总裁，他讲述了发生在自己身边的一个小故事：

偶尔，我们会听到一个绝妙的形容或比喻让人心头一震。当我听到"恶性痴呆肿瘤"这个词的时候，我就有这种感觉。下面我来解释一下这一个词是怎么来的，代表什么意义。

当时我正在"讨厌鬼营"倾听某汽车公司一位女士谈论为什么善待员工不仅是公司的义务，也是重要的生意经。

"我们必须关掉一间工厂，在关掉前60天我们通知了员工这项决定。"她说，"结果我们发现，最后1个月的生产率反而提高了。这说明如果公司善待员工，员工就会回馈。"

康涅狄格某杂货商小史都先生自听众席上提出一个问题："在公司经历快速成长的时候，怎样才能做到既善待员工又兼顾公司的经营作风呢？"

"你做不到。"这位女士回答，"你不可能一下子找来50个员工，把公司的作风教给他们，然后期望他们个个都会安分守己。没有人能做到这一点。50人当中，总会有四五个害群之马，而且这几个害群之马会带坏其他人。"

这时，苹果电脑的查克马上站起来表示："我们称这种人为'恶性痴呆肿瘤'。在苹果电脑，我们用'恶性痴呆肿瘤'来形容害群之马。因为他们就像癌细胞一

样，会扩散。最好的解决办法就是把这些肿瘤割除，以免他们的不良行径会贻害他人。"

要知道，对于组织中"恶性痴呆肿瘤"式的害群之马，必须及时切除，否则"肿瘤"一旦扩散，整个组织都会受到严重影响，甚至垮掉。

或许你认为，对任何公司和老板来说，开除或解雇员工，总是一件令人不快的事，因为这或多或少地反映了公司存在着某些缺陷或不足之处。但是，如果解雇的是一个存在一天就会对公司为害无穷的"捣乱分子"，就应该当机立断，否则一旦他阴谋得逞，公司将后患无穷，也只有这样，你才能彻底排除纵容下属、姑息养奸的可能。

黄帝时，大隗是一个很有治国才能的人，黄帝听说后就带领着方明、昌寓、张若等6人前去拜访。不料，7个人在途中迷了路，见旁边有一位牧马童子，就问他知不知道具茨山在哪里，牧童说："知道。"又问他知不知道有一个叫大隗的人，牧童又说："知道。"还把大隗的情况都告诉了他们。黄帝见这牧童年纪虽小却出语不凡，又问："你懂得治理天下的道理吗？"牧童说："治理天下跟我牧马的道理一样，唯去其害马者而已！"

黄帝出访归来，晚上梦见一人手执千钧之弩，驱赶上万只羊放牧。黄帝突然醒悟到那个牧童应该就是一位难得的人才，于是就回去找牧童，培养后授其官位，使之辅佐治国。

司马迁曾说："黄帝举风后、力牧、常先、大鸿以治民。"其中的力牧，就是那位懂得去除害群之马的牧童。

可见，古往今来，任何一位称职的、杰出的领导，都懂得如何对付手下的害群之马，即及时解雇。

# 雷尼尔效应：
## 用"心"留人，胜过用"薪"留人

### 温情，留住员工的强大力量

位于美国西雅图的华盛顿大学计划在校园的华盛顿湖畔修建一座体育馆，但引起了教授们的强烈反对。因为体育馆一旦在那里建成，恰好挡住了从教职工餐厅窗户可以欣赏到的美丽湖光。与当时美国的平均工资水平相比，华盛顿大学教授们的工资要低20%左右。而他们在没有流动障碍的前提下自愿接受这么低的工资，完全是出于留恋那里的湖光山色，西雅图位于太平洋沿岸，华盛顿湖等大

员工福利：西雅图风光

小水域星罗棋布，晴天时可看到美洲最高的雪山之———雷尼尔山峰。他们为了美好的景色而牺牲获得更高收入的机会，这被华盛顿大学经济系的教授们戏称为"雷尼尔效应"。

通过前面的例子我们发现，华盛顿大学教授的工资，80％是以货币形式支付，20％是由良好的自然环境补偿的。如果因为修建体育馆而破坏了这种景观，就意味着工资降低了20％，教授们很容易流向其他大学。可见，知道员工的真正需求，才能留住人才，这就是著名的"雷尼尔效应"。

当今，企业的竞争主要是人才的竞争。企业是否能够吸引和留住人才，成为一个企业成败的关键。美丽的西雅图风光可以留住华盛顿大学的教授们，同样的道理，企业也可以用温情来吸引和留住人才。

《亚洲华尔街日报》《远东经济评论》曾联手对亚洲10个国家和地区的355家公司进行了调研，涉及26种产品、9.2万名员工，最终评选出前20名最出色的雇主。根据这项调查，员工心目中的"好公司"与公司资产规模、股价高低并没有直接的联系，虽说入选的20家上榜公司各有各的绝招，但它们都具备一个共同特征——带着浓浓的人情味。

小何大学毕业后到一家大型企业工作。工作前3年，公司效益非常好，每个月小何总会有一笔不菲的工资和奖金。在外人眼里，这一切已经很不错了，他也很知足。然而，由于他和一起共事的同事大都是大学刚毕业的年轻人，随着时间的推移，按部就班的工作节奏使他们变得懒散，总觉得工作缺少激情。所以，他们都想跳槽换个环境。

不料，就在他们决定跳槽的时候，公司由于在一个重大项目上决策失误，损失惨重，多年来公司创造的辉煌一夜之间化为乌有，面临破产的困境。平时公司的经理带领他们创业，对这些年轻人也格外照顾。在公司处于困境的时候选择跳槽，他们很是过意不去，但是长期在公司待下去不会有太大的发展前途。权衡再三，他们还是决定离开，另谋高就。就这样，几个年轻人写好了辞职报告，准备去找经理谈话。

盛夏时节酷暑难耐，为了节约用电，公司老总把自己办公室空调的温度从23℃提高到24℃。为此，经理特意在门口贴了一张小字条："关键时刻，让我们从点滴做起。尽管公司处于困境，但困难只是暂时的，如同乌云遮不住太阳。为了节省1度的电量，你们进入我的办公室时，可以随便减去一件衣服。"

在这个以严格的等级制度管人的公司，没有人可以在进入经理办公室之前随随便便脱去西装。尽管经理贴出了小字条，可是没有人在进入他的办公室之前减衣服。时间长了，经理发现了这一点，立即从自己做起，自己先减去一件衣服，穿得随便些，让来汇报工作的员工放松心情，自然一些。那天他们走到经理办公室，看到小字条，没敢脱衣服，但心微微地震动了一下。走进办公室，他们发现经理穿得很随便，而且他们观察到经理室的空调温度比往常高了1℃。经理让他们脱去外套，有什么想法慢慢汇报。他们先前想好的理由顷刻间化为乌有，最后都红着脸退了出去。

此后，他们的心长久地被那1℃温暖着，尽管那1℃对一个员工上千的企业算不了什么，但是他们从那微不足道的1℃中看出了一种温暖、一种精神。几个月过去了，始终没有人提辞职的事情。后来那家公司走出了困境，企业的发展蒸蒸日上。有人说企业的成功与1℃有关。

很难相信，一个企业的兴衰与小小的1℃息息相关，但那是最温情的1℃。正是这微小的1℃孕育了一种强大的力量，唤醒了埋在人性深处的一种温情，将个体的命运与集体的命运紧紧地连在一起，形成了一种温情的团队精神，战胜了看似很大的困难。

为人处世，一个人需要这样的1℃；营生立业，一个企业更需要这样的1℃。这种温情，正是企业得以留住员工的"西雅图风光"。

## 人性管理，收获人心

"雷尼尔效应"对企业吸引和留住人才具有重要的借鉴意义。只有展示出你的人情味，才能做到人心所向，才能真正地留住员工的心。换而言之，人情味乃是吸引和留住人才的重要原因。

当你能很人性化地对待员工时，他们获得的激励感受是物质奖励远远不能达到的。同时，你也会发现，越是在一个看似严峻复杂的时刻，一句最朴实的话语越可能带来出乎意料的好效果。

美国四大连锁店之一的华尔连锁店将其成功的秘诀概括成一句话，那就是："我们关怀我们的员工。"

在深圳一家企业里，精明能干的老板总会询问员工有无工作上的困难，为员工送上温暖、关怀的话语，休息时间叫来下午茶，和大家一起讨论《第五项修炼》《追求卓越》中的经典章节。逢周末，老板还会请大家参加一些健身、娱乐活动，尽量放松工作中紧张的情绪。

人是企业中最珍贵的资源，也是最不稳定的资源。当他们心情不好、对领导不满意、对同事看不顺眼、对薪酬不满、对政策怀疑、对制度反感、生活上存在问题和困难时，就会意志消沉或心不在焉，直接影响到企业目标的实现。当你真心、真诚地关怀员工，把爱心注入与员工的沟通中，你就会发现，员工会把劳动作为享受自己幸福生活的手段之一，把企业作为实现幸福生活的场所。

人情化管理其实也是公司激励员工的方式之一。说到激励，首先是要鼓励员工参与企业的管理。美国有个州的农业保险公司以善于留住人才而著称。他们用一个简单的方法来实现员工认同的"个性化奖励"。经理人员要求每个员工完成一份自己的"喜好清单"——列举他们喜欢做的事和喜欢的东西，比如最爱吃的冰淇淋、颜色、花、电影明星、饭店、度假区、业余爱好、娱乐等。当经理人员想要奖励有优秀表现的员工时，查阅一下他的"喜好清单"，就可以马上"量身定做"这个员工的奖励。

人不仅仅是"经济人"，还是"社会人"，人通过组织获得的力量必然大于人本身的力量，员工对组织活动的参与越深，就越能认同组织理念和文化，就越能体现员工在组织中的存在价值，从而达到个人目标服从组织目标的目的。

总之，企业的发展靠的是人才。对企业管理者而言，不要吝啬向员工展示你的真诚、关爱和私人交情。

# 赫勒法则：
# 有监督才有动力

## 动力来源于监督

人们常说，没有压力就没有动力。在现实生活中，也的确是如此。没有人管着你，你就什么也不想做，这都是人类的惰性在作怪。人生来都是喜欢享受的，没有生存的压力，没有别人的监督，就不会有人去拼命工作。其实，人类的发展史就是一部"惰化史"，人类为了活得更轻松自在，更省心省力，发明创造了一系列代替自己劳动的物品，也正是这些伟大的发明使人类社会一步步发展到了今天。人类社会的每一个重大发明，几乎都是在人类的惰性驱使下完成的。所以，我们不得不感谢我们的惰性。但是，这种惰性如果不加以有效地监督，就会泛滥成灾，到时社会就会瘫痪。

每一个当过学生的人几乎都有这样的感受，如果老师第二天不检查作业的话，你这一天就会不想写作业。我们也知道学习不是为了老师，但是如果老师不监督我们，我们就会想玩。这是孩子的天性，也是人类的通性。当然，这其中也不乏一些自控力特别好，或者天生就很勤劳的人。但是在企业中，为别人打工，钱拿得一样多，能少干些就是赚了。很多人都抱有以上的想法，认为给别人打工没必要那么尽力。也正是有这种想法的存在，才会使监工这种职业很早就出现在人类的历史上。有人监督，工作不得不卖力；有人监督，心中就有顾忌，自然就会认真对待工作。没有人检查自己的工作，你不自觉地就会懈怠；如果有人要检查自己的工作，你也会自然地紧张起来。人就是这样奇怪，没人管还不行。

世界两大快餐巨头麦当劳和肯德基都很懂得这个道理。麦当劳有名的"走动式管理"，既让管理人员下到基层体验了第一线的工作，又使员工的工作受到了监督，可谓是一石二鸟之举。管理人员到各店现场指导员工解决问题，不仅能使管理者更加深入

地了解这些员工，对员工的工作起到监督的作用，而且当管理者向员工请教、咨询问题时，还会使员工们有一种被重视和尊敬的感觉，这样更加能促使员工积极热情地工作。而肯德基的监督方法更绝。虽然肯德基的国际公司设在美国，但它雇佣、培训了一批专门的监督人员，让他们伪装成顾客，不定时地秘密对全球各个分店进行检查评分。这让肯德基的各个分店的经理和雇员，无时无刻不感觉到一种压力，对工作一点也不敢怠慢。通过这种方式，不仅使肯德基对它的各个分店的情况随时有所了解，而且也大大地促使肯德基的员工们提高了工作效率。

很多时候，公司的管理者总是抱怨公司决策落实起来难，其实这往往是由于公司没有一个有效的监督体系。如果领导把任务布置下去，并能及时对这些任务进行检查，而且对任务的完成程度进行评估，实行相应的奖惩制度，那么决策落实难的问题基本上就不会出现了。可是就怕有些领导把决策一宣布，就不管了，没有检查，没有奖惩，员工们也没有压力和动力，那么决策就只能是一句空话、一纸空文。所以，当公司的决策难以落实时，不要责怪员工的执行力差，而是要从自身找原因，想一想是不是自己的监督工作没有做到位。

## 有效监督是一种尊重

人们往往认为给对方足够的自由和空间，是对他的尊重；其实有效的监督，也是对人的一种尊重，是对他人劳动付出的一种尊重。干好与干坏都一样，谁还会有干劲呢？有监督，有评比，有奖惩，人们才会有进步的动力。人们都希望自己的付出能够得到

别人的认可，有效的监督就是对他人工作的一种肯定，把你当作一个有能力完成本职工作的人，才会对你有所要求，才会对你进行监督，这就是一种尊重。

　　海尔集团之所以能够取得今日的成就，与其高效的监督管理机制是密不可分的。在海尔集团工作的任何员工都要接受 3 种监督：一是自我约束和监督；二是互相监督，即小组或团队内成员互相约束和监督；三是专门监督，即集团内专门负责监督的业绩考核部门的监督。而集团内的领导干部除了受以上 3 重监督外，还得经受 5 项指标考核。这 5 项指标分别是自清管理，创新意识及发现、解决问题的能力，市场的美誉度，个人的财务控制能力，所负责企业的经营状况。这 5 项指标被赋予不同的权重，最后得出评价分数。每个月海尔集团都会对干部进行考核评比，对表现出色的干部进行奖励，对工作出现差错的干部进行批评，即使工作没有失误但也没有起色的干部也被归入受批评的行列之中。而那些在车间里工作的员工，更是每天都要接受考评。在海尔的生产车间里通常都会有一个"S"形的大脚印，这正是为表现不好的员工准备的。每天下班时，车间里的班组长就会对一天的工作进行总结，而表现不好的员工就要当着大家的面站在那个"S"形的大脚印上反省。正是这种严格的监督机制，使海尔上下干部员工对工作都有了很高的主动性和积极性，工作效率也大大提高，人人都不想成为落后的人，都争当先进。同时，海尔还建立了一套有效的激励机制，与监督机制相辅相成。其实，有效的监督也是一种激励，而相应的奖惩，更能促进员工更好地工作。正是这种有效的监督，使海尔不断地走向成功，走向世界。

全美第一大 DIY（自己动手做）店 HomeDepot 公司的管理者，也非常懂得有效监督的好处。该公司也采用走动式管理的方法，领导者不定期到各店进行巡察，不仅对员工的工作进行监督和检查，而且还借机对相应的主管进行教育，以提高其管理能力。同时，该公司的创始人之一肯·蓝高，不仅提倡上级对下级的监督，而且还提倡下级对上级的监督。在一次巡察中，他就借机向员工和一部分主管宣传了这种思想，他希望这些员工和主管们可以学习向上管理，他对员工们说，在完成上级交代的任务后，记得问你们的上级一个问题："我已经按您交代的做了，现在请告诉我，此举对我为顾客提供最佳服务有何帮助？"这样，才能使上级将工作重心放到员工的真正使命上。而员工的真正使命就是把店里的商品卖给进门的顾客，为顾客提供满意的服务。这种上对下、下对上的有效监督，形成了员工、主管、领导三方的良性互动，从而提高了整个团队的工作效率和效益。

有效的监督，不是对员工能力的不信任，而是对员工劳动付出的一种尊重；有效的监督，不是公司对员工的苛责和压迫，而是对员工工作的一种肯定和激励；有效的监督，不是让领导时刻盯着自己的员工，又累又苦地活着，而是要企业自身建立起一套完善的监督体制和奖惩制度。总之，有效的监督是企业发展必不可少的管理手段。

# 吉尔伯特定律：
# 人们喜欢为他们喜欢的人做事

## 士为知己者死

春秋战国时期，有多少勇士只为报答某人的知遇之恩，而肯为这人舍生赴死。再如诸葛亮，这么有智慧的一个人，为了不辜负刘备的"三顾茅庐"之情，即使刘禅是"扶不起的阿斗"，也依然为蜀国的强大鞠躬尽瘁。所以，无论是文人还是武士，只要你懂得欣赏他，他就不会辜负你的欣赏。现代企业管理也要借鉴古时御人之道。懂得欣赏和赞美自己的员工，让他们把你当作赏识他们的知己，他们就会不顾一切地为你卖命。

每个人都需要鼓励和赞美，都需要认可和欣赏。美国著名女企业家玛丽凯经理曾说过："世界上有两件东西比金钱和性更为人们所需——认可与赞美。"金钱虽然可以激励你的员工去为你工作，但金钱不是万能的，而赞美却恰好可以弥补它的不足。其实，无论表面上看起来如何，每个人的内心深处都有比较强的自尊心和荣誉感，他们需要表扬和赞同。认可和赞同，是一种共鸣，会让人产生一种知己感，这样很容易让对方喜欢你。有些人对自己不是那么自信，特别是普通的员工，如果得到领导的赏识和认可，他们会由衷地为你好好地工作。

应时刻关心和爱护自己的员工，让员工感觉到自己的价值和重要性。

战国时期，有"第一名将"之称的吴起，是个爱兵如子的将领。换句话说，正因为他爱兵如子，才使他成为"第一名将"。他对将士无微不至的关怀，使这些将士成为他的死士，除非战死沙场，不然绝不回头。一次，在他带兵出征的途中，一位士兵身上长了毒疮，疼痛难忍，苦不堪言，夜不能寐。吴起巡营时发现了这一现象，二话不说，蹲下来就为这位士兵吸吮毒疮里的脓血。这位士兵的母亲听

收买人心的将军

说这事以后，在家号啕大哭。别人以为她是被吴将军的行为感动的，而她却哭诉道："我的丈夫，就是因为吴将军为其吸吮伤口，不到战死绝不回头。而今日吴将军又为我儿子吮血，我真不知我儿子要死在哪里啊！"吴起果真是位爱兵如子的大将，而士为知己者死，也成全了他战无不胜的美名。

作为一名管理者，就应该时刻关心自己的员工，就像关心自己的顾客一样。只有真心对待自己的员工，员工才会真心地对待顾客。你对员工的每一丝关爱，他们都会记在心里，用自己的工作成绩来回报你的关心；如果你对员工不闻不问，那么他们也会用相应的工作态度来回报你的苛刻和冷漠。真诚待人，才能得到真正的拥护。企业应该像一个家庭一样，充满爱，充满和谐。所以，领导要多关心自己的员工，懂得欣赏和认可自己的员工。

## 懂得欣赏和赞美下属

作为一个领导者，不能只是颐指气使，对下属吆五喝六，更要懂得欣赏和赞美下属。人人都渴望别人欣赏和赞美自己，俗话说："好话不嫌多。"领导者不要吝啬自己的溢美之词，要多多鼓励和赞美自己的员工，这样他们才会心情愉快地为你卖力工作。

当你看到自己的下属工作出现问题时，你一定要想清楚，该选择哪种方式来对待他，对待他所犯的错误是鼓励还是批评，是赞美还是打击。

　　从前，有一个伟大的妈妈。她从不批评自己的儿子，无论儿子的老师告诉她，儿子表现有多差，她依然是鼓励和赞美自己的儿子，结果这个儿子最后考上了清华。这就是鼓励和赞美的力量。

　　在儿子上幼儿园时，他的老师向她抱怨："你的儿子有多动症，在板凳上连3分钟都坐不了，你最好带他去医院看一看。"她很伤心，但却对自己的儿子说："老师表扬了你，说宝宝原来在板凳上坐不了1分钟，现在能坐3分钟。其他妈妈都非常羡慕我，因为全班只有宝宝进步了。"

　　当儿子上小学时，老师又在家长会上对她说："这次数学考试，全班50名同学，你儿子排第40名，我们怀疑他的智商有点问题，您最好能带他去医院查一查。"她哭了，但却对儿子说："老师对你充满信心，说你不是个笨孩子，只要你能细心点，肯定能超过你的同桌，这次你的同桌排在第23名。"

　　儿子上初中时，家长会上她静静地等待"挨批"。可到最后，老师也没有点儿子的名字。她有些不习惯，临别时去问老师，老师告诉她："按你儿子现在的成绩，考重点高中有点危险。"她惊喜万分，对儿子说："你们老师对你非常满意，说只要你努力，考重点高中肯定没问题。"

　　儿子上了重点高中，成绩平平，但她却对儿子说："你们老师觉得你的潜力很大，只要运用得当，肯定能考上清华，妈妈也相信你一定能考上清华。"

　　儿子高中毕业，第一批大学录取通知书下达，儿子从学校回来，把一封印有

清华大学招生办公室的特快专递交到她的手里，哽咽着对她说了这样一句话："妈妈，我知道我不是个聪明的孩子。这个世界上只有你能欣赏我，所以我永远不会让你失望的。"

一连串的鼓励和赞美，就能创造出一个伟大的奇迹。如果你能像那位母亲欣赏自己的儿子一样欣赏自己的员工，像那位母亲鼓励和赞美自己的儿子那样鼓励和赞美自己的员工，那么你肯定会拥有世界上最强大的团队，最忠心、最能干的员工。

人们喜欢为自己喜欢的人工作，因为他们懂得欣赏和赞美自己。一名员工在一个公司工作，能够时刻感受到价值，会让他工作热情倍增，工作效率大大提高。

作为管理者，就要时刻让自己的员工感受到自己的价值，自己的重要性和成就感。这就需要通过不断地认可、鼓励和赞美来完成。想要自己的员工成为全世界最好的员工，那么你就要把他们当作最好的员工来对待，认可、鼓励和赞美是你培养和拥有最好员工的法宝。

# 参与定律：
# 参与是支持的前提

## 有参与才有支持

每个人都会支持他参与创造的事物。所以想让别人支持你的观点，就让他参与你的构思；想让别人支持你的行为，就让他参与你的行动；想让别人支持你的决策，就让他参与决策的讨论。这是最简单的道理，但在现实中却很少被实行。

现今的企业，大多还是少数几个高层说了算，无论是制定企业的发展方向还是员工的待遇福利，只要高层开个会讨论一下，这件事情就算定了，就开始在企业上下推行。这样就容易出现一些矛盾，比如有些员工对一些制度或决策表示不满，严重的会辞职不干，轻微的也会消极怠工。企业不只是几个人的企业，它的发展关系到在这企业工作的每个人的生活和命运，它是大家的企业，所以企业的每一位员工都应该有发言权和参与权。让每个员工都参与到企业决策的制定中去，会让整个企业上下一心，气氛融洽，战无不胜。

美国阿肯萨斯大学教授莫丽·瑞珀特曾做过一个实验，这个实验是在美国

的一个物流公司总部及其分支机构中进行的。实验的内容是对该公司的所有全职员工进行调查，看员工参与度与企业发展的关系。结果证明在制定战略决策时员工参与度高的那一组，对战略决策的认同度也高；而在制定战略决策时员工参与度低的那一组，对战略决策的认同度也低。这就充分说明了，管理者要想让员工朝着企业制定的目标全力奋进，就必须为员工提供明确的战略远景，让员工参与相应的决策制定，这样才会加强员工对战略决策的认同，上下朝着一个方向迈进。同时，当员工参与了企业的决策和管理后，也会对企业产生很高的认同感和满意度，会自觉地认为他是这企业的一员，有一种"主人翁"的感觉，这样就会干劲十足，企业也会获益颇多。

参与是支持的前提，有参与才有支持。不要怕别人会有不同意见，让大家参与到公司的决策和管理中来，会让公司更有活力和激情，会让公司更融洽与和睦，会让公司有更清晰的发展前景。

## 懂得让对方参与

想说服一个人，或想让某人支持你的决定，那么最好的方法就是让他也参与其中。人与人之间需要沟通和交流，这个世界不是"一言堂"，不是你拍板别人就必须听你的，要懂得让别人心甘情愿地跟随你，要懂得让对方参与到你的计划或决策中去，让他感觉到这不只是你一个人的意见和决定，是你们共同努力的结果。这样，你的计划就很容易成功。

有一位专门负责推销装帧图案的年轻人，就从自己的经历中悟出了这个道理。推销工作，在一般人的眼中就是靠一张嘴说得天花乱坠，"忽悠人"的。其实不然，推销其实是很具挑战和智慧的一种职业。这位年轻人起初到一家公司去推销装帧图案，每次都碰壁，可他从不灰心，一直坚持每星期去一次，有时甚至一星期去几次。但是这样跑了一年多，还是没能与这家公司达成交易，而且这家公司的主管每次拒绝他的理由都是一样的："你的图案缺乏创新，我看还是不能用，对不起……"

一年多的努力，一点收获也没有，年轻人决定要放弃，但是他想在放弃之前，搞清楚自己失败的原因。于是，他又一次出现在那家公司主管的面前，可这次他没有一直介绍和推荐自己的产品，而是恳切地请求主管能给他提点一下，提出自己对这些图案的意见，以便年轻人所在的公司能够做出让主管满意的装帧图案。这位主管接受了年轻人的请求，把自己的一些想法告诉了年轻人。几天后，年轻人带着根据主管的意见修改完成的装帧图案，又去见那家公司的主管。结果，那家公司全部购买了这批装帧图案。

通过这件事情，年轻人明白了一个道理，就是不能强迫别人接受自己的想法，而是要让他们参与创造、设计装帧图案，这样他们就会主动来购买这些"他们的作品"。明白了这个道理后，年轻人的推销工作就如鱼得水，做得越来越顺利了。

其实，这是个很简单明了的道理，只是很多人还不懂得运用。在企业管理中，这个道理更是适用。让员工参与公司的管理与决策，让员工感觉到那些决策是自己的"作品"，那么员工就很容易接受和支持这些决策。而且，员工都是在第一线工作，比那些中层领导更清楚自己的工作和企业的问题。

再如丰田汽车公司，为了鼓励员工参与管理，在总厂及分厂设了130多处绿色的意见箱，并备有提建议的专用纸，每月开箱 1 ~ 3 次，建议被采纳后会对提建议的员工进行奖励。多年以来，丰田一直坚持这样的做法，对那些对企业非常有帮助的合理化建议，奖金更是高达数十万日元。就算建议未被采用，公司也会给予 500 日元的"精神奖"以鼓励大家多提建议。正是这种让员工普遍参与决策和管理的氛围，使丰田公司越来越强大，后来更是成为日本汽车制造业中规模最大、产量最高的公司，并挤进世界汽车工业的先进行列，一跃而成为世界第二大汽车生产商。

这就是参与的力量，懂得让对方参与到你的计划中来，你会收获意想不到的成功。

# 德尼摩定律：
# 先"知人"，再"善任"

## 恰当安排员工的位置

古语有言："橘生淮南则为橘，生于淮北则为枳。"自然界如此，人亦是如此。"凡事都应该有一个可安置的所在，一切都应该在它该在的地方"，这个论断因为在管理领域的广泛运用而成为了著名的"德尼摩定律"。因此，对于管理者而言，如何恰当安排员工的位置，就显得尤为重要。

每个人只有在最适合他的位置上站住脚，才能充分发挥出他的才能，为公司创造最大的价值。但是，每个人心目中对"最适合"这一概念的定义都有不同的见解，那又怎样确定一个位置是适合这个员工，还是适合其他的员工呢？

带着同样的好奇心，管理学家们也做了大量的努力，综合了各类性格的人群的观点。总的来说，如何将合适的员工安排到合理的岗位上去，主要应从以下几个方面考虑：

第一，看工作的领域和性质是否符合员工的价值观

价值观，通俗地说，就是指一个人判断周围的客观事物有无价值以及价值大小的总评价和总看法。每个人都有属于自己的价值观，与性格相似，一旦确立，便具有一定的稳定性。安排工作也一样，管理人员就要根据这一点进行人员的合理调配。比如，学广播主持专业的人员，大多会认同传媒方向的价值观与专业文化，如果让他去广告部就职，那么，面对那里大量的设计策划事务，他将会觉得自己无用武之地。因此，专业领域是否对口是安排员工首要考虑的问题。

第二，要看员工的个性与气质能否在工作中得到很好的发挥

当帮助员工确定了适合他们的工作方向，也就是确定了他们今后发展的大方向，接下来要考虑的就是，在公司内部，什么样的具体职务才适合这些员工。如果某个人严谨认真，安排他做行政或者助理类的工作将比较合适；如果某个人富有创意，把他安排到营销策划类的工作中将是一个不错的选择；如果某个人精通管理，懂得用人之道，那么可以先任命他做一个小的团队的领导人，慢慢培养提拔。总之，管理者要让员工在最适合的工作岗位上就职，这样不仅是为员工的长远发展负责，也是为公司利益负责。

总而言之，德尼摩定律告诉我们的道理很简单，位置有很多，但每个人最适合的却只有一个。因此，确定最佳位置很关键。

# 如何实现"知人善用"

管理，从宏观角度来说，无非就是考虑两大群体：管理人员与被管理人员。做好这两方面的工作，使得领导与员工都能够在各自的工作岗位上各司其职，那么管理自然也就发挥出了它的最大效力。德尼摩定律也是如此，员工要认清自我，寻找最适合自己的行业与职位，领导更要帮助员工去找到那个最适合他的位置。

首先，管理者要熟悉自己手下的员工。德尼摩定律告诉我们，每一位员工，尽管在生活习惯、教育程度、个人喜好、价值观等方面存在着或多或少的差异，但是却有着一个共同点：都有一个他最适合的位置。在当今文化多元化的时代浪潮中，领导负责的部门有很多，而要安排的员工也有很多。只有让员工与岗位进行最优的匹配，才能让每个员工发挥最大的效用。

在了解了手下员工的各方面的特点之后，对于企业的领导来说，就要体现出发掘人才的才能了。德尼摩定律就是在强调知人善用。什么叫知人善用？先去了解一个人，知道了他有什么性格，有什么喜好，有什么优点和缺点，怎样调动他的积极性，将他放在什么位置上最合适，等等，然后再考虑尽用其才，为公司赢利。需要强调的是，管理者在指导员工选择职位的时候，就要确保它的稳定性。既然选择了，就要让员工在岗位上踏踏实实地干出一番业绩，不能轻言放弃，更不能三天两头地调换员工的工作。而应该在让员工在最适合自己的广阔天地中尽情挥洒自己的才情与汗水。

真正具有高素质的管理领导者不必事无巨细，事必躬亲，只要合理安排人员，在宏观上进行指挥调控就可以了。如果能充分发挥每位员工的积极性和才能，那么事业成功就只是时间早晚的问题。

知人善用，说起来似乎很容易，真正实施起来，却需要注意很多细节上的问题。管理者要按照员工的特点和喜好来合理分配工作，让最合适的人做最合适的工作。然而，金无足赤，人无完人，再优秀的人也会有他的软肋。因此，对于管理者来说，只要能够扬长避短，最大化其优点，最小化其缺点，就可以让人才为自己所用，为企业创造价值。例如，在招聘的员工刚入职的时候，先让员工自己挑选最能发挥自己专长的职位。管理人员根据员工的选择情况再进行合理调配，使职员各得其所。这样，既满足了员工的个人喜好，又能最大程度地发挥他们的聪明才智，有效地利用人才资源，从而使员工更好地为公司工作，在施展了自己才能的同时，也为公司创造了最大的效益，实现双赢。

　　但是，人才并不是与生俱来的，人才也会犯错误，更需要时间来成长、完善自我。因此，管理者要耐心地去慢慢培养、鼓励。只有这样，才能让众多员工在成长的过程中获得一种归属感、满足感与成就感，产生一种对组织认同的向心力。人心齐，泰山移。有了凝聚力，企业就能无坚不摧。

　　站在史学的角度看，刘邦是历史上的一代君王；而如果站在管理的角度看，刘邦是一位懂得知人善用的高层管理人士。他作为一个团体的核心人物，安排韩信带兵出征，张良负责做军师出谋划策，萧何确保后方的稳定，各方面都安排得井井有条，从而成就了他的一番霸业。

　　长久以来，德尼摩定律都在有意无意中影响并指导着我们的生活。相信每一个人都存在着不同方面的潜质，没有真正无能的人，只有不会使用才能的人。

# 鲦鱼效应：
## 火车跑得快，全靠车头带

### 领导责任重于泰山

鲦鱼是一种群居的鱼类，这是因为单个的鲦鱼没有太大的能力去攻击其他鱼类的缘故。通常它们有一个比较具有"智慧"及活动力强的首领，其他的鲦鱼便追随在它后面，亦步亦趋，形成一种极有趣味的"马首是瞻"的生活秩序。

德国动物行为学家霍斯特曾经做了个实验，他将一条鲦鱼的脑部割除，这条鱼竟然还能维持相当一段时间的生命。当这条鱼被放入水中时，它不再限制自己必须游回

群体，它已经丧失了一条正常的鱼的抑制能力，相反，这条暂时精力十足的鱼可以任自己喜好而游向任何地方。令人惊异的是，其他的鲹鱼这时都会盲目地跟随它，使这条无脑的鱼成为鱼群的领导者。

鲹鱼因为体形弱小而逐渐形成了群居的习惯，并以群体中的强健者为自然首领。这是鲹鱼生存的基础，可以理解。可是，如果将鲹鱼首领脑后控制行为的部分割除之后，它失去了方向感，行为也发生了紊乱，找不到食物，也躲避不了天敌的袭击。这时，如果忠诚的鲹鱼们依然追随它，那么，迎接这个鲹鱼群体的命运只有一个——灭亡。

鲹鱼效应，看似简单，却说明了领导者对于组织命运的重要性。领导者是否优秀，不仅关系着个人成败，更关系着企业的发展和全体成员的命运。因此，作为领头人，本身就要明确自己所肩负的责任，要对组织的命运负责，更要对组织中成员的命运负责。

当鲹鱼中的自然首领行为紊乱后，整个鱼群的行动也会跟着紊乱。同样的道理，在一个企业或者组织中，如果领导者出现了问题，那么整个企业和组织也不可避免地要出现问题。这种经历相信每个人都曾体验过，上课的时候，如果某位老师因为心情不好而导致讲课的兴致不高，会间接影响到学生的听课效率。一个小的班级尚且如此，更何况是企业或者组织。因此，领导者是一个企业的主心骨，应该为企业的发展勇挑重担。

如果企业或者其中的某个部门出现了问题，领导者一定要勇于承担责任，千万不可推卸责任，置公司利益于不顾。那样不仅会使问题更加恶化，还会影响企业的后续发展。对于领导者个人而言，面临的则是信誉扫地、影响力大减的威胁，结果往往只能自讨苦吃。

任何问题，从产生到暴露，都需要一个或长或短的时间。所以，领导者对于问题的获知，就会有一定的滞后性。而且，有的时候，显现出来的问题只是冰山一角，在这背后，还有更多更为严重的问题亟待解决。但是，有的领导者喜欢推卸责任，当企业内部出现问题时，总认为责任不在自己身上，是员工个人的问题。不但不及时解决问题，反而一味推卸，一味指责。这样会严重伤害员工的积极性，长此以往，也会使整个团队失去凝聚力。

那么，成功的领导者该如何做呢？真正的领导者，在面对问题的时候，不是先问为什么，而是先想怎么办。把问题的责任先主动承揽过来，把注意力放到解决问题上，至于事情的原因为何，责任在谁，可以事后再进行反思。

在这方面，海尔集团的董事长张瑞敏可谓树立了榜样。现在，提起海尔家电，可谓家喻户晓，也深得消费者的好评。但是，在企业成立初期，消费者对海尔的认可度不高，销量持续上不去，生产的冰箱都在仓库里积压着，资金周转不开，生产面临着很大的威胁。这时，张瑞敏得知，在仓库积压的冰箱有100多台存在质量问题。他当即召集全厂职工开会，在全厂员工面前，大谈质量与诚信对一个企业的重要性，最后，在众多员工的百般阻挠下，也依然拿铁锤将存在质量问题的冰箱全部砸毁。这一举动让所有的海尔人如梦初醒。随后，在海尔的公司里，就出现一个庄严的铁锤和一句话：质量是企业的生命。从此，在漫长的创业历程中，海尔人始终秉承着这个信念，拿质量说话，凭质量竞争，逐渐打开了国内外的广阔市场，在同行业中脱颖而出。

张瑞敏就是一位勇于承担责任的领导者，面对企业出现的问题，并没有任其发展下去，也没有指责生产部门的玩忽职守，而是当机立断拿出方案，将问题扼杀在摇篮里，然后，再谋发展之道。这样的领导者，才能带领成员闯出一片新天地，避免鲦鱼效应——损俱损的局面的出现。

愚钝的领导者，先推卸，再指责；明智的领导者，先解决，再反思。前者失去的是个人的威信和企业的利益，后者得到的是领导的威信和企业的良性发展。领导者的责任，重于泰山，不可小觑。

# 切勿盲目跟风，随波逐流

鲦鱼群体的灭亡，一方面是由于其首领的错误领导，找不到食物，躲避不了天敌；而另一方面，也与鲦鱼群体的盲目跟从有着极大的关系。如果它们能够及时发现首领的紊乱行为，并重新确定新的首领，那么它们就不会有惨遭灭亡的命运。

鲦鱼的经历也警示着企业的一些中低层管理者们，要时刻保持清醒的思维和头脑，不可盲目跟从上级领导。上级决策正确明智，当然要不遗余力地去执行。如果决策有失偏颇，而你还不假思索地跟随了领导们的错误决策，那么后果是很严重的，你不仅不能出色地完成任务，更会影响自己的前途。

当看到鲦鱼群体的灭亡之后，或许有人会问：难道鲦鱼真的错了吗？它们作为鱼群中的一员，不是自始自终都在做忠诚的追随者吗？难道管理团队中有这样的管理者不好吗？

忠诚固然没有错。一家公司之所以迅速成长，发展壮大，是因为拥有一群忠实并甘于奉献的管理人员。一支军队之所以能破敌制胜，是因为拥有忠实的战士在为之努力奋战，不离不弃。但是，切莫忘记，我们所认为的忠诚都应该以领导者的正确决策为前提。脱离了这个前提，那么"忠诚"就要另当别论了。试想，如果一家公司的领导人决定要不惜一切代价地降低成本、获取利润，甚至可以将这种利润的获取建立在偷工减料、损害消费者利益的基础上，那么，作为下一级的管理者，还会去"忠诚地"执行他的命令吗？如果一支军队的将领抵挡不住敌方糖衣炮弹的诱惑，而率领整个军队投降，一位真正忠诚的战士仍然会生死相随吗？在这种情况下，只有那些敢于果断地站出来，指出领导者的错误决策的人，才是真正对公司、对军队忠诚的人。这种意

义上的"忠诚"才值得尊重。反之，那只能说他们也是鲦鱼，只懂得盲目的"忠诚"，近似于无知。

那么，当一个企业出现了发展的瓶颈，只能在夹缝中求得生存的时候，中低层管理人员们应该何去何从呢？其实，这时，不妨综合运用一下鲦鱼效应。先观察领导们的反应。如果领导者拥有足够的智慧与魄力，能够为企业制定一个切实可行的解决方案，并将大家的力量都聚集到一起，将全体工作人员的积极性和信心都充分调动起来，那么，就说明这样的领导还是值得追随的，这样的企业还是有生命力的。虽然明明知道前面等待自己的是许多困难，但大家会笑着去面对。最终，在这个强有力的领导的带领下共同努力使企业走出困境。而如果情况恰恰相反，领导者不思进取，整天怨天尤人，消极地等待命运作出裁判，那么，中低层管理人员就没有必要跟着这样的领导一条路走到黑了，可以适时提出辞职的要求，另谋出路。

在当今这个多元文化的社会中，拥有自己的主见很重要。不要盲目跟风，那样会使自己变得愚蠢；不要随波逐流，那样会让自己在不经意中迷失自我。工作如此，生活亦是如此。

第十章

>>> 两性关系的秘密

# 吸引力法则：
# 指引丘比特之箭的神奇力量

## 人海茫茫，偏偏喜欢相似的"你"

电影《秘密》在全球的广泛关注下，造就了同名书籍《秘密》的诞生及热销。《秘密》一书出版没多久，便横扫美国、澳大利亚、加拿大、英国等多个国家的各大图书市场，如今，它在中国图书市场也是赫赫有名。《秘密》为何会如此吸引人呢？里面究竟有什么秘密？答案就是，它揭示了神奇的"吸引力法则"！

如果有人问你："为何选择现在的她／他作为你的另一半？""你喜欢的人通常要具有哪些特征？是漂亮，是帅气，是聪明，还是有钱？"想必你很难说出具体的答案，但却能肯定地回答："大家在一起很合得来。"

这是为什么呢？心理学研究表明，我们通常喜欢的人，是那些也喜欢我们、跟我们合得来的人。也就是说，你的另一半不一定很漂亮，或很帅气，或很聪明，或者很有钱，但他一定是很喜欢你，你也很喜欢他，你们彼此合得来，也就是我们

人海茫茫、、、

前面说的吸引力法则。

也许你会问："我们为什么偏偏喜欢那些喜欢我们、跟我们合得来的人呢？"这是因为，喜欢你的人能使你体验到愉快的情绪。一想起他／她，就会想起和他／她交往时所拥有的快乐，一看到他／她，你自然就有了好心情。你们双方比较有默契，或者叫很有"灵犀"。而且，因为他／她喜欢你，对你自然持肯定、赏识的态度，从而使你受尊重的需要得到满足。正所谓："什么是好人？——对我好的就是好人。"

看过电视剧《一帘幽梦》和《又见一帘幽梦》的朋友，想必都对紫菱与楚濂、费云帆之间的爱情纠葛印象极其深刻。那我们就以这个例子，看看爱情中的吸引力法则。

先说紫菱与楚濂。在紫菱不知道楚濂喜欢自己的时候，始终不敢暴露自己对楚濂的好感；当楚濂向她表白心意的时候，她的爱意自然如水倾泻。两人互相喜欢，互相吸引，以至于即便有绿萍横于其间时，仍旧彼此牵挂。不过，可惜的是，他们受到太多外界因素的影响，最终未能走进婚姻的殿堂，永结同心。

尽管与楚濂分开令紫菱痛苦不堪，但这也给了紫菱一个新的爱情发展机会——费云帆。很多人好奇，紫菱那么爱楚濂，为何还会接受费云帆呢？其实，这还是要到吸引力法则上来找答案。在紫菱最痛苦的时候，费云帆用他无微不至的体贴、精心的呵护、超级的罗曼蒂克，深深地感染着紫菱，使紫菱不知不觉也陷入了对费云帆的喜欢之中。既然与楚濂不可能复合，嫁给如此喜欢自己的费云帆也许是最好的选择。紫菱的选择不仅符合常理，也很符合人的心理。在感情上，双方的喜欢一旦建立，久而久之，很容易巩固并发展。这也是绿萍与楚濂离婚后，紫菱仍选择留在费云帆身边的原因，因为，他们已经从喜欢升华到了彼此相爱。

心理学还认为，当人们发现一个人非常喜欢自己时，不管对方客观情况是怎样，是否具有让自己喜欢的特点，往往都会无条件地喜欢上对方。人们大概是想象，既然对方喜欢自己，那他／她一定是在某些方面和自己相似，认可自己的为人和某些特点，那么，自己又有什么理由不同样喜欢对方呢？

要知道，实际生活中，几乎没有人是完全自信的，因此，大多数人都特别需要别人对自己的肯定。这样一来，那些喜欢我们的人，通过对我们的肯定、追求等，便为我们喜欢他们打下了良好的基础，最后步入双方互相喜欢的状态也算是水到渠成。

## "关注"并"吸引"，将爱情进行到底

关于吸引力法则，它另一个层面上的含义就是你关注什么，就会吸引什么，什么

就会靠近你。所以，想获得真诚、永久的爱情，想将自己的爱情进行到底，一定要时刻对你的爱情抱有希望。

通常，实现这种积极的关注和希望，可以通过六个方面进行：

第一，明确你想要的爱情是什么。在你设想甜蜜的情侣关系或美满的夫妻关系之前，你应当知道这对你意味着什么。不要错误地定义你理想的对象是多么特别的人，而忽略了自己所渴望的生活的真实本质。进一步明确你想要的，是感受、情感还是体验。然后，画出那张"脸"。

第二，用你希望的被爱方式来爱自己，为自己说些自己喜欢的话，做些自己向往的美好的事情。要知道，当你善待自己的时候，别人往往会用同样的方式善待你。

第三，用你希望被爱的方式去爱别人。要想为你渴望的爱情关系打下一个坚实的基础，就要用你喜欢被爱的方式去爱别人。因为人与人之间是相互的，吸引也是相互的，你渴望得到爱，就要学会付出你的爱。这是获得美满爱情的另一个有效办法。

第四，如果你对当前的爱情不满意，审视一下自己，是不是经常空谈自己的伴侣。有可能你无意识地就将自己的伴侣限定了，总是想着他从前是什么样子，而没有为他可能改变的形象留有思维空间。如果是这样，快回到现实中来吧！

第五，敞开你的心扉，放开你的思想。随时触摸你内在的想法，包括你的情感、内在的感受和直觉，并尊重它的指引，正如歌中所唱："跟着感觉走，让它带着我，心情就像风一样自由……"

第六，放弃没有意义的事物。为了迎接你美好的期望，如一段浪漫的爱情，天长

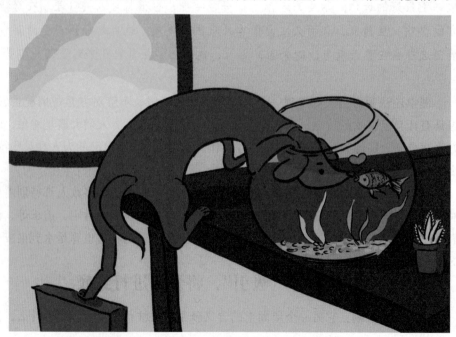

地久的婚姻等等，你一定要抛开使你情绪低落的事物，把所有让你感觉不好的事物统统抛弃。这样，你才能"腾出空间"，让生活为你带来一些更好的事物。

事实上，人海茫茫，两个人真正走到一起，并能一直携手走到人生的尽头，除了保持彼此在生活、感情上的积极期望外，还要注意保持自身的吸引力，或者提升自身的吸引力。

任何时候，微笑都是保持吸引力的良方。无论在婚前，还是在婚后，你的微笑往往胜过千言万语，总会让对方心情愉悦。

还有，在对方需要的时候，你要学会倾听。无论他是烦闷，还是极其高兴，听听他的心里话，这样利于你们有更深层次的共识。

此外，最好不要在对方面前提你的旧情人，因为那样很容易伤到你现在的另一半。

# 布里丹毛驴效应：
# 真爱一个人，就不要优柔寡断

## 优柔寡断，爱将无法选择

法国哲学家布里丹养了一头小毛驴，每天向附近的农民买一堆草料来喂。一天，送草料的农民出于对布里丹的景仰，额外多送了一堆草料，放在旁边。结果，毛驴站在两堆数量、质量和与它的距离完全相等的干草之间，左看看，右瞅瞅，始终也无法决定究竟选择哪一堆好。就这样，这头可怜的毛驴犹犹豫豫、来来回回，最终在无所适从中活活地饿死了。后来，人们把这种效应称为"布里丹毛驴效应"。

其实，"优柔寡断"不只是布里丹养的那头小毛驴犯的错误，在人类当中也常常出现。我们总是认为优柔寡断是女人最大的通病，尤其是当她们身处爱情迷城的时候。然而，现实生活中，在抉择伴侣的时候，不光是女人，男人也一样，总是东想西想，不知所措，害怕一时做错决定，选错了人，造成自己终生遗憾。

小王今年33岁，外表文质彬彬，事业小成，有房有车。在这个同龄人基本都已结婚的阶段，心急的父母催他一次又一次地相亲，他自己也很听话，一个半月内结识了5个女人。

本以为选择的范围越大，对自己越有利。谁料，在这5个女人当中，有两个女人令小王始终摇摆不定。一个叫小丽，27岁，身高168厘米，是个不折不扣的大美女，工作、家庭以及其他方面都不错，就是脾气性格有点火爆。一个叫晓梦，25岁，小鸟依人型，家庭背景很好，父母都是高干，外表清纯可爱，但非常娇气。

因为两人各有优势，也各有缺点，而且他对两个人都有几分爱意，实在不知道该如何选择。这种徘徊和犹豫拖拉拉地持续了一年，小王与两个女人也朦朦胧胧地交往了一年，但始终不敢肯定自己该与谁厮守一生。

结果，前不久，小丽告诉小王："我们只适合做普通朋友，因为你的优柔寡断根本不适合我。"无独有偶，没几天，晓梦也给了小王一个明确的交代："在感情上，我更喜欢勇敢的男人，我们还是做好朋友吧。"

小王的优柔寡断，使他对小丽、晓梦两个女人的爱意最终都未能升级到一生一世的厮守之情。

诺贝尔文学奖得主萧伯纳曾说过："此时此刻在地球上，约有 2 万个人适合当你的人生伴侣，就看你先遇到哪一个，如果在第二个理想伴侣出现之前，你已经跟前一个人发展出相知相惜、互相信赖的深层关系，那后者就会变成你的好朋友。但是若你跟前一个人没有培养出深层关系，感情就容易动摇、变心，直到你与这些理想伴侣候选人的其中一位拥有稳固的深情，才是幸福的开始，漂泊的结束。"

也就是说，爱上一个人或许不需要靠努力，只要彼此有缘分、有感觉，就可以产生爱意；但是，想持续地爱一个人，就要靠长期的努力了。

我们许多人总是为缘分所迷惑、苦恼，而忘记了要拥有天长地久的爱情，首先要在茫茫人海中选择一个愿意与自己天长地久的伴侣。因此，不要去追问到底谁才是你的 Mr.Right，谁才是你的真命公主，而是要问在眼前可选的范围内，你要选择哪一个，该选择哪一个。在爱情中，若没有做出选择的勇气和能力，就算 Mr.Right 或真命公主出现在你身边，幸福依然会与你擦肩而过。总是活在优柔寡断之中，迟迟不肯做出选择，爱连开始的机会都没有，怎么可能天长地久呢？

事实上，人们往往不易察觉感情中的一个陷阱，那就是"越挑眼越花"，新鲜的缘分虽然表面上看起来是那么动人可爱，但长此以往，留给自己的除了回忆还是回忆，除了遗憾还是遗憾。千万不要因为贪图频繁的缘分而迷失了自己，一次次地错放了幸福温暖的手。

那么，如果此刻你还没有确定与自己厮守一生的伴侣，就不要再优柔寡断了，敞开你的心扉，拿出你的勇气，做出你的选择吧！

# 弱水三千，只取一瓢饮

电视连续剧《倚天屠龙记》，想必大家都非常熟悉了，尤其是里面的张无忌，在数个爱着自己的女人间犹豫徘徊，似乎希望能选择所有的女人的情节，更是让人记忆深刻。

不过，当谢逊在山顶问张无忌最在意谁之后，张无忌思量许久得到了答案："弱水三千，只取一瓢饮。"那时，他才真正清楚地发现，自己心里最在乎、最不能失去的是赵敏。

如果不是谢逊的那一问，如果没有出现刑场的那一次无能为力，张无忌可能会糊里糊涂地徘徊一辈子，继续伤害那两个为爱痴狂的无辜女子。

在感情上，人难免会有些自私。正如周芷若某晚在少林寺质问张无忌到底最爱谁时，他说出了一个大多数男人都会幻想的答案：如果小昭、蛛儿、周芷若和赵敏，4个女人都在，那该多好啊！

然而，现实中，爱情往往就是一道单选题，你不能拥有所有曾让你动心的人，必须做一种割舍，做一种比较，留下最不能失去的那一个，其余的就只好割舍，当作生命中的一次偶遇，一次美好的邂逅。

这就是爱情中的布里丹毛驴效应。如果不止一个人出现在你的爱情世界，你妄图选择全部，那么，这种贪婪注定你哪一个都不会得到，反而只会令自己伤神费力，筋疲力尽。

所以，在最后的关头，在义父谢逊的刻意提点下，张无忌总算明白"弱水三千，只取一瓢饮"的爱情真谛，没有再糊涂下去，选择了一个希望厮守一生的爱人。

如今，有些人认为，这个世界在变，爱情也在变。在我们身边，总是时不时地出现爱我们的人和我们爱的人，但这两种人却往往不重合。当我们可以自由地追逐爱情、选择情人时，爱情也就变得越来越不稳定。

　　一生只爱一个人不过是人们天真信仰的爱情神话。可是，扪心自问，如果我们始终徘徊于那"三千弱水"，总希望把所有的感情都纳为己有，鱼和熊掌要兼得，现实吗？无论是你爱的，还是爱你的，有哪个人会愿意与别人分享自己一生的幸福？

　　从某种程度上讲，婚姻作为一种社会形态，将我们的爱情以家庭的形式固定下来，是人们内心对激情、对真爱渴望的一种体现。即使我们不能保证自己一生只爱一个人，当诸多选择出现时，我们一次只能爱一个人，选择一个人步入婚姻的殿堂。

　　同时，无论从道德角度，还是从良知角度，我们在爱着一个人的时候，就要对这份爱负责，为这份爱守节。

　　这就如同《红楼梦》第九十一回中，黛玉与宝玉那段非常经典的爱情对白。黛玉问："宝姐姐和你好你怎么样？宝姐姐不和你好你怎么样？宝姐姐前儿和你好，如今不和你好你怎么样？今儿和你好，后来不和你好你怎么样？你和她好她偏不和你好你怎么样？你不和她好她偏要和你好你怎么样？"宝玉呆了半晌，忽然大笑道："任凭弱水三千，我只取一瓢饮……"

# 视觉定律：
# 女人远看才美，男人近看才识

## 女人要远看，男人要近看

女人是水做的，"可远观而不可亵玩焉"，远远地看着，像画一样；每天对着，就缺乏了新鲜感。这就是距离的力量，有距离才能产生美。俗话说："看景不如听景。"

从来没有真正近距离的接触，只是远远地听别人描述那优美的景色，你的想象会比那描述更美上10倍；一旦你去了，真正近距离地欣赏了那听到的美景，你会发现根本不是你想的那样，与你以前看过的风景比起来也没有特别之处。其实，不是那些地方不美，是你想象的景色过于美，美到并非人间所有，理想与现实的落差，让你失望了。美女也是一样，从来没有近距离地接触过，只敢远远地看着，她在你心中会越来越美。当有一天，她成为了你的朋友或女友，你天天那么近地看着她，你会发现她与别的女人也没有多大差别，长得也不是那么的漂亮。所以，老人们常说："长得好看的人越看越一般。"说的就

. . . 女人远看才美 . . .

是这个道理。

男人是要近看的，不与他深入接触，你永远也看不到他真正的思想光辉。不要轻信男人的那些花言巧语和夸夸其谈，要真正地与其进行内心交流，才能看出他是否真的有内涵。

十全十美的白马王子在现实生活是不存在的，但真正的好男人这个世界上并不少，少的只是发现。什么样的才算是好男人？千人千面，万人万解。但无论是什么样的男人，都只有真正地接触后才能识其真面目。思想是一个男人最强的隐蔽力量，是做人的智慧与谋略。男人有思想，才能积极主动地创造成功的机会，寻找生活中的快乐，从而打造丰富多彩的人生。女人要看懂一个男人，就不得不深入到他的思想中，不然就无法见识他的全部魅力。

男人不是因为他生来是一个男性，就称得上一个男人了。一个男人有时候只有在一个女人的身边，才可能完整地展示出属于男人的阳刚。有些男人善于卖弄，华而不实，如果你仅被他的外在表现迷惑，那就离危险不远了。男人可以不漂亮，但不能没有思想，没有品质，没有责任心。

女人要远看，是从美学角度来说的；男人要近看，是从现实角度来考虑的。人总是会把自己最美好的一面呈现在大家面前，但有些男人不懂得表现，他们总是把自己最美的思想藏得很深，这就需要独具慧眼的女性去挖掘宝藏了。女人是美的化身，但人无完人，每个女人身上多少都有些坏毛病，不要拿你理想中的女神来要求她们，这样你会发现每个女人都是美的。

欣赏男人往往需要时间去发掘，男人对家庭、对社会影响很大，所以造成的危害也大，只有深入了解男人的思想，才能看到他的全部。善于卖弄的男人最初或许会令女人着迷，但是他们无法给予女人持久的爱情。

## 远近得当，才能生活融洽

有距离，才有美感。很多婚姻的触礁，原因就在于妻子和丈夫走得太近；恋爱中出现问题，很多也因为双方整天黏在一起。太近的距离，让双方的缺点暴露无遗，少了那种朦胧的美感。

男人爱女人，很多是因为女人的美貌，但过日子不是只靠脸就行的。只有美丽的内在，才能真正长久地抓住一个男人的心。

女人如书，容貌是书的封面，气质是书的内容。有的女人仅有漂亮的外貌却缺乏内涵气质，这样的书尽管封面装帧很漂亮，但并不具有可"读"性；相反，既有美的外貌又有美的气质的女人才是既可观赏又耐品读的珍品书。所以，把你用来美容打扮的时间，分一半用来装饰内在，岂不是更好？这样无论远看近看，你都是美丽的女人。

当然，这是针对女人自身修养来说的。另外，男士们还要与妻子保持一定的距离，不要让双方离得太近，也不要对妻子的缺点过于苛刻，她本来就不是"天外飞仙"，你不能用你以前幻想的那个完美形象来要求自己的妻子，这样不公平。给双方一点空间，懂得欣赏妻子的优点，这样才会让生活更融洽。

对于男人来说，好男人是不能用统一标准来划分的。同样的特性放在这个男人身上是优点，放在那个男人身上可能就是缺点了。世事的不确定与变化，使人们的性格千奇百怪，世界也变得多姿多彩。也许一个男人会因为少了聪慧多变而成就了他的敦厚质朴，也许一个男人会因为心地善良而事业无成。

男人如书，从外观上讲，书有厚薄之分，有装帧堂皇与简约之别，男人也有魁梧与矮小、俊朗与猥琐之别；从内容上说，书分高雅和平庸、厚重与浅薄，男人更有内涵深厚与空有一副外表之分。男人如书，有的可以终生为伴，相濡以沫；有的只能默默祝祷，遥遥相望；有的则唯愿此生不与之谋面。读书是需要时间的，好书多读才能懂。

因此，男女双方要学会欣赏与被欣赏，要懂得保持最适当的距离来欣赏和被欣赏。俗话说，金无足赤，人无完人。完美只是相对的，唯有缺憾才是绝对的。欣赏他人的时候，要懂得找到最佳的距离；被欣赏时，也要尽量保持最佳距离，该远则远，该近则近。

《圣经》中上帝对男人和女人说："你们要共进早餐，但不要在同一碗中分享；你们要共享欢乐，但不要在同一杯中啜饮。像一把琴上的两根弦，你们是分开的也是分不开的；像一座神殿的两根柱子，你们是独立的也是不能独立的。"

这段话形象地说明了婚姻关系中的两个人的韧性关系，拉得开，但又扯不断。谁也不能过度地束缚对方，也不能彼此互不关心。有爱，但是都在适度的范围之内，这才是和谐的婚姻。可是很多人似乎并不能体会到婚姻的真谛，在他们眼里，对方身上有很多缺点，他们常常试图通过各种途径让对方改掉坏习惯，可是习惯是日积月累形成的，当然不会轻易改掉，于是夫妻之间的矛盾就产生了。

夫妻之间产生争执的主要原因，是他们把婚姻当成一把雕刻刀，时时刻刻都想按照自己的要求用这把刀去雕塑对方。为了达到这个理想，在婚姻生活中，人们当然就希望甚至迫使对方摒除以往的习惯和言行，以符合自己心中的理想形象。但是有谁愿意被雕塑成一个失去自我的人呢？于是，"个性不合""志向不同"就成了雕刻刀下的"成品"，离婚就成了唯一的出路。

要知道，婚姻不是一个人的付出，只有两个人同心协力，才能维护好一个温暖的家。可是并不是所有的人都能注意到对方的付出，甚至有的人会把对方的付出看作是理所当然的。如果对方稍微有什么地方做得不好，就加以指责，这样的做法无疑会伤害了对方的心，会让他觉得一切的努力都付之东流了。

爱一个人，就应该让他感觉到幸福，而不是要给他原本疲惫的心灵增加新的创伤。所以，在夫妻生活中，一定要相互扶持，相互欣赏，相互鼓励。虽然因为个性的不同，两个人没有办法完全融为一体，但是一定要让对方感受到你的存在，让他体会到你对他的欣赏和爱护。在他犯错的时候，给予善意的提醒，而非指责，有时候一个善意的眼神也会让对方觉得很温暖；在他犯傻的时候，给予适当的爱抚，告诉他"你真可爱"，一句看似不经意的话语，却可以激起爱的涟漪，让对方感受到你的体贴。

每个人都会有缺点，但是相爱的人，却能在对方的缺点中找寻闪光点，在对方的不足中寻找到内心的满足。欣赏的眼光，总是能让爱情变得更甜，让婚姻变得更美。

# 麦穗理论：
# 不求最好的他（她），但求最适合的他（她）

## 走进麦田，面对选择却又难以选择

我们总是渴望完美的爱情，所以习惯于在一道道通向幸福的门前一次又一次的犹豫与彷徨。因为不能回头，于是我们的心中充满了矛盾，很怕自己错过的就是最好的，又总觉得后面的路还很长，应该还会有更好的。就这样，原本属于我们的爱情最终化做了别人的婚姻。

在心理学中，这种现象就是"麦穗理论"的反映。这一理论，来源于下面这样一个故事。

伟大的思想家、哲学家柏拉图问老师苏格拉底什么是爱情。苏格拉底就让他先到麦田里去摘一棵全麦田里最大、最金黄的麦穗来，只能摘一次，并且只可向前走，不能回头。

柏拉图于是按照老师说的去做了，结果他两手空空走出了麦田。老师问他为什么没摘。他说："因为只能摘一次，又不能走回头路，其间即使见到最大、最金黄的，因为不知前面是否有更好的，所以没有摘。走到前面时，又发觉总不及之前见到的好，原来最大、最金黄的麦穗早已错过了，于是我什么也没摘。"

老师说："这就是爱情。"

之后又有一天，柏拉图问他的老师苏格拉底什么是婚姻。苏格拉底就叫他先到树林里，砍下一棵全树林最大最茂盛的树，同样只能砍一次，同样只可以向前走，不能回头。

柏拉图于是照着老师说的话做。这次，他带了一棵普普通通，不是很茂盛，亦不算太差的树回来。老师问他："怎么带这棵普普通通的树回来？"他说："有了上一次的经验，当我走了大半路程还两手空空时，看到这棵树也不太差，便砍下来，免得最后又什么也带不出来。"

老师说："这就是婚姻！"

在数不清的麦穗中寻找最大的麦穗几乎是不可能的，所谓"最大的"往往也是在错过之后才能知道。在无数次的擦肩而过之后，我们的心可能已经疲惫，于是在简单地比较之后，匆忙地做出了选择，而这个选择其实未必真的是最好的。命运就是这么地爱捉弄人。

其实，柏拉图的困惑也是我们的烦恼，完美的爱情和婚姻是很难得到的，对于大多数人来说，童话般的爱情只是奢望。当我们想使用一件东西的时候，翻遍了家里的每个抽屉都找不到；在我们不需要它的时候，它却不经意地出现在我们的面前。造物主有捉弄人的本性，爱情也是如此。当我们把对爱情的期望一条一条写在纸上，然后热切地盼望爱情出现的时候，爱情总是绕身而过，不是和这个人志趣不投，就是和那个人激不起爱情的火花。找到心目中最理想的恋人是可遇不可求的事情，因而很多人是勉强走到一起的。

其实，生活从来没有最优解，也没有最满意解，只有相对满意解。选择伴侣，对你我来说都是一件神圣而又谨慎的事情，婚姻也可以说是我们的第二次生命。俗话说得好："男怕入错行，女怕嫁错郎。"每个人都想找到自己的白马王子或者白雪公主，但是生活总是存在偏差，就如同你在麦地里摘了麦穗出来后，总会发现有比手中的麦穗大的一样，和我们共度一生的那个人，很可能不是我们最爱的那个，但是，也不是我们最讨厌的那个。

找一个自己喜欢并适合自己的人共度一生是一件非常幸福的事情，但这样的几率很小。如果用我们的一生去等待，我们也许会找到最适合自己的那个人，但是谁又能有勇气用一生去等待呢？既然不能，我们就要珍惜手里的麦穗，正像一句广告词说的那样："我选择，我喜欢！"

# 穿越麦田，在心灵的交融中找到心的归宿

人生就正如穿越麦田，只走一次，不能回头。要找到属于自己最好的麦穗，必须要有莫大的勇气并付出相当的努力。要想拥有最完美的婚姻，就不能盲目草率地做决定，但是犹豫不决，又只会错过一次次机会。只有在恋爱征程中，积累阅历，磨炼感情，了解自己真正需要什么，这样才能找到真正适合自己的人生伴侣。

也许上天故意让我们在遇到生命中的天使之前，遇到几个有缘无分的人，在我们多次的彷徨之后，才能学会珍惜这份迟来的礼物。一次又一次地与缘分擦肩，一切的冲动、激情、浪漫都慢慢消失，而有一个人始终占据着你心里最重要的位置，你对他的关心及牵挂丝毫未减。那便是爱了。

爱一个人并不需要太多的理由，也许他不是最优秀的，也许她不是最漂亮的，但他/她一定是最适合你的，因为他/她最懂你的心。爱情是两颗心的交融，是情与情的交流，是爱与爱的沟通。爱情是在寻找一个心灵的归宿，无论是男人还是女人，在自己还懵懂、情窦初开的时候，就在自己的心灵深处悄悄勾勒出自己的"另一半"，而它就像影子一样紧紧地依附在自己的灵魂上，要伴随着自己走完一生，根深蒂固。爱情固有的魅力和感召力是外在条件所无法左右的，当一个人在你心里扎了根，便再也消失不了了。

我们在寻找伴侣的时候，不要把心目中的"麦穗"想象得太过完美，择偶目标要切合实际，绝不能一挑再挑，非要找到最好的不可。当然，也不要过分注重外在条件，如相貌、金钱、地位、学历等。爱情是纯洁的，纯洁得容不下一点杂质。我们常常为了寻找理想中的爱情，自以为是地设置了许多标准。找寻的过程是漫长的，或与相貌结伴，或与财富同行，他们以为用这些可以培养爱情。可当时间渐渐流逝的时候，他们发现爱情一点点地消失，曾经幻想的美景化作一片云，被时间的清风吹散。时间能够吹去爱情的杂质，却吹不走爱情的本质，心灵伴侣才是一生的伴侣。

俗话说"金钱可以买来女人，却买不来爱情"，就在于爱情它不是商品，自然就不能用钱来进行交易。相貌、财富、心情……都会随着时间的流逝而改变自己原来的状态，唯有爱情，其纯洁的本质是不会改变的。在西方的婚礼上，神父对每一对新人都会问同样的一个问题：不管生老病死，你都愿意一生照顾她……我想这就是爱情的意义。当你遭受挫折，当你一无所有，当你白发苍苍的时候，看着陪在你身边不离不弃的人，你就知道了什么是爱情。

爱情一旦错过，就不会重新来过。当丘比特之箭射中我们的时候，我们一定要紧紧抓住箭的另一端——我们的爱人。遇到合适的人，彼此可以融洽地生活，简单也好，复杂也罢，就别再犹豫，牢牢地抓住他／她，在相依相守中获得真正的爱情。

# 虚入效应：
# 爱就要勇敢地"乘虚而入"

## 爱她（他），要在她（他）最需要你的时候出现

"乘虚而入"，原是军事上常用的战术。两军作战，趁敌人没有防备的时候进攻或进攻敌人防备较弱的地区，这样胜算就比较大。在感情上，当他人失恋或失意时，表达对他人的关心，往往会收到意想不到的效果。

芳，是一个美丽而清高的女子，喜欢她的男子不计其数，但她都不正眼看一眼。她想要的是事业的成功，社会的名望。她的美貌给她带来了很多机会，也让她遭受了许多非难。女上司不喜欢她，女同事们更是把她当作眼中钉。女上司无缘由的训斥，女同事无休止的捉弄，再加上繁重的工作，让芳彻底崩溃，病倒了。强是芳的同事，暗恋芳已久。得知芳病了后，强每天早晚在医院陪芳，照顾芳，给芳讲笑话逗她乐，给她讲故事鼓励她，让芳重新恢复了对生活和工作的信心。芳病好后，和强一起出现在公司众人的面前，这让公司里的人

惊讶不已。大家都想不通，如此普通的强怎么打动了芳的心？其实，道理很简单，强就是用了"乘虚而入"这一招，在芳最需要人关心的时候关心了她。

爱情需要感觉，一见钟情很美妙；爱情需要默契，心有灵犀很惬意。爱情需要手段，只要能带给你爱的人幸福而不是伤害，乘虚而入也没什么不好。爱情需要竞争，胜利的果实让人回味无穷，但竞争不是不择手段，胜利无需处心积虑，只要能恰当地把握时机，你就能摘到你想要的苹果。

在文学作品和影视作品中，有很多"乘虚而入"最后成功的角色，但描述和表现这样的角色时总是带着讽刺和鄙视，人们在看这类人时，也觉得他们太过有心机，甚至很卑鄙。而在现实生活中，这个招数在追求心爱的人时，却屡试不爽。为什么人们鄙视它，又不断运用它呢？因为爱情是可望而不可求的，你能遇到你爱的人的机会更是微乎其微，如果不想方设法把他（她）抓住，那么很可能你这辈子都再也遇不到让你动心的人了。谁会冒这个险呢？谁都知道"乘虚而入"这招最管用，在他（她）最需要人关心的时候出现在他（她）面前，关心他（她）鼓励他（她），何愁他（她）不感动？而当我们创作或欣赏文学、影视作品时，那是我们评判他人的时候，道德正义都不允许我们喜欢这种人。

其实，乘虚而入没有什么不好，只要你清楚那个人是你爱的，你可以给他（她）幸福。有些人只是为了满足自己一时的私欲，乘人之危，加害于人，这真是太可恨。像《水浒传》中的高俅的义子高衙内就是这样一个可恨的人，他无意中看上了林冲的妻子，就想霸占他人之妻，几次三番想置林冲于死地，好达成霸占林冲妻子的目的。这样的人，才是真正应该受到鄙视的人。

## 懂得付出，爱终究会有回报

爱一个人就要懂得付出，这种付出不是指天天黏着你爱的人，而是时时关心、默默对他（她）好，而不给他（她）的生活造成困扰。当他（她）遇到困难，出现危难时，立即挺身而出，为他（她）解决一切麻烦。保护他（她），爱护他（她），而不求任何回报，这就是真爱。越是甘心付出、不求回报的人，往往越能得到上天的垂怜。

园是一个光芒四射的女孩，她活泼可爱，面容姣好，举止大方，能歌善舞，身边总是围着一群男生，争着为她献殷勤，而磊却总是默默地躲在一边，看着园。如果园不小心滑了一跤，在其他男生还没反应过来的时候，磊已经一个箭步冲到园的跟前扶住了她，然后又什么也不说地走了。园第二天要参加歌唱比赛，前一

天她的桌柜里肯定会出现一盒金嗓
子。园想报考 GRE，磊就把自己考试
的心得悄悄放在园的桌柜里。在一次
舞蹈比赛中，园正忘情地跳着，却不
小心踩到了一颗本不应该出现在舞台
上的玻璃珠，脚下一滑，重重地摔在
台上。接下来的事，她就不知道了。
是磊，飞快地奔到台上，抱起园就往
附近的医院跑。到了医院，医生及时
地把园送到急诊室进行治疗，而磊也
因为过度疲劳而晕倒了。幸运的是，
园只是扭伤了脚，没有脑震荡，没有
后遗症。磊醒后，就一直陪在园的病
床边。园睁开眼，第一个看到的就是
磊，她什么都明白了，泪顺着她的脸
颊流下来。他们走在了一起。

其实，爱情无需太多计谋，只要你愿意为你爱的人全心付出，那么她最终会投进你的怀抱，即使两人没有走到一起你也没有遗憾。在这个快餐式的社会里，一切都喜欢快节奏，像磊这样只知道付出而不讲回报的人，越来越少了。人们都害怕受伤害，喜欢计较得失，男男女女都在打着自己的小算盘，"算计"着自己的伴侣。何必呢？这样双方都会受伤。

乘虚而入是个很好的爱情计谋，但是只有你关注这个人，你才懂得什么时候是"虚"。其实乘虚而入，也可说是"乘需而入"，只要你全心地付出，时刻关注，总会有让你"乘虚而入"的机会的。虽有良好计谋，依然鼓励全心付出去赢得真爱。

但是作为女孩，也要懂得保护自己，不要让坏人乘虚而入，一失足成千古恨。人在遇到感情危机时，别人的点滴关爱都有可能让你把他当作终生寄托。在电影《无人驾驶》中，无论是林心如扮演的王丹，还是陈建斌扮演的王遥，都把自己的未来交给了在他们感情最脆弱的时候向他们伸出关爱之手的人，结果他们都被骗了。显然，坏人更懂得运用"乘虚而入"的计谋。所以，在你最失意的时候，要记得找你最亲最近的人，而不要随便相信陌生人，要知道缘分会"乘虚而入"，而病毒更容易"乘虚而入"。

相信真爱，努力付出，抛弃计谋，坦诚相待，才会真的快乐。

第十一章

>>> **生活法则**

# 酸葡萄甜柠檬定律：
# 只要你愿意，总有理由幸福

## 透视狐狸的酸葡萄心理：快乐是自找的

《伊索寓言》中有这样一个家喻户晓的故事：一只饥饿的狐狸路过果林时，发现了架子上挂着一串串簇生的葡萄，垂涎三尺，可自己怎么也摘不到。就在很失望的时候，狐狸突然笑道："那些葡萄没有长熟，还是酸溜溜的。"于是它高高兴兴地走了。事实上，葡萄还是没吃到，狐狸仍是饿着肚子，但一句自我安慰，却让他走出了沮丧，变得快乐起来。

寓言中的狐狸，通过自我安慰，没吃到想吃的葡萄也很开心，属于典型的酸葡萄心理。这种心理，属于人类心理防卫功能的一种。当人们的需求无法得到满足

时，便会产生挫折感，为了解除内心的不悦与不安，人们就会编造一些理由自我安慰，

从而使自己从不满等消极心理状态中解脱出来。

实际生活中，酸葡萄式的自我安慰比比皆是。例如，没有找到男女朋友的单身族，常常会说："一个人最好，多自在啊"；没考上名牌大学的人，常常会说："读名牌有什么好，竞争那么激烈，早晚会累到变态"；有些人考试刚刚及格，而同桌却得了优秀，于是就说："一看就是抄袭，投机取巧，没什么了不起的"……

与"酸葡萄"心理相对应的，还有一种"甜柠檬"心理，它指人们对得到的东西，尽管不喜欢或不满意，也坚持认为是好的。就好像一个人拿着青青的、没熟的柠檬，明知柠檬熟透了才甜，但因为手上只有没熟的，就偏说自己这个柠檬味道一定很好，会特别甜。何况有柠檬总比没有的好，同样是内心的一种自我安慰。

现实中，人们的"甜柠檬"心理同样比较普遍。例如，你买了一双鞋子，回来后觉得价钱太贵，颜色也不如意，但你和别人说起时，你可能会强调这是今年最流行的款式，质地是纯高档皮料，即使价格贵点也值得。还有，虽然你知道自己的男朋友有不少缺点，但在外人面前，你往往喜欢夸奖他的优点。

关于"酸葡萄甜柠檬定律"，心理学上有一个有趣的实验对此进行了间接的证明。

心理学家招募了一定数量的学生来从事两项枯燥乏味的工作。一件是转动计分板上的48个木钉，每根钉子顺时针转1/4圈，再逆时针转回，反反复复进行半个小时。另一件是把一大把汤匙装进一个盘子，再一把把地拿出来，然后再放进去，来来回回半个小时。

学生们完成工作后，分别得到了1美元或20美元的奖励，同时，心理学家要求他们告诉下一个来做实验的人这个工作十分有趣。

结果发现，与一般的预期相反，得到1美元奖励的人反而认为工作比较有趣。

其实，这在一定程度上证明了，人们对已经发生的不满意或不好的事情，倾向于通过自我安慰，把事情造成的不愉快等消极影响减轻。

通过这个定律，我们可以发现，对于同一件事，如果从不同的角度去看，结论就会不尽相同，心情也会不一样。例如，当你失恋时，与其沉浸在过去的痛苦烦恼中，不如想一想，下一次遇到的人会比错过的这个好很多；当你遇到挫折时，可以想想"失败乃成功之母"，从失败中吸取教训也是一种收获；当遇到丢东西等倒霉事时，不妨想想"塞翁失马，焉知非福"……要知道，现实中几乎所有事情都存在积极性和消极性，如果你只看到消极的一面，只会令自己陷入低落、郁闷之中；相反，如果换个角度，从积极的一面去看，一切也许就会豁然开朗。

## 幸福，要保持适度的阿Q精神

读过鲁迅先生著作的人，对于酸葡萄甜柠檬现象，很容易联想到鲁迅先生笔下的阿Q。众所周知，阿Q有一种独特的精神胜利法，即所谓的"阿Q精神"。例如，阿Q挨了假洋鬼子的揍，无奈之余，就说"儿子打老子，不必计较"，来自我安慰一番，也就心平气和了。

虽然阿Q的自欺欺人心理，过去一直成为人们的笑谈，甚至遭到否定、批判。然而，不少心理学家认为，适度的精神胜利法在心理健康方面是非常有价值的。如果我们懂得合理运用阿Q精神，往往会让自己增加不少幸福感。

生活中，我们每个人都会遇到这样那样不愉快的事，而且很多事情是我们无法左右或改变的。也许你要问，既然如此，我们应该怎么办呢？难道就要为此一味地痛苦、哀伤吗？事实上，在这时候，我们不妨使用一下阿Q精神，安慰一下自己，对于心理调节可能非常有效。美国前总统罗斯福就是一个很好的例证：

有一次，美国前总统罗斯福家中被盗，他的朋友写信来安慰他。他在回信中说："谢谢你来信安慰我，我现在很平安。感谢上帝，因为贼偷去的是我的东西，而没有伤害我的生命；贼只偷去我部分东西，而不是全部；最值得庆幸的是做贼的是他，而不是我。"

可见，像罗斯福那样，遭遇不幸时，我们若换一个角度去看，心情显然就不一样了。曾有人说过："我因为没有一双像样的鞋穿而苦恼不堪，直到我在街上看到一个人——他没有了双脚。"没错，当"没鞋"的时候，如果想到"没有脚"的人，我们的痛苦和烦恼就显得微不足道了。

不过，无论酸葡萄还是甜柠檬，在某种程度上讲都是一种消极的心理防御方式，就像是一副止痛药，虽能暂时缓解心里的痛苦，但往往会有一些副作用。例如，"酸葡萄"心理的人说别人不好，很容易影响人际关系，给他人一个"小人"的形象；而"甜柠檬"心理则容易让人安于现状，不思进取。

那么，如何才能把握好自我安慰的度，做到无副作用地自我安慰呢？

一方面，当遇到挫折或不幸而万分苦恼时，我们应当冷静地分析问题的起因，不要完全陷入"自我"的状态，试着从"旁观者"的角度，客观地寻求解决问题的方法，正所谓"旁观者清"。

另一方面，如果与他人发生冲突或分歧没法解决，觉得一时间想不出什么解决方法，这时，千万不要放弃，不到最后一刻，不要提前为自己贴上"不行"的标签。我们可以采取"位置调换法"，即从对方的角度出发来考虑问题，经过协商、权衡，最终与对方达成谅解。

可见，聪明的幸福者，既要会运用阿 Q 精神，又要懂得适度运用。

# 因果定律：
## 种下"幸福"，收获"幸福"

### 活在当下，让今天成为明天的幸福理由

著名哲学家培根曾说过："懂得事物因果的人是幸福的。"正如同"物有本末，事有终始""种瓜得瓜，种豆得豆"的道理一样，如果我们想收获幸福，先要种下幸福的种子。

如果你觉得生活沉闷，就应该检查一下自己付出了多少。从来没听人说："我天天早睡早起，经常做运动，不断充实自己，培养人际关系，并且尽心尽力地工作，然而生活中却没有一件好事。"生活是一个因果循环系统，如果生活中一点好事都没有，那就是你的错了。只要你了解你的现状是自己一手造成的，你就不再会觉得自己是受害者。

也许你会反驳说："生活中，有的人过着平淡的日子，同样感觉很幸福；而有的人成绩斐然，却觉得幸福离自己很遥远。明显不符合因果定律。"其实，之所以出现这样看上去似乎因果相悖的现象，是因为幸福感是一种非常主观的情感体验。

美国知名心理学家、宾夕法尼亚大学教授马丁·瑟里格曼表示，幸福＝快乐＋意图＋参与。他告诉我们，幸福并不是空等来的，不是被动地期盼来的，而是需要你具有快乐的能力，获取幸福的意图，并能积极地参与。如果你觉得自己现在还不够幸福，那就该清醒地审视自己了。要知道，一味地抱怨或叹息过去根本毫无意义，与其低落、萎靡，不如珍惜当下，积极生活，让"今天"成为"明天"的幸福理由。

小莉是某外企的主管，从大学毕业到晋升为主管仅仅用了两年的时间。无论是工作时间，还是下班回家，她的脸上总洋溢着甜甜的微笑，同事们对她羡慕得不得了。有人好奇，便问小莉："你怎么每天都是一副积极向上的样子？感觉你天天都非

常幸福。"小莉笑着答道："因为我每天都告诉自己'我是积极的，我是快乐的'。"

我们不妨像小莉那样，通过自我暗示的方法，告诉自己"我是积极的，我是快乐的"，从意识上就让自己的每一天都过得积极。

其实，无论生活是平淡，是忙碌，或是没有理想中的好，都要从中给自己找一个幸福的理由。例如，昨晚做了一个好梦，今天是个阳光灿烂的好天气，刚刚做了一个漂亮的新发型，工作上感觉到一些进步，朋友的一个问候……这些小小的幸福连缀在一起，就像一条幸福的珠链，将令你的日常生活滋润、充实而美好，同时，也会让你的思想走向积极的一面。

此外，人们都认为法国人的幸福感很强，这主要是由于法国是艺术之都，人们将艺术家气质注入生活，用艺术之美点染人生。众所周知，每个艺术家在创造作品时，感受着来自生命本身的创造乐趣，所以欣赏这些作品的人可以同创造者产生共振、共鸣。当你从忙碌的工作中偷得浮生半日闲，不妨将自己置身于艺术的海洋，可以从画作缤纷的色彩、音乐优美的旋律、雕塑充满美感的线条中感悟世界之美、艺术之美，从而体味生活中的幸福感。

## 善待他人就是善待自己

从因果定律出发，除了善待自己会得到幸福外，善待他人也会得到幸福。对他人友善，就是种下幸福的种子，待到种子开花结果，自己也就收获了幸福。

有一天，一个贫穷的小男孩为了攒够学费正挨家挨户地推销商品。劳累了一整天的他此时感到十分饥饿，但摸遍全身，却只有一毛钱。怎么办呢？他决定向下一户人家讨口饭吃。当一位美丽的女孩打开房门的时候，这个小男孩却有点不知所措了，他没有要饭，只乞求给他一口水喝。这位女孩看到他很饥饿的样子，就拿了一大杯牛奶给他。男孩慢慢地喝完牛奶，问道："我应该付多少钱？"女孩回答道："一分钱也不用付。妈妈教导我们，施以爱心，不图回报。"男孩说："那么，就请接受我由衷的感谢吧！"说完男孩离开了这户人家。此时，

他不仅感到自己浑身是劲儿，而且还看到上帝正朝他点头微笑。

其实，男孩本来是打算退学的，但喝完小女孩送给他的那满满一杯牛奶后，他放弃了这个念头。

数年之后，那位美丽的女孩得了一种罕见的重病，当地的医生对此束手无策。最后，她被转到大城市医治，由专家会诊治疗。当年的那个小男孩如今已是大名鼎鼎的霍华德·凯利医生了，他也参与了医治方案的制订。当看到病历上所写的病人的来历时，一个奇怪的念头霎时闪过他的脑际，他马上起身直奔病房。

来到病房，凯利医生一眼就认出床上躺着的病人就是那位曾帮助过他的恩人。他回到自己的办公室，决心一定要竭尽所能来治好恩人的病，从那天起，他就特别地关照这个病人。经过艰辛努力，手术成功了。凯利医生要求把医药费通知单送到他那里，在通知单上，他签了字。

当医药费通知单送到这位特殊的病人手中时，她不敢看，因为她确信，治病的费用将会花去她的全部家当。最后，她还是鼓起勇气，翻开了医药费通知单，旁边的那行小字引起了她的注意，她不禁轻声读了出来："医药费———一满杯牛奶。

霍华德·凯利医生。"

恐怕连小女孩自己都不敢相信，就是当年一杯满满的牛奶，在数年后挽救了自己的生命。现实生活中，很多人活一辈子都不会想到，自己在帮助别人时，其实就等于帮助了自己。一个人在帮助别人时，无形之中就已经投资了感情，别人对于你的帮助会永记在心，只要一有机会，他们会主动报答的。

关于这一点，著名科学家爱因斯坦的两次不同婚姻也是很好的例证。

爱因斯坦的前妻米列娃因不能容忍丈夫极少的关心与体贴，而只是一味地与原子、分子、空间、时间为伴，便时常与其发生摩擦，而两人的个性都很强，最终分手。第二任妻子艾丽莎是一个体贴入微，懂得尊敬与忍让的人，她深知爱因斯坦的脾气，从不干预丈夫的工作，让他安心地完成事业。爱因斯坦受到感动，也在百忙之中抽出时间来陪妻子度过美好时光，他甚至在记者招待会上曾说过："艾丽莎不懂相对论，但相对论却有她的一份心血。"

所以，任何一种真诚而博大的爱都会在现实中得到应有的回报。善待别人，就等于善待自己。

# 史华兹论断：
# "幸"与"不幸"，全在于你

## 从"塞翁失马"到"不幸中的万幸"

两只小鸟在天空中飞行，其中一只不小心折断了翅膀。无奈，它只好就地栖息疗伤，让另一只小鸟独自前行。另一小鸟觉得伙伴受了伤，太不幸了，可谁料，本以为很幸运的自己，没飞多远就惨死在猎人的枪口下。

世事往往就是这样，幸福总喜欢披着一件不幸的外套走进我们的生活。

战国时期，一位老人养了许多马。

一天，他的马群中忽然有一匹马走失了。邻居们听说后，便跑来安慰老人，可老人却笑道："丢了一匹马损失不大，没准会带来什么福气呢。"大家觉得老人的话很好笑，马丢了，明明是件坏事，却说也许是好事。

几天后，老人丢失的马不仅自动返回家，还带回一匹匈奴的骏马。邻居听说了，对老人的预见非常佩服，前来向老人道贺说："还是您有远见，马不仅没有丢，还带回一匹好马，真是福气呀。"出人意料的是，老人听了反而忧虑地说："白白得了一匹好马，不一定是什么福气，也许会惹出什么麻烦来。"大家觉得老人是故作姿态，白捡一匹马心里明明应该高兴，却偏要说反话。

突然有一天，老人的儿子从那匹匈奴骏马的马背上跌下来，摔断了腿。邻居听说后，又纷纷来慰问。老人说："没什么，腿摔断了却保住了性命，或许是福气呢。"这次，大家都觉得他又在胡言乱语，摔断腿会带来什么福气？

不久，匈奴兵大举入侵，青年人都应征入伍，老人的儿子因为摔断了腿，不能去当兵。入伍的青年都战死了，唯有老人的儿子保全了性命。

这个故事，就是我们所熟知的"塞翁失马，焉知非福"。它告诉我们，好事与坏事都不是绝对的，在一定的条件下，坏事可以引出好的结果，好事也可能会引出坏的结果。

很多时候，幸福也是一样，总是蕴藏在不幸的外表下面。其实，从心理学角度讲，所有的"不幸事件"，都只有在我们认为它不幸的情况下，才会真正成为不幸事件。与之类似，还有我们常说的"不幸中的万幸"的故事。

曾有一个中年男人以在路边卖热狗为生，勤快加热情令他的生意蒸蒸日上。没几年，他的儿子大学毕业后，找不到工作，便跟着他一起做生意。

有一天，儿子看到父亲还在发展生意，奇怪地问："爸爸，您难道没有意识到我们将面临严重的经济衰退吗？"

父亲不解地问："没有啊。为什么这么说呢？"

儿子答道："目前，国际环境很糟，国内环境更糟，我们应该为即将来临的坏日子做好准备。"

这个男人想，既然儿子上过大学，还经常读报和听广播，他的建议不应被忽视。

于是，从第二天起，他减少了肉和面包的订购。没多久，光顾的人越来越少，销售量迅速下降。不过，因为他们的订货量也大量减少，所以，虽然没多少利润，但还不至于亏本。

他感慨地对儿子说："你是对的，我们正处在衰退之中，幸亏你早点提醒我！

真是不幸中的万幸啊！"

看了这个故事，很显然，"幸"与"不幸"都是依据人们自己心中的标准而言的。

所以，我们能不能获得幸福？现在是在不幸中挣扎，还是在幸福中陶醉？将来是步入幸福，还是陷入不幸？答案往往只有我们自己能回答。

## 能从不幸中看幸福，就会别有洞天

虽然世界是现实的，但看不见、摸不到的命运却一直藏匿在我们的思想里，我们若能懂得从不幸中看幸福，那么，你就会发现，原来结局别有洞天。

正如心理学家哈利·爱默生·佛斯迪克博士所指出的："生动地把自己想象成失败者，这就足以使你不能取胜；生动地把自己想象成胜利者，将带来无法估量的成功。伟大的人生以想象中的图画——你希望成就什么事业、做一个什么样的人——作为开端。"很多伟大人物的成功，就是凭借这样一种智慧的心态取得的。

瑞典发明家奥莱夫，出生在伐姆兰省的一个小乡村，父母都是最贫苦的佃农。

奥莱夫出生的时候，家里一贫如洗，最值钱的财产就是一支鸟枪和3只鹅。当时，一位身着华丽衣服的亲戚抱着自己的儿子，讥笑奥莱夫的父母说："你们那儿子生下来就注定是一个看鹅的穷鬼！"

奥莱夫的父母听后，气愤地说："只需要20年时间，我们的奥莱夫肯定会成为

富翁，到时候他会雇你的儿子帕尔丁当马夫。"

要知道，20年只是正常人生的1/4。从奥莱夫6岁起，父亲就让他读路德的《训言集》，教育他对自己的人生目标进行定位，使每个小时都服务于这个目标。

奥莱夫没有让父母失望，上中学后他就懂得把时间分配得细致精密，使每年、每月、每天和每小时都有它的具体任务。在一篇作文里，奥莱夫自信地写下："奥莱夫将来一定是国家的栋梁！谁盗窃奥莱夫1分钟的时间，谁就是盗窃瑞典！"

言如其实，20岁的时候，奥莱夫果然创造了一项重大发明，并且很快成了瑞典数一数二的发明家和富翁。

奥莱夫的成功，深刻地告诉我们，遇到所谓的"不幸"并不是什么可怕的事情，关键是我们如何去看待它，如何对待它。

事实上，时间是永不停息的，世界是不断发展、变化的，所以没有什么"幸"与"不幸"是永恒不变的，我们只有学会从不幸中看到幸福，采取有效的措施扭转大家所谓的"不幸"的趋势，自信地找准一个方向，并耐心地、努力地坚持下去，幸福与成功便会水到渠成。

任何时代、任何事件，都是无所谓好坏的，眼前的一切，不过是时间轴上的一个点。学会放眼前方，用心去寻找、去捕捉那蕴于不幸中的幸福，我们最终会发现，在这个无限延伸、充满变数的轴线上，自己真的得到了幸福。

# 罗伯特定理：
# 走出消极旋涡，不要被自己打败

## 世上没有过不去的坎

这个世界上没有人能把你打倒，除了你自己；这个世界上没有什么困难能难得倒你，除非你自己放弃。人生道路漫漫，坎坷重重，遇到挫折摔一跤，是在所难免的，只是当我们面对挫折时，应当无所畏惧，愈挫愈勇。现在我还记得小时候妈妈说的一句话："跌倒了，自己爬起来！"

无论遇到什么境况，都不应该放弃自己，对自己失去信心。有这么一则故事：

一天傍晚，一位美丽的少妇坐在岸边的一棵大树旁，梳洗着自己的头发，一位老渔夫在湖边泛舟打鱼，这本来是多么美丽的一幅风景画。可是，当渔夫撑船准备划向湖心时，突然听到身后传来"扑通"一声，老渔夫回头一看，原来是那位美丽的妇人投河自尽了。老渔夫急忙掉转船头，向少妇落水的地方划去，跳进水里，救起了少妇。渔夫不解地问少妇："你年纪轻轻的，为什么寻短见呢？"少妇哭诉道："我结婚才两年，丈夫就遗弃了我，接着孩子又病死了，您说我活着还有什么意思？""两年前你是怎么生活的？"渔夫问。少妇想了想，眼睛一下变亮了："那时我自由自在，无忧无虑，生活得无比幸福……""那时你有丈夫和孩子吗？""当然没有。""可是现在，你同样是没有丈夫和孩子呀！你只不过是又回到了两年前的状态，现在你又自由自在，无忧无虑了。记住，孩子，那些结束对你来讲应该是一个新的起点。"少妇仔细想了想，猛然醒悟，她回到了岸上，望着远去的老渔夫，心中又燃起了新的生活希望，从此再也没有寻过短见。

　　这位少妇的人生遭遇的确很不幸，但是真正让她走上绝路的不是这些不幸，而是她自己，是她放弃了自己。其实，人生会遭遇什么，我们无法控制，我们能控制的就是我们自己的心态，就是如何来看待这些遭遇。"宠辱不惊"是一种境界，"永不放弃"是一种态度。对待我们宝贵的生命，我们应该永不放弃；对待人生的遭遇，我们应该宠辱不惊。

　　张海迪、桑兰，这些让我们既自豪又羞愧的名字，她们用自己的故事告诉我们：人生，没有过不去的坎，无论怎样，都不能放弃自己。与之形成对比的是，有一些人一遇到困难就萎靡不振，有些人甚至被误以为的灾难给害死了。前几年，报纸上有一则报道，说一个人得了感冒被误诊为癌症，结果没几天这个人就死了。这个人就是被自己给害死的，他以为自己得了癌症，肯定活不了，自己先放弃了自己，生命自然也就放弃了他。美国作家欧·亨利在他的小说《最后一片叶子》里也讲了个类似的故事，只是故事里那个放弃了自己生命的病人，被一位老画家及时救了回来。这位画家并不是妙手回春的神医，他只是用彩笔画了一片叶脉青翠的树叶挂在病人窗外的树枝上，只因为生命中的这片绿，病人竟奇迹般地活了下来，这就是希望的力量。

　　人生在世，不可能一切都是一帆风顺的。当你遭遇失败时，当一切似乎都是暗淡无光时，当你的问题看起来似乎不会有什么好的解决办法时，千万不要放弃希望，只要心存信念，勇敢地站起来，你就会看到奇迹发生。

# 别让悲观遮挡了生命的阳光

有一个对生活极度厌倦的绝望少女，打算以投湖的方式自杀。在湖边她遇到了一位正在写生的老画家，老画家专心致志地画着一幅画。少女厌恶极了，她鄙薄地看了老画家一眼，心想：幼稚，那鬼一样狰狞的山有什么好画的？那坟场一样荒废的湖有什么好画的？

老画家似乎注意到了少女的存在和情绪，他依然专心致志、神情怡然地画着。过了一会儿，他说："姑娘，来看看画吧。"她走过去，傲慢地睨视着老画家和他手里的画。少女被吸引了，竟然将自杀的事忘得一干二净，她没料到世界上还有那样美丽的画面——他将"坟场一样"的湖面画成了天上的官殿，将"鬼一样狰狞"的山画成了美丽的、长着翅膀的女人，最后将这幅画命名为《生活》。这时，老画家突然挥笔在这幅美丽的画上点了一些黑点，似污泥，又像蚊蝇。少女惊喜地说："星辰和花瓣！"老画家满意地笑了："是啊，美丽的生活是需要我们自己用心发现的呀！"

一个阳光的人，心情乐观开朗，他的人生态度是积极的，不管在工作中还是在生活上，都能很好地完成任务，因此这类人在这段时间里自我价值的实现也就相对比较多。自我价值实现得越多，自我肯定的成就感也就越多，这样就能拥有一个好的心情，形成一个良性循环。相反，一个心情阴暗的人整天愁眉苦脸地面对生活，不管做什么事情都不积极，甚至错误百出，那么他的自我价值的实现就会越来越少，自我否定的因素就会增加，使心情更加消极抑郁，成了一个恶性循环。

世界的色彩是随着我们情绪的变化而变化的，你拥有什么样的心情，世界就会向你呈现什么样的颜色。所以，别让悲观挡住了生命的阳光，当你的心情快乐起来的时候，你的世界将会是朗朗晴空。

# 幸福递减定律：
# 知足才能常乐

## 莫让内心失去对幸福的敏感

一个饥肠辘辘的人遇到一位智者，智者给了他一个面包，他边吃便慨叹："这真是世界上最香甜的面包！"吃完，智者给了他第二个面包，他开心地继续吃着，脸上洋溢着幸福的满足感。吃完，智者又给了他第三个面包，他接过面包，一副饱胀的样子。吃完，智者又给了他第四个面包，不料，他痛苦地吃着面包，最初的快乐荡然无存。

也许你会不解，为何饥饿者得到的面包总数不断增加，而幸福感与快乐却随之减少。这就是著名的幸福递减定律。

与上面的例子相似，我们在生活中，还常遇到这样的情况：人在很穷的时候，总觉得有钱才是幸福；但真成了富翁的时候，再被问及什么是幸福，他往往会说平淡之类的是幸福，而不再是过去一直崇拜的金钱。

事实上，幸福之所以打了折扣，并不是幸福真的减少了，而是由于我们内心起了变化。正如幸福递减定律所阐释的，人处于较差的状态下，一点微不足道的提高都可能兴奋不已；而当所处的环境渐渐变得优越时，人的要求、观念、欲望等就会变得越高。所以，当你感觉不到幸福的时候，幸福依然在你的周围，只是你的内心失去了对它的敏感。关于这一点，曾有这样一个有趣的故事：

一个国王带领军队去打仗，结果全军覆没。他为了躲追兵而与人走散，在山沟里藏了两天两夜，期间粒米未食、滴水未进。后来，他遇到一位砍柴的老人，老人见他可怜，就送给他一个用玉米和干白菜做的菜团子。饥寒交迫的他狼吞虎咽地就把菜团子吃光了，并觉得这是全天下最好吃的东西。于是，他问老人如此美味的食物叫什么，老人说叫"饥饿"。

后来，国王回到了王宫，下令膳食房按他的描述做"饥饿"，可是怎么做也没有原来的味道。为此，他派人千方百计找来了那个会做"饥饿"的老人。谁料，当老人给他带来一篮子"饥饿"时，他却怎么也找不到当初的那种美味的口感了。

我们不难看出，国王回宫后，尽管菜团子还是当时的"饥饿"，但因为顿顿都是山珍海味，饱食终日令其再也没有饥肠辘辘的感觉，所以那种"饥饿"的美味自然也就不复存在了。

可见，幸福不过是人们的一种感觉。但这种感觉又是灵活多变的，同一个人对同一种事物，在不同的时间、不同的地点、不同的环境，会有完全不同的感觉。

再用最前面那个饥饿者与面包的例子来说。一开始他非常饥饿，第一个面包送到嘴里，便感到无比香甜，无比幸福；吃第二个面包时，由于吃完第一个面包已经不那么饥饿了，幸福的感觉便会明显消减；等吃第三个和第四个面包的时候，反而有了肚子发撑、吃不吃都无所谓的感觉，当然就谈不上什么幸福感了。

这种幸福的递减告诉我们，幸福随着追求而来，随着希望而来，随着需要而来，但随着这些条件的变化，它又像过客一样，不会永远停留在某时、某处。既然如此，那不断追求和企盼幸福的我们，又该怎么办呢？

我们应学会用心去体会生活，去感受点滴的幸福。要知道，生活本身就是一种礼物，如果你想抱怨食物不够美味，请想想那些食不果腹的人，跟他们比，难道你不幸福吗？如果你想抱怨工作不顺、乏味，请想想那些仍未找到工作而四处奔波的求职者，跟他们比，难道你不幸福吗？如果你想抱怨爱情不够浪漫，请想想那些还在为结束单身生活而向上帝祷告的人，跟他们比，难道你不幸福吗？如果你想抱怨自己的孩子不够聪明，请想想那些渴求骨肉却不能生育的人们，跟他们比，难道你不幸福吗？

所以，请时刻提醒自己，幸福就在我们身边，要懂得用心去感受，不要让我们的内心麻痹，失去对幸福的敏感。

## 知足与感恩，飞往幸福的一对翅膀

中国有句俗话叫"知足常乐"，生活在尘世，或许已经很少有人能真正达到知足者常乐的意境了。因为人都是有贪欲的，想要的东西越得不到就越想得到，经过努力得到才会觉得很高兴，但是得到的多了又会变成负担。

其实，世界上根本没有十全十美的人和事，但知足可以让我们活得更加轻松。

一对青年男女步入了婚姻的殿堂，甜蜜的爱情高潮过去之后，他们开始面对日益艰难的生计。妻子整天为缺钱忧郁不乐，因为有了钱才能买房子，买家具家电，才能吃好的、穿好的……可是，他们的钱太少了，少得只够维持最基本的日常开支。丈夫却是个很乐观的人，不断寻找机会开导妻子。

有一天，他们去医院看望一个朋友。朋友说，他的病是累出来的，常常为了挣钱不吃饭、不睡觉。回到家里，丈夫就问妻子："假如给你钱，但让你跟他一样躺在医院里，你要不要？"妻子想了想，说："不要。"

过了几天，他们去郊外散步。他们经过的路边有一幢漂亮的别墅。从别墅里走出来一位白发苍苍的老者。丈夫又问妻子："假如现在就让你住上这样的别墅，但变得跟他一样老，你愿意不愿意？"妻子不假思索地回答："我才不愿意呢！"

他们所在的城市破获了一起重大团伙抢劫案，这个团伙的主犯抢劫现钞超过100万，被法院判处死刑。

罪犯押赴刑场的那一天，丈夫对妻子说："假如给你100万，让你马上去死，你干不干？"

妻子生气了："你胡说什么呀？给我一座金山我也不干！"

丈夫笑了："这就对了。你看，我们原来是这么富有，我们拥有生命，拥有青春和健康，这些财富已经超过了100万，我们还有靠劳动创造财富的双手，你还愁什么呢？"妻子把丈夫的话细细地咀嚼品味了一番，也变得快乐起来了。

通过上面的例子，我们看出幸福其实很简单，只是一种身体和心理的快乐感受，是摆脱欲望羁绊后的无忧无虑。懂得知足，人才会变得豁达。所以，知足是一件无价之宝，无论你是否曾经意识到，从现在开始，学会知足吧，用内心感受身边的幸福。

懂得了知足常乐的道理，我们就要怀着感恩的心面对生活。那样，人们就会更加乐意与你亲近，人生也会因此而更加美好。

黄美廉自小就患有脑性麻痹，病魔夺去了她肢体的平衡感与发声讲话的能力。然而，她没有向这些外在的痛苦屈服，而是昂然面对，迎向一切的不可能，终于获得了加州大学艺术博士学位。

有一天，她站在台上，不规律地挥舞着她的双手；仰着头，脖子伸得好长好长，与她尖尖的下巴扯成一条直线；她的嘴张着，眼睛眯成一条线，诡谲地看着台下的学生。基本上，她是一个不会说话的人，全场的学生都被她不能控制自如的肢体动作震慑住了。这是一场倾倒生命、与生命相遇的演讲会。

"黄博士，你从小就长成这个样子，你都没有怨恨吗？"台下的一位同学小声地问道。

"我没有怨恨，我很感激上帝给予我的一切。"美廉用粉笔在黑板上重重地写下这几个字。她写字时用力极猛，很有气势。写完这个问题，她停下笔来，歪着头，回头看着发问的同学，然后嫣然一笑，回过头来，在黑板上龙飞凤舞地写了起来：

妈妈给了我可爱的面容！

上帝给了我一双很长很美的腿！

老师对我也很好！

我会画画！我会写稿！

……

忽然，教室内一片鸦雀无声，没有人敢讲话。她回过头来定定地看着大家，再回过头去，在黑板上写下了她的结论："我感激别人给我的一切。"

不得不承认，黄美廉是不幸的，因为病魔残忍地剥夺了她肢体的平衡感与发声讲话的能力。然而，她并没有陷入自怨自艾、忧愁或悲观等消极心态的旋涡，而是怀着一颗感恩的心，孜孜以求。所以，她和我们一样，能够拥有"可爱的面容""很长很美的腿"博学慈爱的"老师"，能够画自己想画的画面、书写自己心中的话……

试想，如果我们都能像美廉那样，拥有一颗感恩的心，懂得知足，那么，我们怎么会不幸福呢？

# 贝勃定律：
# 珍惜多少，才真正拥有多少

## 很多事物不是不存在，而是我们没意识到

有两对具有大体相同的成长背景、年龄阶段和交往过程的恋人，都非常恩爱。唯一不同的是，其中一对恋人中的男孩，每个周末都给自己心爱的姑娘送一束红玫瑰；而另一对恋人中的男孩，平时不太送花，每年只在情人节那天向自己心爱的姑娘送去一束红玫瑰。

由于两个男孩的送花频率和时机不同，导致的结果截然不同。

那个在每个周末都收到红玫瑰的姑娘，表现得相当平静。尽管没有大的不满意，但她还是忍不住说了一句："我看到别人送给自己女友大把的'蓝色妖姬'，比这普通的红玫瑰漂亮多了，心里真是很羡慕！"

而那个只在情人节接到红玫瑰的姑娘，当手捧着男朋友送来的红玫瑰花时，表现出了被呵护、被关爱的极度甜蜜，随后竟然旁若无人、欣喜若狂地与男友紧紧拥吻在一起。

这两对恋人中的女孩，虽然都在情人节那天收到了爱的玫瑰，但每个周末都收到红玫瑰的姑娘对此已习以为常，只有收到比红玫瑰更特别的礼物才能感受到惊喜；那个只在情人节收到红玫瑰的姑娘，红玫瑰对其而言已经足够特别了。学者们将这一现象归结为"贝勃定律"。

贝勃定律来源于著名心理学家贝勃做过的一个实验：一个人右手举着300克的砝码，这时在其左手上放305克的砝码，他并不会觉得有多少差别，直到左手砝码的重量加至306克时才会觉得有些重。如果右手举着600克，这时左手上的重量要达到612

克才能感觉到比右手重。也就是说，原来的砝码越重，后来就必须加更大的量才能感觉到差别。

贝勃定律在生活中到处可见。比如，5毛钱一份的晚报突然涨了5块钱，那么你会觉得不可思议，无法接受。但是，如果原本500万的房产也涨了5块，甚至500块，你却会觉得价钱根本没有变化。在人类的感情中，交往已久的恋人会抱怨对方没有刚认识时对自己好了；在公共车上，陌生人给你让座你会非常感激，而亲近的人给你让座你却感觉理所当然；一些餐馆在正式开业前总是先试营业几天，看顾客的反映情况再作调整……这是因为人们的心理都有一个逐渐适应的过程。一旦适应某种定式，就会对此习以为常，要改变这种定式，必须施加比最初更大的刺激力。

一个女孩和母亲吵架，赌气离家，在外逛了一天。直到肚子很饿了，她才来到一个面摊，却发现忘记带钱了。好心的面摊老板免费煮了一碗面给她，女孩感激地说："我们不认识，你居然对我这么好！可是我妈妈，竟然对我那么绝情……"面摊老板说："我才煮一碗面给你吃，你就这么感激我，你妈妈帮你煮了十几年饭，你不是更应感激吗？"女孩一听，整个人愣住了："是呀，妈妈辛苦地养育我，我非但没有感激，反而为了小小的事，就和她大吵一架。"女孩鼓起勇气，踏上了回家的路。快到家门时，她看到疲惫、焦急的母亲正在四处张望。

故事中的女孩因对母亲的关爱习以为常，从而对母亲的期望值不断提高，当母亲

稍稍不合自己心意就恶言相对。对于面摊老板，女孩原本没有抱多大的期望，因此，他的一点点帮助，都令女孩感动不已。

聪明的人会利用贝勃定律为自己减轻做事的阻力。例如，商家在调整产品价格总是先小幅度上涨，当人们逐渐接受以后再大幅加价。一般有经验的谈判专家都是在谈判临近结束时才提出一些棘手的条件，而对方被一开始的优厚条件诱惑，也就不怎么在意后来才提出的那些条件了。

贝勃定律告诉我们，要懂得珍惜自己的点滴所得，善待身边的人。

## 贪欲是一种累赘

很多时候，人们意识不到幸福或某些事物的价值，是因为自己的贪婪之心。"贪"的本义指爱财，"婪"的本义指爱食，"贪婪"即贪得无厌，是一种过度膨胀的利己欲。贪婪的欲望是无止境的，即所谓的"欲壑难填""人心不足蛇吞象"。贪婪心理具有不可满足性，无论是对待金钱、权力、女色、美食、财产，还是对待其他一切事物，具有这种心理的人永远都是不满足的。

然而，贪欲会使人的精力和体力双重透支，当欲望产生时，再大的胃口都无法填满，贪多的结果只会导致无穷尽的烦恼和麻烦。学会接纳自己、欣赏自己，使我们从欲念的无底深渊中得到自由，是快乐的始发站。

据说上帝在创造蜈蚣时，并没有为它造脚，但是它仍可以爬得和蛇一样快。有一天，它看到羚羊、梅花鹿和其他有脚的动物都跑得比它还快，心里很不高兴，便嫉妒地说："哼！脚多，当然跑得快。"

于是，它向上帝祷告说："上帝啊！我希望拥有比其他动物更多的脚。"

上帝答应了蜈蚣的请求。他把好多好多的脚放在蜈蚣面前，任凭它自由取用。

蜈蚣迫不及待地拿起这些脚，一只一只地往身体贴，从头一直贴到尾，直到再也没有地方可贴了，它才依依不舍地停止。

它心满意足地看着满身是脚的自己，心中窃喜："现在我可以像箭一样地飞出去了！"

但是，等它开始跑步时，才发觉自己完全无法控制这些脚，这些脚噼里啪啦地各走各的，它非得全神贯注，才能使一大堆脚不致互相绊跌而顺利地往前走。

这样一来，它走得反而比以前更慢了。

过度的欲望让蜈蚣步伐缓慢、举步维艰，而人的心里一旦产生过分的欲望，终有一天，也会出现超载的现象，而这种负荷的结果是不堪设想的。

贪婪得来的东西，永远是人生的累赘。想要的越来越多，生活的压力越来越大，脸上的笑容越来越少，这或许便是贪婪的代价。

总之，在现实生活中，很多时候事实并没有发生改变，变的是我们自己的感觉，是我们不断提升的欲望。深谙贝勃定理的人，或许并不一定能够生活得幸福，但一定能够生活得更释然。

# 古特雷定理：
# 有希望，一切皆有可能

## 步步为营，才能走出迷宫

1928年，美国加州专攻园艺的耶鲁大学博士辛柏森，受美国基督新教美以美会的派遣，来到北戴河海滨。他在这里工作、生活了12年，创办了东山园艺场，引进了苹果、葡萄、李子、樱桃等20多种优良果树；引进了荷兰奶牛、约克夏猪、来航鸡等优良禽畜；还引进和推广了华北绿化先锋灌木——紫穗槐。但真正让他名扬天下的，是他在北戴河建的那座"怪楼"。

"怪楼"其实是幢别墅，只是结构太过离奇古怪，所以在它建好不久，就赢得了"怪楼"的称谓。"怪楼"整体上属于欧洲哥特式建筑，三层五顶，七角八面，楼顶的每一个角，都用花岗岩做成尖形墙垛，直插云霄，非常好看。主要是全楼有44个门、46个窗，屋套屋，间套间，大大小小，相通相连，每间屋的出口都是另一间屋的入口。生人进来，三拐两拐，就很难再找着刚刚进来的那个门。走进中间大厅，四周都是大玻璃镜子，往中间一站，到处都是人影，转上一圈，就很难找到出去的门了。地下室正中有一口水井，围绕着井口，修了一个盘旋式楼梯，贯通上下。这水井，就成了别墅里的温度湿度天然调节器——夏季用来降低气温，冬季用来增加湿度；这楼梯，用藤条和果树干枝做成，走上去，忽忽闪闪，松松软软，颤颤悠悠，真是妙趣横生。从修成之日起，它就成了北戴河的一道瑰丽而神秘的风景线，至今仍吸引许许多多的游人前来参观。

人生也像这怪楼一样，看起来像个迷宫，出口与入口却彼此相通。很多时候，我们会迷茫，会彷徨，会不知所措。其实，人生并没有我们想的那么复杂与无奈，目标与理想也不是那么遥不可及、高不可攀。只要我们弄清楚我们要过什么样的人生，然后把这个终极目标拆分成一个一个的小目标，一步一步地去实现每一个小目标，你会发现在不知不觉中，你曾经认为自己怎样也无法完成的目标，竟然莫名其妙地实现了。

生活是路，要一步一个脚印地走，才能找到出口；人生如歌，要一个音符一个音符地提上去，才能找到你的最高音在哪里。如果你想一口吃个胖子，那现实会告诉你你是痴心妄想；如果你认为理想只有梦中才能实现，那现实会反驳你，只要一步步地接近，最终你会看到理想就在眼前。

曾经获得两次国际马拉松邀请赛（1984年东京国际马拉松邀请赛和1986年意大利国际马拉松邀请赛）世界冠军的日本选手山田本一，是个性情木讷、不善言谈的人。每次有记者问他为什么可以取得如此惊人的成绩时，他就会说这么一句话：凭智慧战胜对手。他的智慧到底是什么呢？一直到10年后，人们在他的自传中才找到这个谜的答案："每次比赛之前，我都要乘车把比赛的线路仔细地看一遍，并把沿途比较醒目的标志画下来，比如第一个标志是银行，第二个标志是一棵大树，第三个标志是一座红房子……这样一直画到赛程的终点。比赛开始后，我就以百米的速度奋力地向第一个目标冲去，等到达第一个目标后，我又以同样的速度向第二个目标冲去。40多公里的赛程，被我分解成几个小目标轻松地跑完了。起初，我并不懂这样做的道理，我把目标定在40多公里外终点线上的那面旗帜上，结果我跑到十几公里时就疲惫不堪了，我被前面那段遥远的路程给吓倒了。"

## 不断攀登，成功没有顶点

"世上无难事，只要肯登攀"。人的潜力是无限的，无论多难的事，只要你一步步地努力去做了，就一定会完成。但很多人之所以在人生的路上摔跤或没有获得很大的成就，很大一方面是由于为自己的一点点小成绩而得意洋洋，停滞不前。其实，他们不明白，人生就是一个不断前进的过程，是一种"没有最好只有更好"的状态。

"没有最好只有更好"不仅仅是一句你所听过的广告词，还是一个哲理，一个口号。有一位朋友的口头禅就是"没有最好，只有更好"，而且他一直把它当作自己的座右铭，不断地激励自己不停奋进。这一次他的科研论文又成了整个行业学术的引领篇，但对于他来说，这只是下一个目标的起点。《杜拉拉升职记》中的杜拉拉就是这样一个人，在工作上从没有停止过挑战更高的职位，从不满足于目前的状况，提高自己的能力，不断地攀升，不断地登高。

今天的名人或伟人，都是昨天一步步不停攀登的普通人；今天的跨国大企业，在昨天也往往只是一个家庭小作坊。他们之所以会有今天的骄人成就，就是因为他们在达成一个目标后，不是选择享受已有的成果，而是把这个目标作为下个目标的基础，更上一层楼。一个在事业上成功的人，一般都拥有一颗永不满足的心。日本直销天王中岛薰说道："我向来认为自己最大的敌人就是满足。成功永远只是起点，而不是终点。"百万富翁想当千万富翁，千万富翁想当亿万富翁，亿万富翁想角逐《财富》排行榜。越成功的人，自信心越强，对成功的欲望越大。成功的人已经把成功看成是一种行为习惯，一种思维习惯。

每个人都想成功，但并不是所有的人都能够成功，其主要原因在于追求成功的方法不对。只要找到正确合理的方法，成功并不难，难的是不断挑战新高峰，不把自己已得的成绩看作成功。

在菲律宾西部海岸，每年秋天，大批南迁的燕子都会从海面上黑压压地飞来，它们欢叫着慢慢靠近海岸，但是人们惊奇地发现，一旦到达海岸和沙滩，许多燕子却都

永远地闭上了眼睛。这些经过了长途跋涉的飞行者，没有死于皑皑雪峰，没有死于茫茫大海，没有死于暴风骤雨，却死在了目的地那片细软的沙滩上。著名体育赛事长跑运动马拉松的缔造者——古希腊士兵斐迪辟也是在跑完全程 42.195 千米后再也没有醒来。为什么会发生这样的悲剧？如果沙滩再远两三千米，难道燕子就飞不到了吗？如果雅典再远三五十米，斐迪辟就坚持不住了吗？

答案当然是否定的。这样的悲剧之所以会发生，是因为这些燕子和斐迪辟都把目的地当作最后的终点，当这个目标完成之后，支持他们前行的信念突然消失了，他们的生命也随之终止了。其实，成功都是一时的，它只是我们不断前行的基石。人生的大目标都是不断变化的，我们要明白人生真正的意义就在于不断地进取和攀登，要学会忘掉过去的成绩，因为那已成为历史，只有不断站在新的起点，攀登新的高峰，才能实现人生新的价值，要知道成功没有顶点。

# 迪斯忠告：
# 活在当下最重要

## 昨天已经过去，明天还未到来

人生说长也长，说短也短。一年 365 天，如果你把每一天都过好了，那你的人生一定会很精彩。但在日常生活中，却有很多人不是沉浸在对过去的思念中，就是陶醉于对未来的向往，忘记了他们是活在今天的。每一个"今天"都这样过去后，你的人生一定只剩下抱怨和空想。

美国作家迪斯提出，昨天过去了，今天只做今天的事，明天的事暂时不管。活在当下最重要。

曾经读过一首诗，觉得非常好："不要为昨天叹息，不要为明天忧虑。因为明天只是个未来，昨天已成为过去。未来的不知是些什么，过去的只能留做记忆。只有今天，才是你真正拥有的。今天，是你冲锋的阵地。缅怀昨天、把握今天、迎接明天。昨天是成功的阶梯，明天是奋斗的继续。"

过去已无法改变，未来还没有到来，你能把握和拥有的只有现在。所以，与其抱怨过去的虚度，坐待明天的到来，不如奋起努力，把握今天。因为今天就在眼前，珍惜今天，不仅可以弥补昨天的不足和遗憾，更能为迎接明天做好准备。

《哈佛图书馆墙上的训言》中讲过一个这样的故事：

在华盛顿街区的一个屋檐下，有 3 个乞丐正在聊天。

一个乞丐说："想当年，我用 10 万美元炒成了百万富翁，要不是股票暴跌……"另一个乞丐说："那是多久以前的事啦，还提呢。看着吧，我明天早上到垃圾桶里看看，也许那里面就有张百万美元的支票，哈哈……"第三个乞丐没有

言语，他独自走到别处，因为他必须先填饱肚子。而此时，那两个乞丐还在回忆着自己辉煌的过去和构想美好的未来呢。

第二天早上，当人们起来时，发现那两个怀念过去和畅想未来的乞丐都已经没气了，而那个寻食的乞丐，正吃得香呢。

这3个乞丐，代表的就是这世间的3种人，一种人活在过去，一种人活在明天，一种人活在当下。活在过去的人，大多是活在过去的光环里，"当年勇""昨日功"让他们难以忘记。活在明天的人，都很理想化，没有到来的东西可以任凭我们想象。上了年纪的人，都喜欢提过去，因为他们没有多少明天好活；年轻人大多都喜欢说明天，因为他们过去没有什么经历。这两种人，大多今天过得都不太好，要用过去的美好记忆或明天的美好期望，来安慰今天的失败、失意。他们不愿面对现实，害怕面对现实。其实，无论是怀念过去，还是畅想未来，都不过是自欺欺人的把戏，你的今天已经虚度，你的人生从此又少了一个创造奇迹的机遇。做人就要像第三个乞丐那样，才能走向成功。

有些人，整天郁郁寡欢，一直抱怨自己过去的不幸，不停地抱怨并未给他们带来任何好运，只能让他们的人生更加不幸。因为今天是明天的基础，明天会过成什么样，很大程度上取决于你有没有把握住今天。另一些人整天过得战战兢兢，用今天来为明天担忧，那明天只能为后天担忧。因为你浪费了创造明天的今天，明天自然就会如同你担忧的那般不如意。

"船到桥头自然直，车到山前必有路"，与其担心明天，不如立即行动，让担忧的事情不再发生。

## 把握现在，珍惜时间

库里希坡斯曾说："过去与未来并不是'存在'的东西，而是'存在过'和'可能存在'的东西。唯一'存在'的是现在。"莎士比亚也说过："在时间的大钟上，只有两个字'现在'。"可见，现在才是真实存在的，我们能把握的也只有现在。所以，无论对谁来说，都应该珍惜眼前的一分一秒，认真着眼于现在，因为没有现在，也就没有未来。

这世界上存在着很多的不公平，但有一样是公平的，那就是时间。我们每个人每天拥有的时间都是相同的，不同的就是看你有没有把握住。一天的时间，看起来很短，真正利用好了，却可以做很多事情。像海伦·凯勒在《假如给我三天光明》中写的那样，短短三天，她做了多少事情，看了多少事物啊。高尔基说过："时间是最公平合理的，它从不多给谁一分。勤劳者能叫时间留下串串果实，懒惰者时间留给他们一头白发，两手空空。"我们不能让时间停留，但可以每时每刻都做些有意义的事。东汉文学家崔瑗，官至济北相。在他40多岁任郡吏时，不幸因事被捕入狱。狱中他听说有一位狱吏精通《礼》学，便抓紧一切时间向他学习，当狱吏审讯时，也不忘趁机请教有关问题。他的这种对

待学习的精神，给我们每个人树立了榜样。

本杰明·富兰克林一生瑰丽传奇，功勋卓著，这与他懂得把握现在和珍惜时间是

分不开的。他曾说过："把握今日，等于拥有两倍的明日。"

有一次，富兰克林接到一个年轻人关于未来的求教电话，并与这个年轻人约好了见面的时间和地点。当年轻人如约而至时，富兰克林的房门大敞着，而眼前的房子里却乱七八糟，一片狼藉，年轻人很是意外。

没等年轻人开口，富兰克林就招呼道："你看我这房间，太不整洁了，请你在门外等候1分钟，我收拾一下，你再进来吧。"然后富兰克林就轻轻地关上了房门。

不到1分钟的时间，富兰克林就又打开了房门，热情地把年轻人让进客厅。这时，年轻人的眼前展现出另一番景象——房间内的一切已变得井然有序，而且还多了两杯倒好的红酒。

年轻人在诧异中，还没有来得及把满腹的有关人生和事业的疑难问题向富兰克林讲出来，富兰克林却非常客气地说道："干杯！你可以走了。"手持酒杯的年轻人一下子愣住了，带着一丝尴尬和遗憾说："我还没向您请教呢……"

"这些……难道还不够吗？"富兰克林一边微笑一边扫视着自己的房间说，"你进来又有1分钟了。""1分钟……"年轻人若有所思地说，"我懂了，您让我明白了用1分钟的时间可以做许多事情，可以改变许多事情的深刻道理。"

大家都讲要把握现在，珍惜时间，但什么才算真正地"把握现在，珍惜时间"呢？关于这一点，本杰明·富兰克林已经告诉了我们很多。有时候，你会觉得生活很无聊，无事可做，时间太多，那是因为你还没有真正明白时间的价值与意义。这时，你可以去问一个刚刚延误飞机的游客，1分钟代表着什么；你再去问一个刚刚死里逃生的人，1秒钟的价值有多少；最后，你去问一个刚刚与金牌失之交臂的运动员，1毫秒的意义是什么。

时间对我们每个人来说都是很珍贵的，只要你珍惜它，专注于自己想做的事，那你就不会这么无聊，脚下的路就会慢慢明朗起来。所以，还是不要留恋过去，展望未来了，珍惜时间，从现在做起吧。

# 野马结局：
# 不生气是一种修行

## 生活中的"野马"

有这样一则故事：

一天早晨，有一位智者看到死神向一座城市走去，于是上前问道："你要去做什么？"

死神回答说："我要到前方那个城市里去带走 100 个人。"

那位智者说："这太可怕了！"

死神说："但这就是我的工作，我必须这么做。"

这个智者告别死神，并抢在它前面跑到那座城市里，提醒所遇到的每一个人，请大家小心，死神即将来带走100个人。

第二天早上，他在城外又遇到到了死神，带着不满的口气问道："昨天你告诉我你要从这儿带走100个人，可是为什么有1000个人死了？"

死神看了看智者，平静地回答说："我从来不超量工作，而且也确实准备按昨天告诉你的那样做了，只带走100个人。可是恐惧和焦虑带走了其他那些人。"

实际上，在生活中，这样的事情经常会发生，只不过我们没有在意。不良的情绪可以起到和死神一样的作用，这就是野马结局的心理效应。

野马结局来源于一匹野马和吸血蝙蝠的故事：

有一种吸血蝙蝠，喜欢叮咬在野马的腿上吸血。它们主要依靠吸食动物的血生存。为了赶走这个小家伙，野马拼命地奔跑、撞击，可是吸血蝙蝠就是无动于衷。那些小蝙蝠一定要等到吸得饱饱的才离开，而野马因为忍受不住折磨，暴怒而亡！动物学家发现蝙蝠吸的血量其实不多，完全不足以使野马死亡。原来，造成野马死亡的最直接原因是它对吸血蝙蝠的叮咬产生了剧烈的情绪反应，也就是说，野马是被暴怒情绪活活折磨致死的。

野马以可悲的结局告诫我们，负面情绪的力量极其可怕，如果不加以克制，则会产生严重的危害和影响。

一个人大发脾气或生闷气时人体生理上会产生一系列变化和反应，致使人体器官损伤，甚至危及生命。比如当你得知别人因为嫉妒而诬陷你偷盗的时候，你的大脑神经就会立刻刺激身体产生大量起兴奋作用的"正肾上腺素"，其结果是使你怒气冲冲，坐卧不安，随时准备找人评评理，或者"讨个说法"。

此外，生气还能伤脑失神，人在发怒时心理状态失常，使情绪高度紧张，神智恍惚。在这样恶劣的心理状态和强烈的不良情绪之下，大脑中的"脑岛皮层"受到刺激，长久后就会改变大脑对心脏的控制，影响心肌功能，引发突发的心室纤维颤动，心律失常，甚至心博停止而死亡。可见生气发怒可致使呼吸系统、循环系统、消化系统、内分泌系统和神经系统失调，并带来极大的损伤。

# 人生不是为了生气

当你正惬意地与友人散步街头，呼吸着雨后清新的空气，忽然一辆疾驰而来的车溅得你一身泥水时，你是不是会愤怒得瞪眼甚至破口大骂呢？生活中很多人都可能会。其实，这也是一种正常反应，即这种情况下产生愤怒的心理并使脾气变得异常暴躁，是一种正常的心理现象，特殊情况下动怒和激怒是一种痛苦和压抑的释放。

然而，如果你是一个稍有不顺心、不如意就大动肝火的人，那么应该给自己敲警钟了。火气大，爱发脾气，实际上是一种敌对和愤怒的心态，当人们的主观愿望与客观现实相悖时就会产生这种消极的情绪反应。一个人有爱发脾气的毛病，的确是令人苦恼和遗憾的。

早晨8点是上班的高峰期，李明开车去上班，由于车流量很大，眼看就要迟到了。车龙好不容易向前移动了一点，可前面的司机偏偏像睡着了一样，丝毫不动弹。李明开始冒火了，拼命地按喇叭，可前面的司机依然不为所动。李明气极了，他握住方向盘的手开始发白，仿佛紧紧地卡住前面司机的脖子，额头开始冒汗，心跳加快，满脸怒容。真想冲上去把那个司机从车里扔出来！

他简直无法控制自己了，车还是停滞不前，他终于冲上前去，猛敲车门，结果前面的司机也不甘示弱，打开车门，冲了出来。就这样，一场恶斗在大街上开始了，结果李明打碎了那个人的鼻梁骨，犯了故意伤人罪。等待他的将是法律的严惩，这下不仅没赶上上班的时间，反而连工作也彻底丢了，这一切都是他的脾气暴躁带来的。

脾气暴躁，经常发火，不仅会强化诱发心脏病的致病因素，而且会增加患其他病的可能性，它是一种典型的慢性自杀。因此为了确保自己的身心健康，必须学会控制自己，克服爱发脾气的坏毛病。

我们还可能看到过这样的画面，大街上聚着一群人，原来是两个人在吵架，旁人在围观。两位主角口沫横飞，甚至还有捋起袖子要一决高下的架势。细问之下，才知道起因是谁不小心踩了谁的脚。我们在为这样的小事也能形成这么有"规模"的场面而唏嘘不已时，也为他们感到羞愧。如果踩了别人脚的人及时说声"对不起"，如果被踩的人能在听到道歉后宽容地说一句"没关系"，不就不会有这样伤身、伤气又耗费时间的局面了吗？

如此大闹一场，于人于己都没有半点好处。在我们的生活中，如果人人能够和颜悦色一些，宽容大度一些，还有那么多的"口水战"吗？让人与人之间更友好一些，让生活更平和美丽一些，何乐而不为呢？

有一位禅师非常喜爱兰花，在平日弘法讲经之余，花费了许多的时间栽种兰花。有一天，他要外出云游一段时间，临行前交代弟子要好好照顾寺里的兰花。在这段期间，弟子们总是细心照顾兰花，但有一天在浇水时却不小心将兰花架碰倒了，所有的兰花盆都跌碎了，兰花撒了满地。弟子们都因此非常恐慌，打算等师父回来后，向师父赔罪领罚。禅师回来了，闻知此事，便召集弟子们，不但没有责怪，反而说道："我种兰花，一是希望用来供佛，二是为了美化寺庙环境，不是为了生气而种兰花的。"

禅师说得好："不是为了生气而种兰花的。"兰花的得失，并不影响他心中的喜怒。

在日常生活中，我们牵挂得太多，我们太在意得失，所以我们的情绪起伏，我们不快乐。在生气之际，我们如能多想想"我不是为了生气而工作的。""我不是为了生气而交朋友的。""我不是为了生气而做夫妻的。""我不是为了生气而生儿育女的。"那么我们的心情会宁静安详许多。

所以，当你要和别人起冲突时，要记住，彼此的相遇，不是用来生气的。

# 克制自我是一种智慧

在古老的西藏，有一个叫爱巴的人，每次和人生气起争执的时候，就以很快的速度跑回家去，绕着自己的房子和土地跑三圈，然后坐在田边喘气。

爱巴工作非常勤奋努力，他的房子越来越大，土地也越来越广。但不管房子和土地有多么广大，只要与人起争执而生气的时候，他就会绕着房子和土地跑三圈。

"爱巴为什么每次生气都绕着房子和土地跑三圈呢？"所有认识他的人心里都想不明白，但不管怎么问他，爱巴都不愿意明说。

直到有一天，爱巴很老了，他的房子和土地也已经太广大了，他生了气，挂着拐杖艰难地绕着土地和房子转，等他好不容易走完三圈，太阳已经下了山，爱巴独自坐在田边喘气。

他的孙子在旁边肯求他："阿公，您已经这么大年纪了，这附近地区也没有其他人的土地比您的更广大，您不能再像从前，一生气就绕着土地跑三圈了。还有，

您可不可以告诉我您一生气就要绕着房子和土地跑三圈的秘密？"

爱巴终于说出了隐藏在心里多年的秘密，他说："年轻的时候，我一和人吵架、争论、生气，就绕着房地跑三圈，边跑边想自己房子这么小，土地这么少，哪有时间去和人生气呢？一想到这里气就消了，把所有的时间都用来努力工作。"

孙子问道："阿公！您年老了，又变成最富有的人，为什么还要绕着房地跑呢？"爱巴笑着说："我现在还是会生气，生气时绕着房子和土地跑三圈，边跑边想，自己房子这么大，土地这么多，又何必和人计较呢？一想到这里，气就消了！"

我们又何尝不是年轻时的爱巴呢？谁没有动过怒，生过气？每个人都有自己的脾气、性格、情绪，一旦控制不好，人与人的碰撞就充满了火药味，何况社会人生也自有其运行规则，不能让每一个人都顺心遂意。

然而，愤怒有它存在的理由，却不能让它主宰我们的生活。合理的情绪宣泄是必要的，可是为了避免野马结局，就应该把情绪控制在个人可以掌控的范围内。如果说情绪主要是通过外界带给个人的，那么心情就是自己的。为了守护阳光般的心情，人们应该学会控制阴暗情绪。只要通过努力，坏情绪是可以克制的。

在现实生活中，愤怒确实开始成为越来越多人的生活常态。一大早起来乘车就遭遇到交通堵塞，不知何时才能通过下一个路口，只能挂在公交车上自己生气；到公司上班，却遭到老板劈头盖脸一顿臭骂，此时此地敢怒不敢言，只能怒火中烧；劳累一天回家，妻子为鸡毛蒜皮的小事不停地唠叨，孩子又不听管教，堆积的怒火终于找到了出口，一发不可收拾地向孩子下手，小事就可以把人推向愤怒的深渊。

愤怒是一种带有破坏性的负面情感。长期被这些心理情绪困扰就会导致身心疾病的发生。有道是"要活好，心别小；善治怒，寿无数"。生活中，那些动不动就陷入情绪风暴的人，往往不懂得控制自己的情绪，才给身心带来巨大的危害。现实生活中也不乏一些因为情绪失控而引发的悲剧。所以，学会克制情绪是一件关系一生命运的大事情。

在负面情绪爆发之前，我们可以采取以下方法来克制。

第一，分析原因

闷闷不乐或者忧心忡忡时，所要做的第一件事情就是找出原因。比如，某个人一向心平气和，可突然一阵子对同事和丈夫都没好脸色，那就需要找原因了。或许是因为担心工作的调动问题，或许是与丈夫闹矛盾了。一旦了解到自己真正害怕的是什么，整个人似乎就会轻松许多。其实，将这些内心的焦虑用语言明确表达出来，便会发现事情并没有那么糟糕。找出问题的症结后，便能够集中精力对付它。这样，不仅消除了内心的焦虑，还会更加积极地投入到工作和生活当中。

第二，意识控制

人在负面情绪控制之下很容易失去理智。所以，在日常生活中，我们应该通过良好的道德修养和意志锻炼来减少或杜绝不良的情绪反应。比如，多读一些名人传记，多读一些经典名著，书中的内容可以丰富个人的文化底蕴，而且，读书的过程也是道德培养和意志锻炼的过程。

第三，积极乐观

有这样一句名言："一些人往往将自己的消极情绪和思想等同于现实本身，其实，我们周围的环境从本质上说是中性的，是我们给它们加上了或积极或消极的价值，问题的关键是你倾向选择哪一种？"同样是半杯水，乐观的人会说："还有半杯水呢！"而悲观的人则会说："只剩下半杯水了。"同样一个面包圈，乐观的人看到的是外面的面包，而悲观的人看到的只是中间的空洞。长期悲观的人会因为情绪的不良而对身体造成危害，而生命短暂，我们何苦又要自寻烦恼呢。

# 卡瑞尔公式：
# "绝处"可"逢生"

## 敢于面对最坏的，便没什么可怕的

在曼彻斯特市，住着一位叫汉里的人。多年前，他因经常发愁得了胃溃疡。一天晚上，他的胃出血了，被送到芝加哥西比大学的医学院附属医院进行治疗，体重也从170磅降到了90磅。他的病情很不乐观，医生们甚至认为他的病是不会好转了。他只能吃苏打粉，每小时吃一匙半流质的东西。每天早晚护士都用一条橡皮管插进他的胃里，把里面的东西洗出来。在医院住了几个月之后。汉里绝望

了，觉得自己除了等待死神的降临，再没有什么希望了。又过了几天，他突然态度大变，准备在有生之年，去周游世界。当他把这个想法告诉那几位医生的时候。他们大吃一惊。他们警告说，他们从来没有听说过这种事。如果他去周游世界，那就只能选择葬在大海里了。但汉里却平静地说："我已经答应过我的亲友，我要葬在雷斯卡州我们老家的墓园里，所以我打算随身带着棺材。"

于是，汉里买好了自己的棺材。把它运上船，然后和轮船公司商定，万一自己死了，他们就把他的尸体放在冷冻仓中，直到回到他的老家。他踏上了旅程，开始了自己的生命之旅。

当他从洛杉矶登上亚当斯总统号向东方航行时，已经感觉好多了。渐渐地，他不再吃药，也不再洗胃了。不久之后，任何食物他都尝试着吃了，甚至包括许多以前吃了一定会送命的东西。几个星期过去了，他甚至可以抽长长的黑雪茄，喝几杯老酒。多年来他从未这样享受过。他在印度洋上碰到季风，在太平洋上遇到台风，可他却从这些冒险中，得到了很大的乐趣。他在船上玩游戏、唱歌、交新朋友，晚上聊到半夜。他发觉自己回去后要料理的私事，与在某些地方看到的贫困和饥饿相比，真是天壤之别。于是，抛弃了所有无聊的忧虑，觉得非常舒服。回到美国后，他的体重增加了90磅，几乎不像一个得过胃溃疡的病人。康复之后的汉里感慨地说："一生中我从未感到这么舒服、健康。"

汉里之所以能够摆脱病魔的困扰，重新拥有崭新的人生，是因为他在不自觉中运用了卡瑞尔的消除忧虑的方法。该方法指出，遇到困难时，首先问自己，可能发生的最坏情况是什么；其次，接受这个最坏的情况；最后，镇定地想办法改善最坏的情况。故事中，在得知病情严重的时候，汉里意识到了最坏的结果就是死亡。当心理上能够坦然接受这个最坏结果的时候，他便采取用周游世界的方式来勇敢面对自己的病情。而这个法则的提出，源自卡瑞尔自身经历的一件事情。

威利·卡瑞尔年轻时在纽约水牛钢铁公司担任工程师的职务。有一次，卡瑞尔奉公司安排到密苏里州去安装一架瓦斯清洁机。经过一番努力，机器勉强可以使用了，然而，与公司保证的质量却相差甚远。为此，他感到十分懊恼，甚至无法入睡。后来，他意识到烦恼不是解决问题的办法。于是，想出了一个不用烦恼而且能解决问题的方法，也就是我们今天熟知的卡瑞尔公式。

为什么卡瑞尔的办法这么有实用价值呢？从心理学上讲，它能够帮助人们在绝望中看到希望，使人们的心能够真切地踏实下来。假如内心没有归属感，整天提心吊胆地悬着，又怎么能把事情做好呢？

应用心理学之父威廉·詹姆斯教授曾说过："能接受既成事实，是克服随之而来的任何不幸的第一步。"林语堂在他那本深受欢迎的《生活的艺术》里也说过同样的话。这位中国哲学家说："心理上的平静能顶住最坏的境遇，能让你焕发新的活力。"的确，接受了最坏的结果后，人们就不会再害怕失去什么，也就意味着失去的一切都有希望回来了。

如果每个人都能成为生活中的"卡瑞尔"，那么烦恼忧虑将不再会影响到我们的生活质量。但是，并不是所有的人遇到烦恼时都能像卡瑞尔那样在冷静乐观中寻求解决之法，还是会有许多人不愿意、也没有勇气接受最坏的情况。于是，一方面苦苦纠结于烦恼忧虑中，另一方面又想不出解决问题的更好办法。其实，现实生活中，难免会有烦恼忧愁。对于这些，我们逃避不了。但是，我们却可以选择面对的态度。学会用卡瑞尔公式消除烦恼，在绝望中找寻希望，或许，生活将从此与众不同。

## 巧借卡瑞尔公式消除烦恼

卡瑞尔公式消除烦恼的方法不是一步到位的，而是循序渐进地将问题解决。当一步一步地采取相应的措施，人们就会发现问题的解决并没有当初想象的那么可怕，都是水到渠成的。具体的实施步骤如下：

第一步，遇事要保持冷静，不要惊慌失措，仔细地回顾并分析整个过程，确定下来如果失败，最坏的结果是什么。

有这样一则小故事：

一天，一个农民的驴子掉到了枯井里。那可怜的驴子在井里凄惨地叫了好几个钟头，农民在井口急得团团转，就是没办法把它救起来。最后，他断然认定驴子已经老了，这口枯井也该填起来了，不值得花这么大的精力去救驴子。于是，农民把所有的邻居都请来帮他填井。大家抓起铁锹，开始往井里填土。驴子很快就意识到发生了什么事，

起初，它在井里恐慌地大声哭叫。不一会儿，大家惊讶地发现，它居然安静下来。几锹土过后，农民终于忍不住朝井下看，眼前的情景让他惊呆了。每一铲砸到驴子背上的土，它都作了出人意料的处理：迅速地抖落下来，然后狠狠地用脚踩紧。就这样，没过多久，驴子竟把自己升到了井口。它纵身跳了出来，快步跑开了。只剩下填井的人们惊愕地相互看着。

其实，当井下的驴子意识到自己有生命危险的时候，它的恐慌是出于本能。在那种情况下，往往就会因精神极度紧张而导致思维混乱，不知所措，只有冷静下来，消除恐惧的心理，才有可能走出束缚它生命的枯井，迎来自己的又一次新生。

第二步，面对可能发生的最坏情况，试着预测自己的心理防线，让自己能够接受这个最坏情况。

有人问一名很成功的推销员有什么秘诀，她说自己接受了一位专业营销训练师的培训。训练师要求推销员在拜访客户前，想象自己正站在即将拜访的客户门外。

训练师："请问，你现在在哪里？"

推销员："我正站在客户家的门外。"

训练师："很好！那么，接下来，你想到哪里去呢？"

推销员："我想进入这位客户的家中。"

训练师："当你进入客户家里后，你想想看，最坏的情形会是怎样？"

推销员："最坏的情形，就是被客户赶出来吧。"

训练师："被赶出来后，你又会站在哪里呢？"

推销员："还是站在客户家的门外啊。"

训练师："那不就是你现在所站的位置吗？最坏的结果，不过是回到原处，又有什么可恐惧的呢？"

在追求成功的道路上，人们经常因为害怕失败而不敢迈出第一步。但当我们做好最坏的打算时，就会无所畏惧，勇往直前。即使真的失败了，也会以一种平和的心态接受它，重新再来。所以，生活幸福的人一定是对生活始终保持乐观的乐天派。

第三步，有了能够接受最坏情况的思想准备后，就要回归平静的心态，把时间和精力用来改善那种最坏的情况。

一个心理学教授到疯人院参观，了解疯子的生活状态。一天下来，觉得这些人疯疯癫癫，行事出人意料，可算大开眼界。

想不到准备返回时，发现自己的车胎被卸掉了。"一定是哪个疯子干的！"教授这样愤愤地想道，动手拿备用胎准备装上。

事情严重了。卸车胎的人居然将螺丝拿走了。没有螺丝备用胎也装不上去啊！

教授一筹莫展。在他着急万分的时候，一个疯子蹦蹦跳跳地过来了，嘴里唱着不知名的欢乐歌曲。他发现了困境中的教授，停下来问发生了什么事。

教授懒得理他，但出于礼貌还是告诉了他。

疯子哈哈大笑说："我有办法！"他从其他每个轮胎上面卸下一个螺丝，这样就拿到三个螺丝，将备胎装了上去。

教授惊奇感激之余，大为好奇："请问你是怎么想到这个办法的？"

疯子嘻嘻哈哈地笑道："我是疯子，可我不是呆子啊！"


教授面对最坏的情况，只是发怒，发愁。疯子却能够平静地面对困境，并利用当前的条件和资源解决困境。

# 右脑幸福定律：
## 幸福在"右脑"

## 令人幸福的神奇右脑

据说在篮球的发明过程中，有一个有趣的故事。最初的篮球比赛，真的是在球架上挂个篮子，双方一面防守，一面进攻，看谁投进篮筐的次数多。但是，这样比赛也有麻烦，一旦球投进篮筐里，就需要有人爬上球架把球取出来，然后比赛再继续进行。这无疑要影响观众看球的心情，而且比赛本身的激烈程度也大大减弱。后来人们甚至发明了一种专门捡球的装置，能很快地把球从篮中拿出来，但还是无法从根本上解决比赛中断的问题。

一天，一个孩子和父亲去看篮球赛。从未看过篮球比赛的孩子非常高兴，但却对捡球的事实表示非常困惑。父亲认真地解释说，随着技术的改进，将来人们一定会发明更好的设备，让捡球的时间大大缩短。而孩子却大惑不解地说："直接把篮子底拿掉不就行了么？"

父亲和孩子对同一个问题有着截然不同的想法，不是因为年龄的问题，而是因为左脑与右脑的使用部分不同。人的左右两个大脑半球是有严格分工的，左脑是属于逻辑的、理性的、功利的、个人经验的、分析的、计算的大脑，人要生存，就必须利用好左脑。左脑可以使人享受成功，却无法让人享受长久的幸福感。而右脑则是祖先的大脑。它属于灵感的、直觉的、音乐的、艺术的、宗教的，是可以产生美感和喜悦感的大脑。

心理学家们根据左右脑分工的不同，并联系到左右脑各自的使用程度与生活幸福感之间的联系，从而提出了"右脑幸福定律"。该定律的提出者克莱贝尔就曾做过一项调查，结果发现，现在绝大多数人看待问题和思考生活都是习惯于利用左脑，而对右脑的使用少之又少，这样就造成了左右脑的使用不平衡，不仅会引发失眠、焦虑、抑郁症等心理疾病，而且不易让人感觉到幸福。

那么，为什么生活中绝大多数人都是以左脑为中心来生活呢？这是因为左脑是"竞争脑""现实脑"。左脑的优势显而易见，它能讲会算，好学上进，因此在人的生活中占据着中心地位。但是以左脑为中心的生活方式却是单色调的。因为左脑考虑的主要是利害得失，因此观察人生和社会的视野就未免有些狭隘。

相对于左脑来说，右脑则是人类遗传信息的巨大宝库，是人类精神生活的深层基础。梦、顿悟、灵感、潜意识等与创造力相关的心理过程，主要是由右脑激发的。但是长期以来，我们大多在使用左脑，右脑更多的时候是被人们忽视的。据有关研究表明，人脑目前所具有的能力，仅占大脑全部能力的 5% ~ 10%，而人类大脑潜力的 90% ~ 95% 蕴藏在右脑。所以右脑就如同一个巨大的潜力宝库，等待人们去发掘。

因此，为了使自己生活得更快乐，身心更健康，我们必须训练自己使用右脑的能力。

## 开发右脑的四大有效途径

生活中，我们没有刻意地想要使用左脑或者右脑，之所以使用左脑要多一些，除了因为左脑是"现实脑"之外，还有一点原因，就是因为左脑很好开发，而右脑很难开发。但是，很难开发不等于说不能开发，近年来，随着科技水平的提高，心理学家们已经提出了一些开发右脑的可行性方法。

那么，怎么样才能开发右脑呢？我们可以先从下面几个方面入手：

第一，调动想象力

想象能帮助我们建立信心，还会对行为成败产生巨大影响。如果脑海中浮现出成功的情景，实际成功的几率就会增加。斯坦福大学神经生理学家普利格兰博士，将其命名为"正馈"。

例如，可以进行这样的训练：凝视一个橘子，反复观察其形状、颜色，然后抚摩表面，再闻其气味。然后，闭上眼睛，回忆橘子给你留下哪些印象。同时，放松，消除其他杂念，想象自己钻进橘子里，里面是什么样子？你感觉到了什么？它的滋味怎样？最后，想象自己从橘子中走了出来，记住刚才在橘子内部看到、尝到、感受到的一切。

第二，尝试发散式思考

发散思维又称求异思维、辐射思维，是指从一个目标出发，沿着各种不同的途径去思考，探求多种答案的思维。若经常训练，将使自己的思维更灵活多变，流畅而富有独特性。

锻炼发散思维的方式很灵活，例如，随手拿张当天的报纸，在一个版面的标题中随意扫一眼，选出一个词，动作要快，不要仔细考虑。共选出三个版面的三个词，然后将三个词联系成一段有意义的句子。比如"平民""坐落""希望"，那么，你可以将这三个词连成一个什么句子呢？这种训练方法在熟练之后，可以增加词的数量。

第三，提高集中力

集中力就是将左脑的活动控制在最小程度，将行动完全交付给右脑的一种心理状态。集中力提高时，右脑处于活性化状态，并产生大量 α 脑电波。例如，运动员要比赛时，应该具有高度集中的能力，而不能想："我输了该怎么办？"在生活中，你面临的任务越难，越需要提高你的集中力。提高集中力的一个有效方法是准备两个盘子，一个盘子里放有 10 粒黄豆。用筷子将黄豆一粒粒夹进另一个盘子里。此练习可以多人同时进行，可以将每人所用的时间记录下来，也可作为比赛游戏项目。对于每个人来说，也可以比较自己所用的时间是否缩短。

第四，用音乐对右脑进行训练

找一些能够使自己宁静的音乐，每天最好都要听一会儿，10 分钟、15 分钟或者半个小时，放在右耳边去听，听的时候暗示自己宁静下来，放的越轻松越好，什么都不去想。除此之外，每天有意识地进行散步、吟唱、垂钓、放眼夜空等活动，也是帮助我们开发右脑以使自己获得幸福感的一条捷径。

总而言之，只要每个人长期坚持完成适合自己的右脑训练，就能够提升自己的右脑潜能，打开自己的成功天赋。正如心理学家马尔茨所说："所有人都是为成功降临到这个世界上的，但是有人成功了，有人没有。这只是因为每个人使用自己的大脑的方式不同。"